U0193613

智能制造 15 讲

主　编　李东红　康英楠

副主编　王　健　马　骋　孙　凯

　　　　王　毅　朱桂萍

参　编　郭朝晖　刘　建　谢陵春　颜　强

　　　　李荒野　张　弥　谢颂强　刘亚威

　　　　余占清　王宏玉　史　喆　陈宝华

　　　　陈晓华

机 械 工 业 出 版 社

工业领域历经四次革命。目前,我们正处在生产方式由大规模、标准化生产向小批量、定制化生产转变的过程中。智能制造是实现这一变革的必然选择。本书用15讲的篇幅,来介绍智能制造在汽车、航空、特高压、机器人等领域的实践应用。本书各位作者均系各自领域具有丰富实践经验的专家,他们从不同的视角对智能制造做出了精彩的阐释。

本书适合工业领域从业人员、研究者阅读,也可作为工业领域管理者了解行业现状、判断行业趋势的参考用书。

图书在版编目(CIP)数据

智能制造15讲 / 李东红,康英楠主编. — 北京:机械工业出版社,2023.7(2024.5重印)

ISBN 978-7-111-73218-1

Ⅰ.①智… Ⅱ.①李… ②康… Ⅲ.①智能制造系统—研究 Ⅳ.①TH166

中国国家版本馆 CIP 数据核字(2023)第 094777 号

机械工业出版社(北京市百万庄大街22号 邮政编码 100037)

策划编辑:徐 强 刘本明 责任编辑:刘本明

责任校对:韩佳欣 张 征 责任印制:刘 媛

北京中科印刷有限公司印刷

2024 年 5 月第 1 版第 2 次印刷

148mm×210mm · 10.5 印张 · 1 插页 · 281 千字

标准书号:ISBN 978-7-111-73218-1

定价:69.00 元

电话服务   网络服务

客服电话:010-88361066   机 工 官 网:www.cmpbook.com

　　　　　010-88379833   机 工 官 博:weibo.com/cmp1952

　　　　　010-68326294   金 书 网:www.golden-book.com

封底无防伪标均为盗版   机工教育服务网:www.cmpedu.com

前　言

　　近年来，清华大学扎实推进教学改革，研究生教育不断迈上新台阶。通过推进"让学术更学术、让专业更专业"的研究生分类培养宗旨，改进选拔录取机制，加强全过程质量管理，优化专业学位培养模式，加大学科交叉人才培养力度，营造更适合研究生成长发展的环境氛围，从而不断提高高层次人才的培养质量。2017 年，清华大学先从电机系和电子系这两个系开始试点，全部工学硕士转为工程硕士，增加实践相关的课程。通过清华大学研究生院的引荐，根据院系的具体需求，我们参与开设了《智能制造》《能源互联网创新创业》《创新心理与创新思维》等相关研究生课程，并参与授课内容和授课嘉宾的遴选。同时，在与经管学院的多次交流沟通中，我们了解到 MBA 学生有的在实体经济就业，也有的在金融领域就业但服务于实体经济，他们同样需要了解智能制造方面的行业实践，因而也在 MBA 班开设了智能制造课。

　　工业领域历经四次革命，我们正处在生产方式由大规模、标准化生产向小批量、定制化生产转变的过程中。用户需求的变化，倒逼工业企业既要迎合用户需求，又要保证自己能持续发展，因而降本、增效、保质始终是工业企业生产管理的不二法门。在自增长和战略转型的双重压力之下，工业企业都在做什么？近百年又出现哪些新技术、新材料、新方法可以造福工业领域？如何有效地利用大数据、人工智能、云计算、物联网等新一代数字技术服务好工业？为了回答这些问题，我们邀请了在工业细分领域有着较丰富实践经验的校友或专家，到课堂上来给学生们分享他们所在领域（汽车、航空、特高压、机器人等）对新技术、新材料和新方法（大数据、工业智能、系统创新等）的实践应用。

电机系和电子系的课程学时相对较长，可以有针对性地深度讲授和探讨；而经管学院的 1 学分课程相对更注重广度，每年选择 5 个细分领域，这些细分领域会根据学生们和负责老师的反馈进行调整。结课考核则是由学生们自行组成 5 人一组，针对自选的行业或企业，探讨"智能制造条件下中国制造业面临的管理挑战和解决之道"，每人负责演示自己制作的那部分内容。学生们往年所选行业有：半导体、家电、电网、矿山、制衣、供应链等。

此书就是基于这些年来这些课程内容的汇总和提炼。记得杨斌老师前不久有篇《从心慢》的文章提到慢食、慢旅、慢创作、慢成长、慢人生、慢的关系、慢的感情、慢教授："学术终究是比慢的，慢教授的慢，'是要去沉思、贯通、磨砺和探究复杂的意义。研究需要多少时间就用多少时间，自然而然，瓜熟蒂落，而非催熟'，学术工作的本质是一种同向同行的追求，而不该是一场你赢我输的竞争。慢教授，也希望慢下来的每一天里，能够有更多的时间精力给教学，给学生，给自由无拘的师生交流、同事分享，给各种天马行空的畅想论辩与各种可能可行的切磋琢磨。慢教授的悉心慢育，才能够影响下一代，出落多一些不沉迷于高分攻略、愿意听从内心深处召唤、守住自驱热望的学生，没那么功利的慢学生。"工业也是需要时间的"慢"领域，慢工出细活，唯有瓜熟蒂落的慢，才能衡、恒和远。我们希望通过这些课程，让更多选择互联网、金融领域的人才也能青睐瓜熟蒂落的慢工业，而原本就在实体经济里的学子们能够更加坚定地听从使命感驱使去实现自己的实业梦想。

《道德经》曰："知不知，上；不知知，病"。意思是：知道自己有所不知，这很好；不知道自己无知，是缺陷。只有敢于承认有缺陷而后补足缺陷，才能进步。我们深知，自己尚有许多不足，故而针对本书中的不足深表歉意，也欢迎读者为本书提出宝贵意见。求知的道路，意味着永恒的疲倦以及偶尔的惊喜，我们欣然受之。

2023 年春于北京

目　录

前　言

第 **1** 讲　**制造业发展历程回溯　/ 1**

　　一、　制造业的历史变迁　/ 1
　　二、　制造业面临的新挑战与工业 4.0 的出现　/ 7
　　三、　工业互联网　/ 16
　　四、　自动化的前世与今生　/ 17

第 **2** 讲　**智能制造的技术与经济可行性　/ 21**

　　一、　从创新实践的困惑讲起　/ 21
　　二、　从技术原理到成功　/ 23
　　三、　智能化的经济与社会意义　/ 26
　　四、　互联网时代的经济规律　/ 28
　　五、　智能化的原理　/ 30
　　六、　互联网与智能化　/ 32
　　七、　工业大数据与智能化　/ 34
　　八、　智能制造与转型升级　/ 38
　　九、　智能制造与管理　/ 40

第 **3** 讲　**IIoT、 AI、 大数据推动制造过程向智能化演变　/ 43**

　　一、　制造过程的演变　/ 43
　　二、　智能制造的企业形态　/ 47
　　三、　工业 5.0　/ 48

四、 传统的智能与数据智能 / 48

五、 商业智能 / 50

六、 工业物联网和人工智能对智能制造的价值 / 50

七、 工业互联网与工业物联网 / 54

八、 企业的数据分享 / 55

九、 纯数据驱动的技术实现设备故障预警与预测性维护 / 56

第 4 讲　智能制造时代的新精益　/ 59

一、 微利时代的精益之道与精益的核心思想 / 59

二、 应对时代变化的精益管理 / 63

三、 智能时代的精益核心问题： 系统性思维 / 65

四、 新精益人才的培养 / 65

第 5 讲　信息化架构、 组织管理和人才助力智能制造转型　/ 67

一、 知识与建模 / 67

二、 从价值链到价值流 / 76

三、 信息化： 从业务到 IT 的贯通 / 82

四、 看大做小： 一场持之以恒的修行 / 92

第 6 讲　智能制造与系统创新方法论　/ 96

一、 系统的概念、 要素、 结构与功能 / 97

二、 创新的概念、 创新思维与创新方法 / 101

三、 发明问题解决理论 （TRIZ） 的妙用 / 109

四、 技术系统发展曲线与技术系统进化法则 / 114

第 7 讲　智能搬运与制造　/ 121

一、 从 “制造” 到 “智造” / 121

二、 智能制造领域常用移动机器人简介 / 128

三、 典型应用案例 / 136

四、 展望 / 144

第 8 讲　汽车领域的制造之美　/ 147

一、 智能制造的定义 / 147

二、 智能制造的网络和架构 / 149

三、 智能制造的二十大应用场景与六大模块 / 152

四、 智能企业需要实现的目标及如何实现 / 154

五、 智能研发过程的仿真与工艺数字化 / 156

六、 建设数字化生产线 / 157

第 9 讲　航空领域的制造之美　/ 159

一、 未来航空制造业 / 160

二、 航空智能制造转型 / 165

三、 航空工业转型实践 / 180

第 10 讲　特高压领域的制造之美　/ 186

一、 电力系统智能化历程： 从智能电网到能源互联网 / 187

二、 智能电网的巅峰： 特高压技术 / 192

三、 未来能源网络骨干： 直流电网 / 197

四、 未来电网的核心单元： 电力电子器件 / 201

五、 电网的末端神经： 能源信息传感芯片 / 205

第 11 讲　智能制造与机器人　/ 211

一、 行业的理解 / 211

二、 智能制造详解 / 224

三、 国内有代表性的企业在智能制造领域的实践 / 227

四、 工业机器人智能化的新进展 / 236

第 **12** 讲 **工业智能与工业互联网** **/ 240**

一、 工业智能在做什么 / 241

二、 对工业互联网的不同解读 / 254

三、 关于平台商的生态建设 / 258

四、 工业智能与智能制造 / 260

第 **13** 讲 **视觉感知如何赋能供应链** **/ 263**

一、 概述: 现状、 痛点与发展需求 / 263

二、 感知控制质量: 质量检验 / 269

三、 感知支持交接: 数量管理 / 274

四、 感知支持优化: 空间优化 / 279

五、 总结与展望 / 288

第 **14** 讲 **智能制造之利器/新工具——激光** **/ 290**

一、 激光技术背景介绍 / 290

二、 激光产业背景介绍 / 294

三、 激光在智能制造中的应用 / 297

四、 激光的未来发展 / 310

第 **15** 讲 **结束语: 拥抱智能制造** **/ 316**

一、 智能制造的时代潮流 / 316

二、 智能制造的战略地位 / 322

三、 我们的历史责任 / 325

01/

制造业发展历程回溯

王　健[⊖]

一、制造业的历史变迁

在本讲中，我们把制造业过去 150 多年以来的主要发展脉络，借用这张前三次工业革命中的制造业演变图（图 1-1）来进行说明。

图 1-1 有两个坐标轴：横坐标是产品复杂度，或者是产品的种

⊖ 王健，清华大学电机系 1986 级工学学士、1991 级硕士，高级工程师。曾任教于清华大学电机系，在校主要研究方向：交流电机高性能驱动和控制，电机和电力电子系统的电子设计自动化等，为多家企业研发高性能变频器和其他电力电子产品。现任智慧工厂研究院院长，中德智能制造/工业 4.0 标准化工作组预测性维护负责人，ISO TC299 机器人国际标准专家，清华大学电机系电力电子研究所和伺服控制技术研究所企业研究员，西安微电机研究所客座研究员，IEEE 电力电子/工业应用/机器人与自动化分会会员，SAC/TC231 全国工业机械电气系统标准化技术委员会、SAC/TC2 全国微电机标准化技术委员会资深委员/国际标准化专家，IEC TC44 工业机械电气安全技术委员会技术专家，TC2 旋转电机技术委员会技术专家。主导或参与数十项智能制造、机器人、物联网传感器、机械电气安全、数控系统、控制电机、电磁兼容等国家标准的制定。具备工业自动化，尤其是电机和驱动控制领域逾 20 年工作经验，不仅精通技术，也擅长行业市场和管理。近年来，致力于机器人、智能制造装备乃至整个制造业的转型升级路径和制造业创新创业领域的研究，对欧美先进制造业的战略动向非常熟悉。

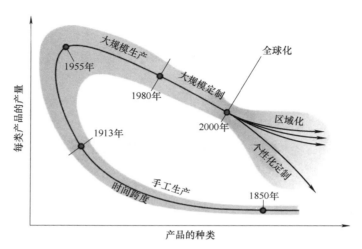

图 1-1　前三次工业革命中的制造业演变

类；纵坐标是每一次生产的批量，也可以理解为量产的规模。可以看出，在 1850 年之前，产品多样性非常强，也许每一件产品都和前一件产品不同。那个时候，制造业更多地依赖手工生产，每一件产品都凝聚了劳动者的心血，凝聚了他的情感，凝聚了独特的文化和价值，因而产品很难被复制。手工生产的特性，使得劳动者第二次制作该产品时，想做得一模一样是不可能的。如果由其他人来做，造出完全相同的产品则更不现实。所以，在 1850 年以前，每件产品几乎都是独特的、个性化的。1850 年以后，随着工业革命的发生，这个曲线就开始变得陡峭，产品的种类减少，但是生产的批量在增加。经典的例子就是 1913 年福特开发的 T 型车。亨利·福特希望汽车不是富人们的专属，而是汽车厂的工人们和老百姓都能拥有的出行工具。因此，他用流水线即劳动分工的概念，大批量地进行生产，极大地降低了成本，同时提高了产品质量和可靠性。其结果就是普通的中产阶级甚至一般的工人阶层也买得起福特车，这是一个里程碑式的节点。

　　1955 年，大众汽车把这个运动推到了极致，体现为更大的批量、更低的成本和更好的质量，以更高的标准向全世界卖车，但是品类进一步减少。发展到顶点的时候，大约在 20 世纪 60、70 年代，大规模生产变得非常成熟和普遍。事实上，今天的大多数经营管理理论、制造工程理论，都来自 50 年以前人们在大批量生产当中积累的经验和知识。这种变化的好处是让每个人都能以较低的价格买到高质量的产品，问题是牺牲了个性、消灭了品种，消费者只能选择标准化的、品类有限的产品。

时间进入 20 世纪 80 年代以后，形势有了新的变化。大家在反思，制造业沿着这个曲线走，是不是我们真正想要的？我们是不是就要这样一个社会，它越来越简单、越来越一致、越来越低价？这是不是跟我们的人性相悖？后来有人甚至说，要是能回到 150 年前享受那种个性化就好了。当然这只是一个想法而已。进入 21 世纪以后，随着计算机、通信等技术的发展，人们重新开始探讨产品多样性和大批量制造的高质量与低成本、一致性、标准化能否达成妥协。

因此，图 1-1 高度概括地反映了 1850 年到现在，在 170 年间工业界的变迁。站在品种-批量这个维度上，我们所谈论的先进制造、智能制造，某种程度上就是为了回答这样一个问题——我们能不能在保持高度多样性或丰富品种的同时维持大批量制造给我们带来的种种好处？结论是完全可能。

制造业发展到今天，智能制造初现端倪，为回答上述问题提供了有力的支撑。图 1-2 所示的这个金字塔有五层结构，最下面是 L0，最上面是 L4。L0 层包括生产设备、操作人员、产品、原材料。L1 层是 PLC（Programmable Logic Controller，可编程逻辑控制器）控制层，包括 PLC 等控制器，它们很好地管理着下一层的生产设备。L2 层叫作 SCADA（Supervisory Control And Data Acquisition，数据采集与监控系统）层，这一层就跟数据有关了，目的是时刻知道设备是否正常。L3 层是 MES（Manufacturing Execution System，制造执行系统）层，过去大家都不太关心，但随着多品种小批量需求的提出，为了把不同的订单在同一个产线当中进行合理的安排，排产变得非常重要。同时生产过程的质量追溯变得非常重要，因为产品在不断地切换，一切换就会带来不稳定，从而导致缺陷。综合起来，对产品质量跟踪和追溯的要求、对排产的优化要求、对设备管理的要求、对人的要求等，使得MES 变得越来越重要了。最上面一层叫作企业管理层，即 ERP（Enterprise Resource Planning，企业资源计划）。到了企业级运营的层面就是管理资源，资源即人、财、物，当然现在还有一个新的重要资源就是数据。

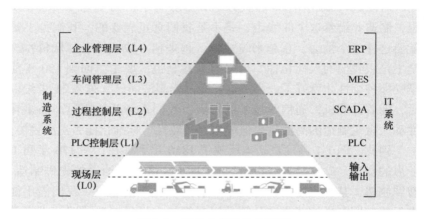

图 1-2　制造业自动化金字塔
（来源：德国 it's OWL）

　　数十年来，制造业无论是什么行业，无论大小公司，都在这个金字塔框架之下，大家按照这个层次来布局和管理企业。进入 21 世纪以后，随着信息与通信技术的发展，数据变得越来越重要，这个生产模式悄然发生了一些改变。发生了一些什么样的改变呢？比方说，制造过程数据原来只在设备上保存，只要生产线的主管就可以管理，他没必要汇报给公司高管，最多汇报给车间主任即可。而现在，大家追求个性化以后，数据的流转变得非常重要，一个企业必须快速适应这种变化，导致企业的总经理也要关注第一线的事。所以，数据就必须从最底层一直穿透到最上面。而最上面一层不再是ERP，而是一朵云，也就是说，数据要穿透企业天花板，一直到达云端。数据上传到云端，是为了跟企业之外的其他利益相关者，诸如供应商、客户、合作伙伴等分享数据。只有把数据分享出去，大家才能协同。所以，数据和信息就穿透或打破了企业的边界，既把企业的"房顶"揭开，又把"四面墙"推倒，数据要超越企业，然后与上下左右形成数据集成，这两个维度的变化叫作纵向和横向的集成（图1-3、图1-4）。

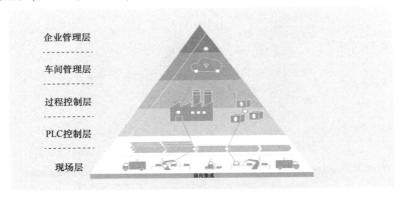

图 1-3 纵向集成

（来源：德国 it's OWL）

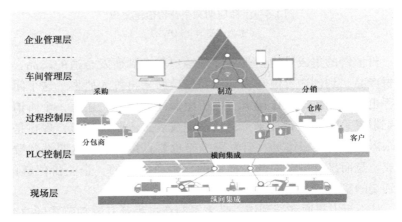

图 1-4 横向集成

（来源：德国 it's OWL）

　　同时，还有一个维度的变化就是产品生命周期和企业价值链的集成（图1-5）。要想给客户创造更好的体验，我们要从产品规划开始，到产品样机和产品制造，到交付和使用，再到维修和更换，实施全过程管理。不仅要拿到产品各个阶段的数据，还要把装备和产线的数据，从规划开始到安装调试维护，全部拿到，这就是产品生命周期的概念。

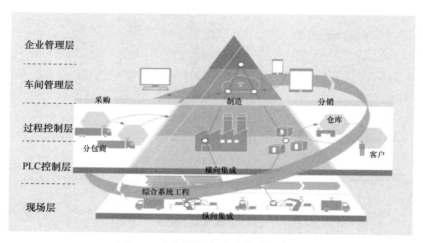

图 1-5　生命周期和企业价值链集成

（来源：德国 it's OWL）

　　价值链的集成是指企业从发现客户需求到研发合适的产品，到交付产品，到创造价值和赚到钱，最后回来再投入研发，这个闭环过程也要依靠数据连接起来。除了生命周期以外，还有一个所谓的"端到端"，也就是说原来产品研发完成后进入制造环节，现在是研发跟需求、研发跟市场、研发跟维修也要直接打通，这叫端到端的集成。显而易见，纵向的、横向的、生命周期的、企业价值链的、端到端的集成，都是要靠数据来实现的。

　　从下至上贯通和端到端，带来了制造过程及其管理范式的改变。我们来看图1-6。它告诉大家，制造业在悄然地发生这样的改变：居于左边的多层次的金字塔结构正演变成右侧这样一个网络化的、分布式的、自组织的或者是面向服务的架构。所谓面向服务的架构，就是说制造业的要素除了位于最下面的要素之外，剩下的要素都会以节点的形式进行动态自组织。这些节点属于原来金字塔当中的某一层，今天它不再属于任何一层，而是被放在云端，以标准化的通信接口对外提供服务。节点可能是硬件也可能是软件，可能是人也可能是设备，或者可能是它们的组合。也就是说，节点可以是一个制造单元，也可以是一个制造系统，甚至可以是研发网络或人力资源组织。总之，节点是一个专业的、可以对外提供服务的基本单元，它们彼此连接，构成了企业当前的形态。当企业发生变化，比如团队发生变化、目标发生变化时，这个图就变成另外的模样，它所需要的节点也就变了。换句话说，原来的某些节点有可能离开你的企业去给别人服务了。连接节点的就是数据、信息，制造业的场景就这样组织在一起。但是，我们仍然需要时刻保有下方方块所代表的要素，牢牢地摆在制造现场。这些要素就是跟安全、实时性、可靠性高度相关的生产制造系统。

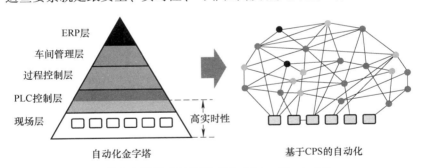

图 1-6　从金字塔层次结构到 CPS（Cyber-Physical Systems，
信息物理系统）的范式转变

（来源：美国 NIST）

二、制造业面临的新挑战与工业 4.0 的出现

回顾一下前面的内容可以看出：制造业这一百多年以来发生了

巨大的变化，现在要寻求产品多样性跟批量之间的平衡。我们希望保持大批量制造的好处，同时利用技术手段让我们回到曾经的多品种个性化体验的时代。制造业的分层结构存在了几十年，但现在这种结构被打破了，正向一个基于云端服务的形式发生转化。当然，这个过程刚刚开始，还远远没有结束。想提示大家，如果你来源于制造业，或者你是给制造业提供服务的，就要思考制造业企业在新形势下所面临的新挑战（表 1-1）。

表 1-1　美国、德国、中国和日本制造业面临的主要挑战

国家	美　国	德　国	中　国	日　本
优势	1）信息产业制高点 2）互联网	1）制造业强国 2）出口继续增长 3）中小企业隐形冠军	1）完整齐全的工业体系 2）全球最大的需求市场 3）大规模生产的组织能力 4）大规模生产的海量数据	1）机器人技术领先 2）机床、半导体等装备 3）服务型机器人发展早
劣势	1）后金融危机时代 2）制造业外移 3）产业空心化	1）互联网产业已经落伍 2）新兴产业增长乏力 3）缺乏创新 4）老龄化，劳动力成本高 5）中美夹击	1）劳动力成本上升 2）产能过剩 3）环境污染 4）老龄化	1）两头在外，出口受阻 2）制造业占 GDP 20% 3）劳动力成本高企 4）老龄化
措施	1）高端制造业回流 2）增材制造 3）大力开发页岩气（油） 4）能源互联网 5）工业互联网	工业 4.0	1）工业转型升级 2）两化融合 3）智能制造2025	—

　　在制造业发生如此巨大变迁的背景下，世界上主要的制造业国家，包括美国、德国、日本和韩国等都在思考应该怎么办。美国人

以前搞制造业外包，他们觉得制造环节没有很大的附加价值，只要发挥其无与伦比的创新力，把教育搞好，把高科技搞好，把世界规则制定好就可以确保绝对的竞争力。但 2008 年金融危机以后，美国意识到实体经济依然非常重要，制造业跟创新是融合在一起的，在很多领域中如果不懂制造也就没法懂创新。所以，美国人不仅要高科技，不仅要创新，还要强大的制造实体。从奥巴马时代，美国在这方面制定了很多政策，当然特朗普也有很多调整，但美国总的趋势是要把实体经济进一步做强。我国要由制造大国转变为制造强国，成为一个创新驱动的国家，也必须在高技术、创新及人才教育上发力。那么，德国呢？他们实际上是挤在中国和美国之间，上有美国的天花板，下有中国强大的竞争压力。德国制造业的领先企业，包括德国众多的中小企业，他们在想：过去几十年来，我们靠优秀的制造业传统，在很多领域持续领先，但是在互联网时代为什么德国没有产生巨头呢？在严重的危机意识之下，德国人提出了所谓的工业 4.0，并不是说德国落后了，而是他们希望抓住这个时代的脉搏，在下一个时代继续领先。同样的道理，日本也好，其他国家也罢，都试图在世界制造业竞争和分工当中，寻求自己更好的位置。

对于工业 4.0，请参考图 1-7。德国人说有四次工业革命，实际上在这之前有各种说法，有人说世界进入了第三次产业革命，也有人说进入了第五次产业革命。

18 世纪末即 1787 年出现了第一台机械化纺织机，蒸汽机的引入把纺织从纯手工变成了机械化操作。但这还不是电气化，不是自动化，更不是智能化。因此，第一次工业革命从纺织工业开始，发源于英国。那么，大家知道真正的纺织发源于哪里吗？是中国，一位叫黄道婆的女性发明了织布机。但是，纺织变成产业，却是在英国发生的。一个人的功率只有大约 200W，蒸汽机发明以后，几十千瓦可以瞬间达到，蒸汽机因此成百倍、上千倍地扩展了人的体力，劳动生产力提高了，织布的产能就得以提升。英国消耗不了这么大的产能，怎么办？向外输出。所以，第一次工业革命以后，紧接着就是英帝国主义的扩张。可见，技术革命带来了产业革命，产业革命带来了大规模的全球化贸易，随之也造成了资本主义在全球范围的扩张。

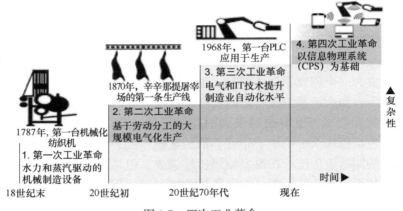

图 1-7　四次工业革命

(来源：德国工业 4.0 白皮书)

　　第二次工业革命发生在 20 世纪初的美国。当时的标志性发明就是电。准确地说，是发明了电机，为机械带来了新动力。原来只能叫机械化，带上电机以后变成电气化，设备高速运转，效率进一步提高。但是，第二次工业革命的发生并不是因为电机，也不是因为飞机或火车这些改变世界的发明创造，而是因为美国辛辛那提的一个屠宰场引入了劳动分工的概念，把屠宰变成了许多人分工合作的过程。所以，第二次工业革命并不是源于新技术，而是源于人的组织分工的变化，实际上是组织革命和管理创新。大家一般认为大批量生产始于福特，实际上福特只是第一个采用流水线来生产汽车的。辛辛那提才是第二次产业革命的发源地。

　　第三次工业革命发生在 20 世纪 70 年代——准确地说是 1968年，这一年诞生了第一台可编程逻辑控制器（PLC）。PLC 是电子、半导体、软件工业的集大成者，让人类可以用软件控制一台设备，让装备制造业进入自动化，这是又一次颠覆性的革新。所以，IT技术和电子技术进入制造业，导致制造业的第三次革命。

从1968年到现在这50多年，我们都处于这个阶段，整个中国都在这个阶段，从纯机械变成半自动化和自动化。发明PLC的不是德国人，但是德国人做得很好，他们有西门子，是世界上PLC第一大供应商。西门子到现在既不提智能制造，也不提智慧工厂，更不提人工智能，西门子的口号是电气化＋自动化，这是它的当家之本。但是，德国认为电气化这么多年仍然领先还不够，他们没有互联网巨头，所以他们要重新定义未来。德国在2011年底、2012年初召开了一个会议，提到工业4.0，他们认为从那天开始，世界进入工业4.0时代。

工业4.0的标志是什么？他们认为是信息物理系统（CPS）。CPS是美国21世纪初提出来的概念，本来是软件架构里一个非常专有的、非常生僻的词汇，德国把它用到了工业界。其基本思想是：所有的东西都需要有个镜像，今后制造业小到一个部件，比如汽车安全气囊，大到一个城市，甚至整个社会，将来都由两部分组成，一部分是实体，另一部分是虚体。实体是看得见摸得着的，虚体则正好相反，只是数据在网络中的一种存在，这就是CPS的概念。这样的话，就打开了一个新世界，我们原来不断生产设备，不断生产产品，现在开始要建造一个虚拟工厂、一座虚拟城市，重新塑造一个世界。这个世界是德国人率先开始构建的，不仅要从传感器层面，还要从系统、工厂、城市层面一直往下用CPS模型来构建。因此，德国人启动了大量的标准化工作，邀请各领域的专家一起制定关于CPS的标准。

按照工业4.0的观点，未来的智能制造框架下面是物联网，上面则是服务网。万事万物都要联网，目的是支撑上面的服务。所有的服务也要联成网络，一个在天上，一个在地下，中间层则是从智能原料经过智能工厂或者叫智慧工厂，输出的是智能产品。这个架构是2012年提出来的（图1-8）。

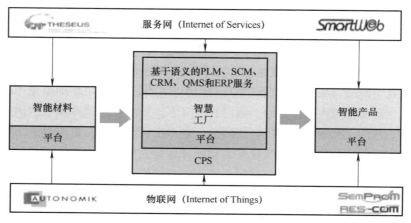

图 1-8　物联网与服务网

（来源：德国 DFKI）

在未来的工厂中，下面是基于 CPS 的生产制造系统，上面是
MES 和 ERP，即前面介绍的分层结构中的那些软件工具。但是这些
软件今后不是以完整软件的形式提供，而是以按需服务的形式提
供——现在流行的词叫微服务，以 App 形式在手机里面来实现。
还有一个很重要的概念就是语义，也就是说我们可以在很高的层
次上进行抽象，让不同专业的人，能够在同样一个工程环境当中
对话。不像现在机械工程师用 ProE，电气工程师用 Protel，软件工
程师用 C++，谁也听不懂谁的语言。在语义的层面上，不同专业的
人开始跨界、开始融合，机械、电子、软件、IT 工程师和技术人员
开始协作。这也是工业 4.0 一个很重要的理念。

如果实施工业 4.0，以 CPS 构建制造系统，那么，将来制造会
变成什么样呢？给大家举个汽车制造的例子。汽车工业是一个国家
的支柱工业，汽车工业每投资一分钱会拉动其他产业至少一元钱。
也就是说，汽车工业的每一亿元产值会带动一百亿元的相关产业的
产值。这就是为什么每个有一定体量的国家都要发展汽车工业，因
为它的拉动能力太大了。汽车工业是人类制造文明的精华。

　　图 1-9 所示为目前汽车工业的一般形式：高度的自动化流水线，信息化程度也非常强。但是汽车工业的未来可能是另外一副样子（图 1-10）：所有的设备都动起来了，所有的产品也不在生产线上按顺序流动了，而是具有动态自主的特性。需要用什么样的工艺，用什么样的设备来加工，加工之后形成什么样的数据，交到哪里，都是动态的，因为每个产品不一样。所以说，新的制造现场看不到生产线了，叫作生产制造系统，而且这个生产制造系统也不是顺序连接在一起的，而是高度结耦的，没有明确的工序概念。是基于数据的强大的通信和信息系统在很好地管理着这一切。这是工业 4.0 想要实现的一种制造场景。

现今

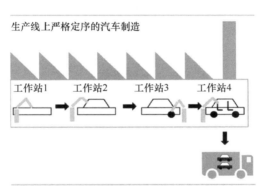

图 1-9　汽车工业现在的高度自动化流水线

（来源：德国工业 4.0 白皮书）

　　德国罗兰贝格咨询公司在几年之前曾描绘了工业 4.0 智慧工厂将要包含哪些系统，其中既有 AGV（Automated Guided Vehicle，自动导引车）又有机器人，还有大数据、物联网、服务网，更有物流 4.0，甚至也包括先进材料。

　　值得关注的是，所有的系统都必须有非常好的安全性，包括网络和信息的安全，可以说没有安全就没有一切。欧洲发布了关于数据权力的法律，很明确规定数据 100% 是用户的，不能随便交易。

未来

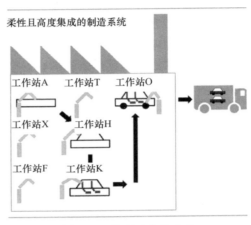

图 1-10   汽车工业的未来

(来源：德国工业 4.0 白皮书)

总结起来，工业 4.0 有几个显著特点：

第一，高精度地、高质量地制造多品种小批量的产品。

第二，80% 的创新由信息与通信技术（Information and Communication Technology，ICT）驱动。当今制造业中颠覆性的创新，很大程度上是因为信息技术融入制造业带来的。但是由 ICT 驱动，并不是指被 ICT 决定，更不是由 ICT 产生，而是说被它影响，被它推动。所以，一个制造业的公司如果不能很好地跟 IT 结合，不能很好地跟数据、软件、信息结合，那将跟 80% 的创新无缘。

第三，工业工程、自动化与机械开始融合。这种融合不是说大家坐在一个办公室共同开发一件产品，而是大家在知识结构上、在理念上形成一个有机的团队，而过去大家完全是分专业的。

上面提到依靠 CPS、物联网和服务网，构建智能制造生产系统，其中的软件和数据含量在不断增加。一台机器设备的价值如果是

100 万元，软件和数据的含量很快会超过 50 万元，将会是 70 万元、80 万元，甚至越来越多。但仍然会有一部分是机械，是硬件，这些不可或缺，硬件非常重要，但硬件带来的价值增值远远不如数据和软件。

还有一个重要方面是对人的培育，因为我们现在面临的情况是没人懂、没人规划、没人实施、没人去运作，所以大家都觉得机器代人是把人轰出去，实际上应该把人留下来，但这些人经过训练之后要提升，比如通过信息技术手段包括增强和虚拟现实来支撑员工的培训教育。

德国的大企业如西门子等都在这样的思维指导之下开始行动起来。大企业很重要，然而德国工业 4.0 重要的目标是要让广大的中小企业受益。通过国家的努力，通过工业 4.0 的努力，通过制造标准，通过开发数字化转型解决方案，帮助广大中小企业跟上这个发展的趋势。

Festo 是一家非常传统的公司，生产气动元器件，这些年有些改观，它迅速地开发电气自动化系统、软件系统、数据系统，然后开发新型的生态化机器人，迅速地提升自己的技术含量，现在 Festo 在工业界已经是一个创新型的、充满活力的公司，它把自己的工业 4.0 前景定义成未来工厂。

博世是德国另外一个老牌企业，它在全世界有 200 家工厂，他们的产品涉及接插件、电气系统、自动化元件、汽车电子产品等。它把自己的工业 4.0 未来做了一个定义，叫思考型工厂。他们认为，员工和生产系统都必须会思考，所以博世展出了一条生产线，在这条生产线当中所有机器人都是带感知功能的，所有机器人的皮肤都是软的，你触摸它，它会感知到，该停就停，该慢就慢，它会响应你。所有机器人下面都带小车，可以拉来拉去，产线是柔性自组织的。这是他们展现的未来思考型工厂，这里面所有东西都要感知环境，感知人，然后调整自己。

通过这些案例，大家就知道，德国的企业，无论是博世、Festo，还是西门子，当然还有大量的中小企业，在这条道路上已经走了很多年，4.0 对他们来讲是很正常的一种思维延伸。今天看起来，工业4.0 扎扎实实地在落地，有很多技术已经找到了合适的需求和场景，很多标准已经在制定。

三、工业互联网

接下来，让我们讨论一下工业互联网。美国 GE 公司在几年前提出了工业互联网的概念，他们的看法是：美国是以通信、软件、数据、信息见长，以互联网见长，要做工业创新发展，不能沿着德国人的道路走，应该走自己的差异化道路。GE 提出这样的问题：发动机是 GE 的标志性产品。怎样把发动机变成数据驱动呢？怎样对发动机这样一个高价值的产品进行持续运营并且取得收益呢？于是，就在发动机上加装了许多传感器，每次发动就开始产生数据，每一次起降都产生大量的数据。这些数据收集起来可以做很多事情，既可以帮助机场加强管理调度，帮助驾驶员优化驾驶习惯，也可以为发动机提供预防性维护；还可以为客户，以及客户的客户创造新的价值。所以，GE 从卖发动机转型开始卖服务，它的商业模式就发生了改变。那么，既然对发动机可以这样做，对别的产品为什么不能呢？GE 认为仅仅针对发动机还不够，还要对飞机、机群、机场、社区进行大数据管理。所以，从装备到系统到智能决策，这是工业互联网的一个愿景，最重要的是人怎么能在数据支持下产生智能的决策。

而 GE 的工业互联网，实际上是产业互联网，制造业只是一个垂直的板块，还有航空、医疗、能源、生物。GE 的愿景是非常宏大的，它当年提出一个 1% 的观点，说如果我们通过数据对我们每一个传统产业（尽管已经做得很好了）提升 1% 的效率，或者降低1% 的成本，或者提高 1% 的质量，其经济和社会价值是非常巨大的。在这样的愿景支持下，GE 在它的时任 CEO 伊梅尔特的领导下，大踏步地向数字化转型。伊梅尔特认为，GE 作为世界上第一大工业公司，必须向硅谷企业、互联网公司、软件公司学习，要彻底改变文化理念，彻底改变产品和售后服务的形态，以及商业模式。GE 在硅谷成立了自己的研究院，从软件和互联网公司招了几千名工程师。

GE 的数字化转型一时执世界之牛耳，简直可以跟德国工业 4.0 去抗衡，是另外一股制造业的强大力量。就在工业互联网之风劲吹，甚至盖过工业 4.0 之时，GE 的发展方向发生了逆转。华尔街强烈质疑工业互联网战略的盈利前景，直接导致伊梅尔特下台。新 CEO 上台后对 GE 的数字化转型战略进行了深刻的反思，进行了大刀阔斧的调整。与其说是调整，不如说是彻底的转向。GE 希望完全瘦身到自己最强大的发动机业务上来，GE 为数字化专门成立的 GE Digital 不要了，连久负盛名的 GE 医疗也要转手。它引以为豪的 Predix 数字化平台也在被出售，要知道，世界上能跟它抗衡的只有西门子的 MindSphere 平台。

我们在谈工业互联网的时候，大家还都觉得 GE 是全世界的旗手，以至于中国很多公司都在模拟 GE 要做产业互联网，这里面包括国内大央企、知名民企在内至少十几家大型的制造业企业。突然之间，GE 发生如此巨大且具有颠覆性的变化。其实 GE 的战略是没有问题的，关键是不能在投资者承受的时间和代价范围之内取得明确效果，就必须进行战略调整。可贵的是，当这样一家世界级公司做如此力度的调整时，说干就干，说转型就转型，哪怕是自己的明星资产也毫不犹豫地卖出，这反映了它的决策力和行动力。

四、自动化的前世与今生

现在，让我们回顾一下前面讲的内容。制造业经历变迁，多样性和规模性并存；制造业范式，在面向服务转变；在这种颠覆性的变革之下，世界各国制定了一系列政策，其中以工业 4.0 和美国工业互联网为典型。这些宏观层面的事，和一个具体的企业、具体的产品开发工程师有多大的关系？怎么去应对？让我们回到设备和自动化领域看看正在发生什么。

现在的自动化产品，既有硬件还有软件，又有通信，又有执行，又有传感，又有控制，已经成为智能产品。从部件开始，到装置和系统，到车间和企业，都有大量的自动化产品存在。自动化无疑是智能制造的一个有机组成部分，是一个使能基础。自动化的技术和产品有力支撑了装备产业，装备产业支撑了各行各业的制造，创造了多种多样的产品。我国自动化市场容量只有一两千亿元规模，却包含了成千上万家公司。这一两千亿元撬动了上万亿元的下游应用行业，如机床、汽车、电子、印刷、食品包装等，以及其他新兴产业。

自动化发展的驱动力，与整个制造业发展的驱动力是类似的，自动化也需要向绿色、个性化转变，需要关注能源效率、资源效率、安全和可持续。自动化从业者要很好地利用软件、电子、信息、网络、人工智能这些领域的既有成果。例如，所有的自动化产品都要有通信功能；再比如安全，这里包括人身安全、设备安全、功能安全，还有信息安全。所以，未来自动化产品所要集成的功能性，与智能制造系统的功能性是大致相同的，这些功能性都要浓缩到一个个自动化产品里面去。这给自动化开发团队带来了巨大的挑战，要求团队必须跨领域整合。

建设智能工厂有这样那样的需求，自动化产品要很好地满足。一个例子是西门子提出来的所谓"全集成驱动"。在全集成驱动的概念里，变频器除了驱动电机，还要满足三个维度的数据和信息集成，既要有横向集成，还要有纵向集成及生命周期集成。这本应该是企业级关注的事，现在一台电机、一个变频器也要满足这一要求。因此，开发或选型一台电机也要兼顾减速器、联轴器，要从整个传动链的系统角度考虑；开发一台变频器，除了电机调速功能之外，也要管数据，要做能效管理，还要做故障诊断等。从商业模式的角度看，西门子就不仅仅是销售电机或变频器，它给客户提供的是智能制造解决方案，这里面包括能效的提升、数据的集成、生命周期的管理等。

再以机器人为例。国外工业机器人技术在 20 世纪 70 年代就开发出来，80～90 年代已经完全成熟，我们现在还在起步阶段。但在智能制造时代，对机器人有了新的要求，它需要安全、协作、环保，也需要数据以及其他很多新的智能化功能支持，这就给工业机器人带来了新的挑战和发展机会。新一代机器人是智能机器人，其最重要的功能就是人机协同（图 1-11）。这意味着机器人需要有一系列新功能：安全、协作、节能、灵活，同时带有预测分析功能。

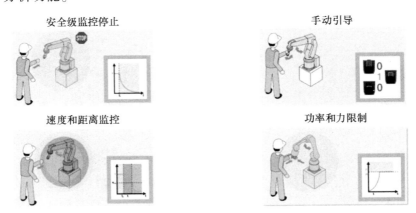

图 1-11　ISO/TS 15066 规定的四类人机协作模式

（来源：Pilz 公司）

最后分享一个关于自动化的观点，见图 1-12。昨天是什么？现场自动化时代。从 1968 年 PLC 发明以后一直到不久之前，可以说都是现场自动化。今天更强调通信，通信要有数据，是数据驱动的自动化。明天则是采用革命性的软件系统来优化整个生产过程，而未来是用物联网、大数据、人工智能，形成主动感知、自主决策、动态优化、精准执行的智能自主自动化。

图 1-12　自动化的昨天、今天、明天和未来

（来源：西门子）

02 / 第2讲

智能制造的技术与经济可行性

郭朝晖⊖

一、从创新实践的困惑讲起

智能制造是当今社会普遍关注的热点问题。技术在给人们带来机会的同时，也带来了焦虑和困惑。人们搞不清如何把这些先进的理论和技术与自己的具体工作结合起来，搞不清所谓的制造业转型到底如何进行。

技术人员有个常见的困惑，就是先进性与实用性的分离：追根

⊖ 郭朝晖，教授级高工，应用数学学士、化学工程硕士、工业自动化博士。曾任清华大学软件学院访问学者、牛津大学访问学者，并曾长期担任宝钢研究院首席研究员。曾经担任中国工业与应用数学学会副理事长、中国现场统计学会理事、中国自动化学会工业大数据专业委员会委员、上海市人工智能学会理事等，是多所知名高校的兼职教授、多家机构的学术委员会委员。曾担任中央企业第二届青联委员、上海市中青年学者联谊会理事、宝钢党外知识分子联谊会会长。长期从事自动控制、数据建模、智能制造、大数据等研究，著有《管中窥道：技术创新的观念与方法》一书，并参与《三体智能革命》等书的合著。曾参与工信部、工程院、国务院发展研究中心等单位的多个课题研究。两次获得中国工业互联网联盟颁发的杰出贡献奖。

溯源，技术进步往往是由一些基础性的科学发现、理论方法和技术手段进步推动的；但回到现实中来，要解决眼前的问题时，人们却往往发现：有意识地强调理论或方法的先进性时，得到的技术往往不实用。与此同时，人们又常发现：实用的技术往往并没有采用非常先进的理论或方法。这种现象很普遍，给企业和工程师造成了很大的困惑。

先进技术不实用的案例很多。1984 年日本建立了世界上第一个无人工厂。原来 200 个人的工作，4 个人就能干了；过去一周的工作，两天就做完了；周末工人回家，工作日上班的时候产品就能生产出来。从试验的角度看，这件事已经成功 30 多年了；从实用性的角度看，技术又失败了：只是一个试验而已。如果试验全面成功了，就应该大范围推广。为什么没有全面推广呢？对于这类问题，其实有个一般性的答案：经济效益有问题。因为企业看待创新成功的标准是用经济性来衡量的。

导致新技术经济性差的原因很多。比如，可能是设备投入费用太高、生产维护成本高、稳定性差，也可能是生产灵活性差。其中，自动化生产线的灵活性差是个常见问题。而且，自动化程度越高，往往灵活性越差。我国有一家企业，建立了一个全自动的生产车间。原计划三年收回成本。然而，一年半之后，生产的产品卖不动了，而车间改造的费用又很高，企业因此很尴尬。

当然，随着智能化技术的发展，自动化和灵活性的矛盾可以降低，进而提升自动化生产线的经济性。所以，智能化可能有更好的经济潜力。这是我们提倡智能化的一个重要原因。

同样，落后的技术也不一定失败。20 世纪 90 年代，比亚迪开始生产电池之前，王传福曾经参观过日本的全自动流水线。但是，比亚迪自己建设的产线却是半自动的。半自动产线的好处是设备投资成本低，坏处是需要大量员工。但是，那时中国的劳动力成本很低，比亚迪总的生产成本就比日本同行低了很多。于是，靠着成本优势，比亚迪占据了巨大的市场份额。这是中国企业成功创新的典范。

如果离开经济性的要求，盲目追求技术的先进性，智能制造就会误入歧途。比如，有人把智能化简单理解为采用机器人、MES（Manufacturing Execution System，制造执行系统）、ERP（Enterprise Resource Planning，企业资源计划）这些"先进"的技术，但具体场景用得不对时，算下来就不划算。再比如，有人开发出一款手机应用程序，把车间中传感器的数据都收集起来，声称可以给企业家去看。但企业家哪有时间看这些具体的数据呢？其实，先进技术发挥作用、创造价值，关键是找到合适的场景和应用方式才行。

对于这样的困惑，创新理论之父熊彼特（Schumpeter）很早就意识到了，并且给出了明确的回答。熊彼特认为：发明并不等于创新，只有将发明用于经济活动并且取得成功才算是创新。也就是说，如果技术先进性和经济可行性产生矛盾，一定要选择经济可行性。

要推动智能制造，关键是要找到一条能够在经济上取得成功的路子。创新并不仅仅是提出正确的技术原理，必须走到经济成功。中间要越过两个重要的节点：技术可行和经济可行。这两个阶段可能是非常漫长的，也可能需要等待外部条件的成熟。条件不成熟时，先进的思想往往就没有办法做到实用。反之，我们常常会看到一些"不先进"的理论在创新中发挥了重要的作用，关键在于这些理论的外部条件此时成熟了。智能制造成为热点，就是这样一个逻辑导致的。

总之，创新往往是抓住新的机会、创造新的条件，尽量利用成熟的技术和方法解决新的问题。

二、从技术原理到成功

最近，有家企业用图像识别技术解决了一个困扰人们多年的问题，取得了很好的经济效益，并受到了高度的评价。对此，有人提出质疑：这个技术用的算法在多年前就成熟了，怎么能算先进技术？显然，这项新技术的成功不是算法进步导致的，而是计算机的性能提升导致的。

这种现象其实很普遍。智能制造的很多原理和想法，在很多年前就有了。但是，与技术可行性、经济可行性相关的条件并不成熟，达不到实用、经济的要求。这些技术成为热点，是由于外部条件的变化引起的。

我们注意到，随着信息与通信技术（Information and Communication Technology，ICT）的进步，技术研发和应用的条件发生了巨大的变化，技术可行性逐渐具备。同时，随着经济、社会的不断发展，对技术的需求也越来越强烈，经济可行性也发生了逆转。故而智能制造能够在今天成为热门的技术领域。

现在流行的很多技术理论和思想往往都可以追溯到若干年前，并非新鲜的东西。CPS（Cyber-Physical Systems，信息物理系统）是智能制造领域中的一个重要概念，被称为工业 4.0 的核心技术之一。虽然这个概念提出不久，但类似的思想却可以追溯到 20 世纪 40 年代。其中，Cyber 这个词本身就来源于维纳（Weiner）提出的控制论（Cybernetics）。

而控制论的思想，还可以继续往前追溯。在瓦特发明蒸汽机的时候，就用了控制论的原理。图 2-1 所示为蒸汽机的速度控制原理。当蒸汽机转速加快时，飞锤就会上升，通过调节杠杆使进入机器的蒸汽量减少，转速下降；反之，当蒸汽机的速度下降时，飞锤就会降下来使进入机器的蒸汽量增加，转速上升。通过这个方法，可以让蒸汽机的速度相对稳定。

但是，瓦特和当时的科学家并没有明确提出控制理论，关键是当时的技术条件不成熟。我们知道，控制论的核心思想是把信息的感知、决策和物理系统的执行统一起来。在蒸汽机的例子里，信息只能通过机械机构感知、用机械机构计算开关大小并通过机械来执行。用机械机构感知和计算的做法不具备一般性，只能用在特殊的场合，不能形成一般性的理论。

当弱电技术出现以后，情况发生了根本性的变化。弱电是用来感知信息、运算信息的；而弱电的信号又可以用来指挥强电，驱动机械实体。信息和物理两个领域通过"电"这种媒介打通了，控制论的思想就有了一般性的技术实现手段。这样，控制论应运而生。

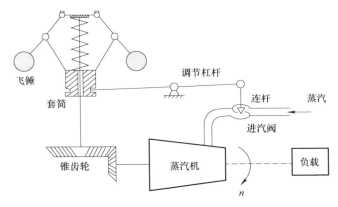

图 2-1　蒸汽机的速度控制原理

然而，当时的控制理论仍然有严重的局限性。我们看到，经典控制理论教科书中涉及的数学模型和控制器主要有两类：传递函数和（线性）状态方程。在控制论产生之初，控制器一般只能用电感、电容、电阻等电子器件来搭建，适合用这样的数学模型来描述。所以，这些理论也是与当时的技术条件相适应的。

我们知道，很多控制过程或物理对象不能用这样的模型描述。要建立更加一般性的数学模型，必须借助计算机。所以，把计算机模型引入控制领域，是一个重大的进步。我国著名学者、国际自动控制联合会（IFAC）原主席吕勇哉教授的重要贡献之一，就是把数学模型用在钢铁企业的过程控制中。

CPS 概念的产生，同样也是技术条件发展的结果。这个概念的提出是很自然的。但在 ICT 不够发达时，即便提出这样的概念也没有多少实际意义。当互联网的应用逐步深入后，需要把众多的对象协同起来、智能化地处理，CPS 概念的产生也就是水到渠成的事情了。

技术发展的历史告诉我们：智能制造成为热点的关键，是相关技术条件不断发展变化所致。技术思想只是顺应这些变化。技术条件变化后，"老方法"的用处增大，用于创新也就不奇怪了。

三、智能化的经济与社会意义

几千年前，冶铁技术的产生让金属工具的成本大大降低，进而推动了金属工具的广泛应用，带动了生产力的大幅度提高，并将人类带入封建社会。同样，摩尔定律持续的 50 年间，ICT 相关技术的成本大大降低，为计算机、互联网的广泛应用奠定了基础，也必然能显著促进生产力的发展并带来巨大的创新机会。曾经有人预测，未来 90% 的技术创新与 ICT 有关。智能制造就是在这个背景下成为热点的。随着智能制造技术的发展，越来越多的劳动由机器完成，或者让机器帮助人类完成，生产力必然会极大地提高，进而促进社会的发展。

技术的发展过程通常是渐进的。一般的方式是：一项技术的产生和成熟，为其他技术的产生创造了条件，并继续引发更新的技术产生。这样，新技术就像多米诺骨牌一样不断产生出来，把人类带入美好的未来。比如，ICT 的发展促进了智能手机的产生，智能手机带来了各种 App 技术，App 技术中诞生了微信，微信又通过电子支付的途径进入了金融行业并推动了金融行业的变革。这也使得人们使用现金的机会越来越少，而现金的减少让扒手难以得逞……

随着智能制造技术的发展，劳累、枯燥、危险的工作逐渐由机器完成，人类越来越多地从事有创造性的工作。这样，越来越多的劳动成为一种让人快乐的活动。直到某一天，劳动成为人的第一需要……

未来是美好的。但是，要实现这个美好的未来，必须找到一条合适的路径，一步步地实现。这条路径上的每一个主要节点，都必须是技术和经济可行性的统一，而不是盲目追求先进性。把握智能制造的推进节奏，确定好推进线路，是企业成功推进智能转型的关键。

智能制造经济性的提升，与国情的变化密切相关，影响着智能化发展的节奏和效果。中国企业的智能制造，必须充分考虑经济发展所处的历史阶段。

几十年前，人们成群结队地扛着铁锹、铁镐去兴修水利工程是常见的场景。对此，年轻人可能会感到奇怪：一台挖掘机的效率要顶得上几十个人，为什么不用挖掘机呢？因为他们不知道：那时我们的国家还很穷，很多地方还买不起挖掘机，只能用人工来做。这件事告诉我们：如果经济发展没有达到一定的程度，成熟的技术也没有经济性，从而难以迅速推广普及。

近年来，很多企业大量装备机器人并采用各种自动化技术。其实，这些自动化、机器人技术往往都不是新的，很早之前就能从市场上买到。但之所以现在成为热点，主要是因为劳动力的成本发生了巨大的改变。这种改变促使自动化、机器人技术的经济可行性发生了变化：过去用这些设备不划算，现在用划算了。

新技术发展的路径、方法和条件，与一个国家或地区的经济发展情况密切相关。总体上看，人均收入高、劳动力成本高的地方，推进智能制造的必要性更强，也更容易取得经济效益；反之，则经济性差。我国现在推进智能制造，与经济发展状况到一定的程度相关，但具体的路径和节奏肯定与西方发达国家不同，不能照抄照搬。

在可以预见的未来，我国的劳动力成本必将显著提高。除了经济发展的原因，人口和劳动力结构的改变也是一个重要的原因。未来 20 年，我国老龄化的现象将越来越明显，劳动力总人口将会减少 1 亿左右。其中，由于大学教育的逐渐普及，劳动力结构也会发生巨大变化，蓝领工人可能会减少 2 亿以上。这些都会使得劳动力成本，尤其是体力劳动者的劳动力成本显著上升。所以，推进自动化、智能化技术的经济性将会逐步提高。

智能化、自动化技术不仅能够提高劳动效率，还能提高产品质量、提高能源利用效率、提高企业的创新能力。换个角度看，这些方面的需求和变化，会对智能制造产生巨大的推动力。我们将会看到：经济社会的发展，会极大地促进这些变化。

最近，"供给侧改革""高质量发展"的国策，具有重大的意义。要理解其深刻意义，就要理解中国的发展逻辑。过去，中国企业追求"物美价廉"，往往会为了成本牺牲质量。这与人们收入低、市场需求有关，也与国家政策导向有关。在过去相当长的一段历史时期内，中国的劳动力严重过剩，被称作"无限供给"。

但是，随着老龄化社会的到来及劳动力人口的减少，国家的就业压力会显著降低，居民消费水平也逐年提高。同时，随着我国 GDP 的持续增长，几乎所有的大宗商品都严重过剩。单纯靠产量的提升已经无法促进经济增长了。我们也看到，持续多年的高速发展，也让环境承受了巨大的压力。这些都会促使国家对产品质量和环境保护出台相应的政策，进而促进企业在质量和环保方面的技术进步和标准提高。这些要求，会转化成生产制造的管理和技术问题，从而成为对促进智能制造有利的条件。

四、互联网时代的经济规律

谈到智能制造，往往会谈到个性化定制、小批量、快速交付。提出这样的目标和要求，往往是不得已而为之。要理解其中的原因，就要看到"同质化"的危害。为了把问题说清楚，我们来看一个例子。

几年前经济形势不好时，钢铁行业的很多产品打五折。很多专家将这种现象归结为产能过剩。但是，这显然不是全部的原因。比如，汽车行业的产能过剩还要严重，但汽车却很少打折。有人将这种差异归结为产业集中度：汽车行业的集中度高，钢铁行业集中度低。但这种观点也不完整。比如，矿山是集中度最高的产业之一。世界上最大的三家矿山公司一度生产了世界上 60% 的铁矿石，但当年的铁矿石价格差不多打了三折。

要解释这种"打折"的差异，还必须从另一个角度看：这就是

"同质化"。所谓"同质化",就是相互竞争的公司产品情况接近。在前面这个例子中,同质化的程度与行业属性密切相关:铁矿石的同质化程度最高,汽车的同质化程度最低。由于铁矿石的同质化程度高,用户买铁矿石的时候,只会比较价格;而矿山公司的竞争,也只能通过压价来实现。这样,利润空间就可能被压缩到极限。汽车行业则不同,厂家可以推出配置、式样、颜色不一样的产品,同质化水平最低。汽车用户关心的不仅是价格,还包括质量、款式、品牌等。所以,推出新车型是汽车厂商主要的竞争手段之一,没必要过度压价。这样,汽车行业更容易保持自己的利润空间。由此观之,在生产过剩的前提下,"同质化"导致恶性低价竞争,严重侵蚀企业的利润空间。这个例子是跨行业的,行业内部的道理也一样。企业要保持利润,就要设法与竞争对手不同。

　　然而,"同质化"并不必然导致低价竞争。在过去的农村,每个村都有卖豆腐的,而豆腐是同质化的。然而,那时的村民很少到其他村子买豆腐。所以,即便豆腐是同质化的产品,也不会有过度竞争。这表明,竞争会受到空间地域的约束。但是,竞争突破地域约束的时候,同质化的危害就迅速增大了。

　　互联网的作用,恰恰是让竞争突破了地域的约束。在互联网的背景下,空间距离对竞争的约束逐渐被打破。越来越多的产品可以通过互联网购买,不仅可以跨越空间距离,还可以跨越国界。利用互联网,用户可以看到成百上千家的供货商。对于同质化产品,计算机马上可以把报价最低的挑出来。所以,如果产品没有特色,多数企业就难以在互联网时代生存。越来越多的企业必须面对这个问题,必须提高研发能力、快速响应能力、服务能力来应对这样的挑战。

　　然而,互联网也给企业带来了新的机会:个性化强的企业容易生存了。一般来说,个性化强的产品,需要的人也少。但是,世界各地的人都可以通过互联网访问到你。这样,个性化强的产品容易获得足以维持生存的市场空间。企业无法改变全球产能过剩的现状、没有办法改变全球化的现状、没有办法改变互联网发展的趋势，但可以改变自己，去生产与众不同的产品、提供与众不同的服务，以赢得生存空间。这就是《长尾理论》的观点。

另外，互联网可以促进社会分工，促进共享经济，促进企业重视自己的品牌。所有这些，都会对提升智能化有帮助。这些也就是互联网能够对社会带来巨大变化的理论依据。

五、智能化的原理

数字化能够带动智能化的观点在几十年前就有人提出来了。信息技术领域有个著名的理论叫作 DIKW（Data-Information-Knowledge-Wisdom，数据–信息–知识–智慧）体系，描述了数据与智能（智慧）之间的关系。这个理论认为：数据（Data）之间的关联形成信息（Information），信息之间的联系构成知识（Knowledge），知识和信息的综合运用带来智慧（Wisdom）。

智能制造的定义千差万别，主要对应两个英文术语，分别是 Smart Manufacturing 和 Intelligent Manufacturing，它们的内涵各有不同。在中国工程院《中国智能制造发展战略研究报告》中，智能制造被分成三种范式：数字化、网络化和智能化。当下智能制造工作的重点，应该是数字化和网络化，内涵上更倾向于"Smart Manufacturing"的概念。

Smart Manufacturing 强调的是快速响应变化。这个概念可以针对多种对象，比如，可以针对生产制造过程、服务过程，也可以针对产品本身。生产制造的主体，可以是一台设备、一个车间，也可以是一家企业乃至整个产业链。

工业 4.0 是智能制造的一种理论体系，主要就是针对企业层级的。典型的工业 4.0 企业，在接到用户的个性化订单时，能快速地设计、生产出来，并提供个性化的服务。为此，需要设计、采购、制造等多个环节和部门的有效协同。工业 4.0 时代的产品批量很小，甚至就是单件产品。这会对产品的质量、成本和生产率产生极大的挑战。而智能化的相关技术，就是用来应对这些挑战的。比如，工业 4.0 的车间，就是能够生产个性化产品的流水线。综合运用各种技术的目的，就是快速满足用户的需求。另外需要强调的是："快速响应"所针对的变化，不仅限于用户的个性化需求，当企业的供应链、工厂的设备发生问题时，也要能够快速响应。

ICT 是智能制造的重要支撑。这种支撑的方式，可以从协同、共享、重用三个角度来看。

我们谈"协同"的时候，一定涉及某一件事情。这件事一般需要由多方完成，包含多个相互关联的步骤。所谓的"协同"，就是能够快速、准确，不产生时间上的耽误和动作上的失误。我们可以从多个角度观察"协同"的主体，如企业之间的协同、部门之间的协同、岗位之间的协同；人和人的协同、人和机器的协同、机器和机器的协同，等等。ICT 通过促进信息的传递来促进协同。但做好协同却不仅仅是 ICT 的事情，往往还要在组织、流程、标准化等方面下功夫。

观察"共享"的角度也很多，比如，物质资源的共享、人力资源的共享、知识和信息的共享。备品、备件、设备等物质资源的共享，可以降低成本；人力资源的共享，可以提高劳动效率；知识的共享可以提高研发效率。其实，在同一条流水线上生产不同的产品，就是对生产线的共享。而信息的共享是促进协同的有效方式。

"重用"一词主要针对知识。快速响应的前提是：接到信息后知道该怎么办。比如，接到用户的新需求时，要知道怎么生产出来。所以，快速响应需要知识。但知识一般不是立刻产生的，甚至可能会花费大量的时间去检验。为了解决这个矛盾，就要重用过去的知识。比如，实现"个性化定制"的一个重要手段就是"模块化"。这样，所谓的个性化产品，本质上就是模块的不同组织方式。而模块化本身就是知识的重用。

Smart Manufacturing 和"人工智能"之间是有联系的。然而，人们对智能的理解同样是千差万别。经典的人工智能学派就有三个，即符号主义学派、连接主义学派、行为主义学派。其中，与智能制造关系最为密切的是维纳创立的行为主义学派。

维纳在 20 世纪 40 年代研究了机器和动物之间的区别。他认为：机器一般只能按照预定的程序执行，而动物则具有获得实时信息的能力，能根据外部的情况变化不断调整下一步的目标。在维纳看来，能够将信息感知、决策和执行三个过程统一起来的能力就是智能。ICT 带动的信息感知能力的不断增强，是促进智能制造的主要原因之一。

我们同时必须意识到：学术界经常讨论的人工智能，主要指的是人工智能的另外两个学派，即符号主义学派和连接主义学派。符号主义学派关注的是决策过程，重点针对缺乏统一有效算法的 NP（Non-deterministic Polynomial，非确定性多项式）完全性问题。这个学派本质上是从功能角度模拟人类大脑的逻辑推理过程。然而，无论是行为主义学派还是符号主义学派，在决策过程中都会遇到知识难以获得甚至难以描述的问题。尤其是难以获得人或动物的感性认识——这些知识往往难以用人类编码的方式告诉计算机。为了解决这个问题，有人提出了人工神经元方法，诞生了连接主义学派。这个学派通过模拟神经系统的结构，来模拟人或动物获取知识的能力。最近几年，基于大数据的深度学习技术获得了突飞猛进的发展，成为"新一代人工智能"的重要支撑力量。

最后再强调一下：智能制造成为热点的原因，是技术条件的改变，是数据传递、存储和处理能力的增强。从技术角度看，知识和信息的数字化是关键和重点所在。"智能制造就是把人工智能用于生产制造"的观点很容易对人们造成误导。

六、互联网与智能化

如前所述，在中国工程院《中国智能制造发展战略研究报告》

中，网络化是一种承前启后的范式。我们知道，互联网是用来传递信息的。人们利用互联网突破了空间对信息传递的限制，能够用来提升感知变化和控制资源的能力，或者说感知和执行的能力。从这个角度看，互联网必然是促进智能化的重要工具。

把互联网提供的技术能力用到经济领域，促进了"资源配置"能力的提升。有"创新理论之父"之称的著名经济学家熊彼特认为：创新的本质是企业家对资源的重新配置。而互联网恰恰是进行资源配置的有效工具：互联网让人们能够看到并支配远方的资源，可支配资源大大增加，故而优化配置的可能性也会大大提升。这意味着，互联网对提高经济性有着巨大的潜力。而发挥潜力的方式就体现在前面提到的"协同、共享、重用"等几个方面。事实上，"协同、共享、重用"本质上都是资源配置的方式。

工业互联网的技术，为工业企业的资源配置提供了新的方式。上海优也科技信息有限公司在华东某钢铁厂的实践就是一个典型的案例。在钢铁企业，能源介质（煤气、蒸汽、氧气等）的动态平衡非常重要。如果生产和消耗不平衡，就会造成能源浪费甚至影响关键工序的进行。然而，与能源相关的设备分布在炼铁、炼钢、轧钢、发电等很多个车间里。如果每个车间都按自己的节奏组织生产，能源的产用不平衡将是一种常态。钢铁厂的面积一般都很大，典型的有几平方千米到几十平方千米；在通信不发达的时候，很难进行有效的动态协同。最近，优也公司利用互联网，对相关设备进行动态协同优化，保证动态平衡，一年的经济效益达 4200 万元人民币。在这个例子里，所谓的"协同"，也就是对煤气等"资源"的动态配置。

要提高资源配置的价值，还要理解"资源"的内涵，而人力资源就是一个重要的方面。随着社会的发展，人力资源成本越来越高。优秀的人力资源更是可遇不可求。而互联网给我们提供了更多人力资源共享的条件。宝钢利用互联网，把 4 个高炉、6 个冷轧车间的部分操作人员集中在一起。这样，同一批人就可以管理异地的多台设备，不仅可以提高劳动效率，还可以把最优秀的人员配置在岗位上，提高了劳动质量。再如，设备检修专家是需要花费多年时间才能培养出来的高技术人才。设备检修专家的人力成本很高，但设备并不总是出现故障，专家的多数时间也是空闲的。如果能够通过互联网让他们服务于更多的地方，一个人就可以创造多倍的价值。

在互联网背景下，能够"优化配置"的资源越来越多。但"资源多"也会带来负面问题，就是优化配置本身的决策更加麻烦，可能成为有效资源配置的一个重要障碍。为了克服这个障碍，一个重要的办法就是让计算机帮助人们进行资源配置——可以是计算机自动决策，也可以是让计算机帮助人们处理信息、降低人的工作量、提高人的工作效率，让资源配置得更好。换句话说，所谓的"智能决策"并不等价于"计算机决策"。事实上，在 GE《工业互联网》白皮书中，强调了"重构人和机器的边界"的思想。其实，计算机辅助人类决策就是智能化。反之，如果把"智能决策"拘泥于"计算机决策"，技术可行性可能变差，能够看到的机会就会少得多。机器代替人的工作是个渐进的过程，是"重构人和机器的边界"的过程。

涉及的资源过多、配置问题特别复杂时，让计算机自动决策、自动实现配置资源也是必要的。比如，在典型的工业 4.0 工厂里，流水线上生产着定制化的产品。这时候，如果某个产品在生产中发生异常，整条流水线的生产节奏就会被打乱。遇到这种情况，人类往往难以迅速、正确地处理生产调度问题，会严重影响生产的效率和产品的质量。这时，用计算机进行动态调整、协调整条产线上的设备动作，就完全必要了。反之，如果不采用智能化的方式，生产方式可能就是不经济的，企业就无法采用。

七、工业大数据与智能化

智能制造包括感知、决策等阶段，而感知和决策都需要知识。

工业大数据为知识的产生带来了新的方式和巨大的改变，故而能在促进智能化的过程中起到关键作用。这就是工业大数据的意义所在。

然而，大数据不是天然就能具备这些能力的。为了让大数据有效地支撑智能制造，必须对工业大数据的特点进行研究，进而有意识地建立工业大数据的技术体系。

众所周知，大数据有著名的 "4V"（Volume，Variety，Velocity和 Value，即规模大、类型多、速度高、价值密度低）特征。然而，这四个特征是以商业互联网企业为背景提出的。而且，"4V" 特征是从 IT 技术人员的角度看问题，重在强调数据处理的困难，而不是从需求的角度看问题。从这个角度认识大数据，难以与价值创造的逻辑联系起来。

我们知道：工业企业并不怎么关心数据处理上的困难。他们关心大数据的原因，是希望它能为企业带来价值。事实上，数据量大本身并不能保证数据有用，也未必会带来机会。正如 DIKW 体系理论所强调的：如果数据之间缺乏关联，再多的数据都是垃圾。

在互联网领域，大数据一般指 PB（1PB = 1024TB）级别以上的数据量。而工业企业很少有这样的数据量。如果按照数据规模定义大数据，工业企业往往就与大数据的概念无缘，也就与大数据的机会无缘。但我们知道，ICT 带来的数据存储能力的上升，确实为工业界带来巨大的机会。而且，工业数据在达到 PB 级别之前就 "难以处理" 了。故而，我们倾向于重新定义 "工业大数据" 的特征和方法，来抓住这个机会。

大数据带来的机会本质在于促进知识的获取，从而促进智能化的应用。有人提出："大数据揭示的是相关性而不是因果性。" ——这个观点强调的就是大数据便于获得知识，只不过获得的是 "相关性知识"。在商业互联网领域，"相关性知识" 的价值很大，可以用来解决很多的问题，并创造很大的价值。然而，这个观点不能直接用于工业界。我们知道：工业界对分析结果的确定性要求很高。如果知识仅仅停留在相关性，是很难被接受的。所以，工业界有人强调，从大数据中获得的必须是因果知识。但遗憾的是：从数据中获得因果知识几乎是不可能的。

考虑到这些矛盾的观点，本文在总结前人观点的基础上，将工业大数据的特点归纳为四个方面：

第一个是"不纠结于因果"。从大数据中提炼工业中所需的知识，要以因果关系存在为基础。但应用知识时，却不必按照科学原理的逻辑去计算和应用。因果关系的存在，是专业人士来确定的；但因果关系涉及的量化指标，是数据来确定的。比如："温度影响产品质量"的因果关系存在，是工艺人员确定的；"温度在320℃时最好"，是大数据体现出来的生产实践的结果。工艺人员能够确定因果关系存在就可以了，却未必要去研究"为什么320℃是最好的"。强调"不纠结于因果"，可以让知识获取变得简单。

第二个是"样本=全体"。这个条件的内涵是：当前发生特定问题时，能够从历史中找到相似的案例。这些案例就是知识，告诉人们成功的经验和失败的教训。现在，越来越多的人认可这样的观点：大数据的优势不在于"大"，而在于"全"。"大"只会增加计算机处理的复杂性，而"全"则保证了知识的存在性，保证了价值。

第三个是"混杂性"。混杂性，是指数据来源的角度和场景很多，可以从多个方面对知识进行印证，提高了知识的可靠性。知识质量的提高，也为"不纠结于因果"提供了条件。我们知道，可靠性是工业界追求的重要目标，追求可靠性对工业人的方法论有着巨大的影响。所以，用"混杂性"保证知识可靠性的意义也是巨大的。

第四个特点是数据的完整性、准确性。英国前首相迪斯雷利（Benjamin Disraeli，1804—1881年，1868年和1874年两度出任英国首相）有句名言："世界上有三种谎言：谎言、弥天大谎和统计数字。"数据可以证明一件事情，也可以误导人们的认识。我们知道：一个事件的发生可能会由多种原因导致。如果事件相关的因素记录不完整，就可能犯"以偏概全"的错误，看到现象而忽视本质。所以，应用大数据的前提之一，是要促进数据收集的完整性、准确性，避免误导人们的决策。

显然，大数据的这些优势不是天生具备的，而是需要人们有意识地去准备。在推进智能化、推进工业互联网应用的过程中，也会为工业大数据的收集带来很多方便，提供机会。从这种意义上说，工业大数据、智能化和工业互联网的应用是互相促进的。

这样相互促进的案例很多。例如，GE 通过互联网，把飞机发动机的相关数据收集起来，形成大数据体系；从中提炼出各种知识，进行设备故障诊断。其实，设备故障诊断是一个发展了很多年的领域。但是，传统的设备诊断往往针对特定的某台设备。判断设备出现故障的依据，本质上就是去发现现在和过去的不同，如振动频率发生了改变。传统方法有很大的局限性。比如，故障样本量不多的时候，判断的准确度就不高。事实上，一台机器很少反复发生同样的故障，故障的数据样本往往不会太多。

但是，现在的情况就完全不一样了。通过工业互联网，可以把成千上万台机器的数据汇总在一起：一台机器现在发生的故障，很可能另外一台也发生过。这就是所谓的"样本＝全体"。在这种情况下，一台机器故障形成的知识，就可以重用在其他机器上，实现知识的共享。这样的条件，是过去完全无法实现的。

另外，在利用大数据的时候，不要仅仅考虑从大数据中提取知识。事实上，大数据也可以承载知识——承载过去承载不了的、信息量极大的知识。产品设计的知识就是典型。中国航空工业集团公司信息技术中心首席顾问宁振波先生曾经指出，某型号飞机的数字化设计信息多达 4TB。特定企业的产品设计数据针对个性化需求（如广告设计、板式家具设计等）时，所需要的数据量就更大。这些设计出来的"知识"占用大量的存储空间，过去很难存储。随着大数据时代的到来，过去的数字化知识都可以存储起来，以便于以后"重用"，大大提高设计工作的效率。

八、智能制造与转型升级

有种很普遍的现象：学习并真正理解了别人的典型案例，自己仍然不会做；理解了智能制造和大数据的原理，应用中仍然会遭遇困惑。造成这种现象的典型原因是：原理相同的技术，创造的价值不一样。所以，工作的困难不在于懂不懂、会不会，而在于经济上是否合适。

世界上没有免费的午餐，任何技术都是需要成本的。只有将技术用在合适的场景和解决合适的问题，才会具有经济性。人们在技术经济性上的困惑，本质上就是找不到合适的场景。在这种情况下，企业要推进智能制造，往往要进行转型升级。从技术人员的角度看，转型升级的本质，就是为智能制造技术的应用创造合适的场景。

从外部表现看，转型升级就是业务流程、商业模式、组织结构、工作内容、业务中心的改变和创新。比如，原来由人做的事情，现在由机器来做或者机器帮助人来做；过去需要到现场做的事情，现在可以远程去做；企业过去的业务以生产制造为主，现在研发、服务与生产并重；过去用自己的仓库、自己的人员、自己的设备，现在用其他企业的资源等。这种业务上的改变，往往会为推进智能制造带来需求，从而带动智能化技术的应用。很多人没有想清楚如何推进智能制造，本质不是不懂技术，而是没有想清楚怎么改变业务。技术是服务于业务的，业务的改变说不清楚，自然也就说不清楚怎么应用技术。

前面曾经提到：协同、共享、重用是智能制造进行价值创造的方式。这三种方式，其实都是资源配置的方式。我们知道，资源配置的权限在于企业的主要管理者，而资源的配置可能会涉及权力和利益的重新调整。所以，智能制造的首要责任人，是企业的负责人，而不是基层的技术人员。从这一点上看，智能制造与自动化是不一样的。

转型升级是个性化很强的问题，与地域、行业和企业的特点密切相关，难以复制。比如，在经济高度发达的西方国家，"机器换人"很容易成为具有经济性的活动；而在落后的发展中国家，这种工作未必有经济性。在中国，则要视地域和行业的具体情况而定。一般来说，推进"机器换人"时，不能仅仅考虑劳动力成本，还要与提高效率、提高质量结合起来；有了"附加值"，才会有经济性。

一般来说，越是复杂、高效的场景，对智能化的需求越是迫切。企业对生产率、质量、交货期的要求越高，产品的个性化越强，就越能发挥智能化的优势，智能化能够带来的价值就越大。所以，越是追求高质量、追求最大限度地满足用户需求的企业，往往越是需要智能化，推进智能制造就越容易。在我国的实践中，在制衣、家居、广告等传统行业中产生了大量很好的案例，就是因为这些行业的个性化需求比较强。这时，智能化的技术能够起到"雪中送炭"的作用。

智能化技术有利于解决复杂性问题。对多数企业来说，追求极致的产品质量、极致减少成本浪费时，也会带来这样的复杂性。所以，精益化的推进对促进智能制造是有利的。

要推进转型升级，往往需要系统策划。河南登封某耐火材料公司就是一个典型的例子。这家企业虽然规模很小，但自动化程度相当高。在整个生产过程中几乎没有人工操作，甚至没有在线监控生产的中控室。但是，这个工厂把生产数据全部采集上来，并存到大数据库中。生产中一旦出现问题，可以通过历史数据进行有效的追溯。所以，即便现场没有监控人员，问题也能被发现并解决。

与传统车间相比，这种车间的建设费用肯定是比较高的。但是，由于工厂生产的是高科技产品，毛利率非常高，盈利能力很强，经济性自然也很好。事实上，这款高科技产品是他们用委托研制的方式，让德国研发团队完成的，并且企业买断了专利。所以，尽管河南登封的地理位置相对偏僻、高端人才匮乏，却能生产全新的高科技产品。通过互联网，德国专家可以远程访问公司的大数据库，帮助企业解决生产和设备中发生的问题。这就解决了公司技术人才不足的问题。

有时候，智能制造的经济性需要用长远的战略眼光来看，而不能纠结于眼前的利益。优秀的企业家必须认识到：高效率、高质量、低排放一定是企业未来的发展方向。在可能的情况下，应该尽早布局，获得先发优势。

九、智能制造与管理

智能制造需要创造价值，但价值管理却是令很多企业感到头疼的问题。我们调研发现：在我国各类企业里，由于管理问题导致的损失至少能够占到企业总成本的 10%～20%，甚至更高。所以，通过智能化、大数据的手段提升企业的管理水平，价值潜力非常巨大。但是，这一方向的主要困难是管理的价值损失往往是隐蔽的，不容易被公司管理层直接看到。

管理水平低，常常是制约我国企业产品质量提升和技术发展的瓶颈，是个普遍性的问题。在管理不到位的情况下，设备、操作、原料、检验的稳定性就不高，产品质量就很难稳定，成本也就降不下来。我们看到很多所谓的"技术水平不高"，本质上是管理不到位造成的。所以，从某种意义上说，管理水平"定义了技术工作的边界"：管理越是不好，技术的应用环境就越差，应用效果就越不理想。

要对管理进行"优化"，前提是找到管理中的漏洞和不足。这些漏洞和不足，是过去没有做好的地方，也是价值之所在。但是，这些问题并不好找：如果容易找到，现在很可能就不是问题了。找不到问题的原因有很多，大体上可以分成三类：

1）没有量化的数据，更不能实时地得到数据，不利于精确管理；

2）问题涉及多个部门，信息没有集成起来，不能有效地协同；

3）涉及个人或部门的局部利益，人们会有意无意地掩盖问题。

ICT 的机遇在于能够提供解决这些问题的技术工具。例如，广泛地推动数字化，可以帮助人们解决第一类问题；推进互联网的应用，可以用来解决第二类问题；用数字化实现业务和价值的透明化，可以用来解决第三类问题。

下面通过一个形象的例子，谈谈我们对透明化的理解。

有一家生产豆腐的传统工厂，管理上有很多问题，如工人操作不规范、偷懒等。后来，这家企业在车间安装了几个摄像头，并把监视器安装在管理者的办公室里。这样一个小小的办法，竟然让管理水平提高了很多。

虽然"透明化"的工作可能不像安装摄像头这样简单，但原理是一样的：通过数字化记录企业运行的方方面面，让各种生产经营活动的每一个动作都处于受控的状态，变得可追溯，管理的漏洞自然就会减少。大数据和工业互联网，为推进透明化提供了有力的工具。

现实中的透明化，往往不能简单地把各种数据收集上来。我们知道：一个企业往往有成千上万的数据，如果把这些原始数据直接展现在管理者的面前，他会陷入"数据的海洋"，无法提取其中有效的管理信息。这样的"透明化"是没有办法提高管理水平的。

要提高管理水平，必须让管理者能够用有限的精力，去关注那些真正需要管理的重点问题。为此，必须建立数字化的模型和算法，让计算机从纷繁复杂的数据中提炼出管理者真正关心的业务事件。这其实就是智能化。

要做到这一点，需要跨学科的知识：首先要有管理知识，知道管理者关注什么样的业务问题；其次需要有专业领域知识，知道如何从数据中判断业务活动是否正常；另外需要有数据处理能力，能把数据中的干扰和噪声去掉。

石家庄天远公司就是一个典型的案例。这家公司帮助用户管理各种移动装备，如卡车、挖掘机等。他们有用户需求的知识，知道用户企业的管理者关心什么。比如，用户关心司机有没有用公司的车辆干私活。其次，他们有必要的业务知识，知道如何判断司机是否干私活。比如，如果车辆的载重在某些地方突然发生改变，就可能意味着司机装上了货物。这就是一条知识。但是，知识的应用过程会遇到困难。比如，数据可能是间接的、有干扰的，需要数据分析师把这些干扰过滤掉，减少误报警。这时，就需要数据分析和建模的知识。

这样，只有到真正发生问题的时候，计算机才会向管理者发送信息。于是，一个管理者可以轻松有效地管理成百上千台的设备，管理的能力也就提升了。总之，"透明化"的要点，就是让管理者能花费尽量少的时间和精力，去管理尽量多的重要问题。这在本质上就是管理能力的提升。这种做法，是让机器帮助人决策，是"人机界面的重构"，自然属于智能化的范畴。

03 / 第3讲

IIoT、 AI、 大数据推动制造过程向智能化演变

刘　建⊖

一、制造过程的演变

图 3-1 所示为阿迪达斯在 2017 年全球发布的一款鞋。这款鞋很有特点：你可以在网上预定，可以选择自己喜欢的颜色、材料、尺寸等，而且这双鞋 80% 是 3D 打印的，交付时间为三天。

⊖　刘建，清华大学自动化专业工学学位，原冶金工业部自动化研究院工业自动化专业工程硕士学位，新加坡国立大学控制工程专业工程硕士学位；上海应势信息科技有限公司（专注于提供基于融合数据智能技术的工业设备与过程状态评估与预警监测解决方案）创始人/执行董事。致力于应用人工智能在工业设备与生产过程的数据分析、预警与监测技术的研发与企业服务，曾任新加坡制造技术研究院副研究员、德国 SAP 中国区咨询总监、上海高维信诚资讯有限公司董事长，参与或领导的企业信息化项目（ERP、物流项目、供应链及渠道管理相关产品与服务、企业 SaaS 平台及服务）有：中国移动、联想集团、长虹集团、海尔集团、小天鹅集团、诺基亚（中国）、亚星奔驰、深圳三星、神州数码、海尔物流、四通工控、统一石化、宝洁中国、英国石油、华晨宝马、上海汽轮机厂、宝岛眼镜、太太药业、江中制药、宁波三星股份、成都阿尔卡特通信等 160 余家企业。

图 3-1　阿迪达斯 2017 年新款鞋

　　这双鞋的设计是经过对全球大量的运动员及其用鞋的数据进行分析之后提出的。然后我们来看看它的制造过程。这是一个个性化的产品定制过程，整个制造过程几乎都是工业机器人完成的，人的参与非常少，是智能生产管理方式、运动员大数据分析、零库存供应链、3D 打印等嵌入其中的一个高度智能的流程。

　　可以想象，阿迪达斯后面一定有一个非常大的支撑体系或者说支撑平台（图 3-2）。云、工业物联网（Industry Internet of Things，IIoT）、人工智能（Artificial Intelligence，AI）、大数据（Big Data，BD）、供应链管理（Supply Chain Management，SCM）、制造运营管理（Manufacturing Operation Management，MOM）等系统概念，都可以在阿迪达斯的制鞋中找到影子。

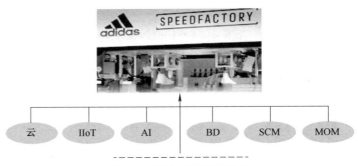

图 3-2　阿迪达斯支撑体系

制造业在整个演变过程当中，其制造支撑体系也在演变，而演变过程是从流程有序开始的（图3-3）。流程有序是指把分隔的制造步骤串联起来，使制造效率更高。

制造过程的演变

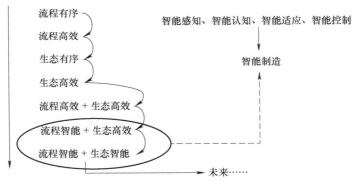

图 3-3　制造过程的演变

流程有序后，制造业开始追求生态有序。什么叫生态呢？制造企业一定要购买原材料、设备等用于制造产品，制造后将产品出售。所有与之相关的供应商、经销商、客户等都是其生态中的一部分。生态有序是指企业与其合作伙伴间的协同是有序的，而生态高效则意味着企业与其合作伙伴间的协同具有高效率。接下来是"流程高效 + 生态高效"。最近的 20 多年里，我国很多企业都经历了这样的过程或部分是这样的过程。

从图 3-3 可以看到，"智能制造"是更高层次的制造过程。制造企业要达到所谓"智能制造"的层次，其应该首先具备流程有序、流程高效、生态有序和生态高效的基础。为什么这样说呢？让我们先思考一下"智能制造"代表什么，为什么非要追求"智能制造"。大家知道，"智能制造"包含了一系列重要的概念：智能产品设计、智能生产计划与执行、智能设备维护、智能营销、智能供应链管理、智能客户服务等。首先，让我们先明确界定

"智能"的内涵。所谓"智能",是包含了从感知、学习、认知到执行或控制的循环完善过程,就如我们从小到大通过耳濡目染(感知)、接受教育(学习)、积累经验(认知),并将之用于生活或工作(执行/控制)。所以,"智能制造"意味着在制造涉及的各个环节都应具备感知、学习、认知和相应的控制能力。"智能制造"需要来自制造各环节有序和有效的信息以及更先进的信息技术的支撑。

我们国内很多企业在基本实现制造手段自动化后,开始实施使流程高效的信息系统。过去的 20 年是 ERP(Enterprise Resource Planning,企业资源计划)从概念到获得广泛应用的时期。

这几年企业重视什么呢?三四年前,有些企业在实施 MES(Manufacturing Execution System,制造执行系统),而最近这两年大家又在尝试云、IoT、工业互联网、人工智能、大数据、VR/AR,实际上这是信息技术对企业进步给予支撑的一个演变过程,每演进一步都使得企业的管理和制造水平获得更大的提升,使企业的生态系统更完善,整个运营流程更顺畅。

上面我们谈到,整个制造的演变过程实际上有很多新的管理体系和信息技术在做支撑。从信息技术对制造支撑的角度,我们可以发现,自动化控制系统使企业能够提高制造效率和产品质量;ERP、MES、MOM 使制造过程变得有条不紊和高效;SCM、CRM、PLM(Product Lifecycle Management,产品生命周期管理)、工业互联网则使制造企业的生态协作更加有序和高效。

那么,工业互联网、大数据、人工智能、VR/AR 等新兴技术又能对促进制造向更先进演变起到什么作用呢?首先,这些技术的引入可以加强现有支撑系统的能力,比如应用人工智能技术可以使供应链管理更加"智能",会预测市场或生态状况的变化并及时进行供应链的计划与执行的调整。其次就是帮助企业逐步实现"智能制造"。

二、智能制造的企业形态

我们举个例子来看一下未来实现"智能制造"的企业是怎样的形态（图3-4）。这是一个生产智能冰箱的企业，它的生态包括自己的制造工厂、零部件供应商、销售与结算平台运营商、物流服务商、能源供应商、设备服务商、客户，整个生态承载在一个工业互联网上。在营销环节，客户通过互联网（工业互联网）进行产品订制和结算；在产品设计环节，PLM 系统实现基于用户反馈的企业与设计服务商之间的协作设计；在采购与物流环节，企业的 SCM 系统与 ERP 系统协同进行整个供应链的管理，包括针对零部件供应商的采购计划与管理，以及针对物流服务商的配送计划与管理，人工智能与大数据用于供应链的管理优化；在生产环节，ERP、MES 负责整个生产过程的计划及执行，IoT、人工智能及大数据用于动态优化生产计划、动态优化生产工艺、动态产品质量监控及生产设备预测性维护；在能源保障与零部件保障环节，企业与能源提供商、零部件制造商及企业通过工业互联网实现协同，如能源提供商基于企业的动态能耗监测进行能源配给优化，零部件制造商与产品维修部门共享需求与交付信息，提高客户服务效率。

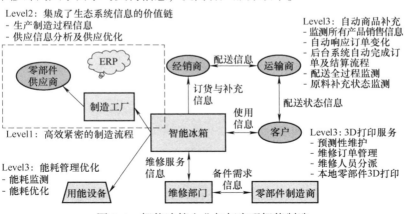

图 3-4 智能冰箱企业如何实现智能制造

三、工业 5.0

前面讲了工业 4.0，现在大家又开始提"工业 5.0"。那么，工业 5.0 是什么呢？SAP 的工业分析师给出了如下定义：

"Looking ahead to Industry 5.0, we anticipate the further restructuring of product development and production in ways that will redefine not only manufacturing processes but also what a product is and the value it provides to customers. As more products incorporate digital technologies, they will move from being a bundle of functionality and become **platforms for value creation**-both for the user and the maker of products."

我们注意看一下定义中黑色加粗的文字"platforms for value creation"，就是说工业 5.0 意味着创造新价值的制造平台，即将来每个工业企业都会通过一个平台来承载其完整的生态系统，包括它所有的供应商、经销商、客户以及所有的第三方服务商，从产品设计、制造、供应链管理、设备管理等全部在这个平台上进行协同协作，以为客户提供高效、高度个性化、高质量、高性价比的产品。

我们处在一个数据爆炸的时代。十几年前，大家都说"信息爆炸"，其实并不准确，因为信息爆炸主要体现在商业领域。在工业领域，应该说是"数据爆炸"。未来的工业一定是很多数据通过 IIoT 进行传输，海量且高速增长。这个"数据爆炸"的时代是全球制造业再次提升的一个重大的机会点。

四、传统的智能与数据智能

接下来，我们再来看一下传统意义上的智能和数据智能。高盛有一个分析，认为传统的智能与数据智能有几点主要差异：

第一，传统的智能通常是用有限的数据、有限的参数进行建模和分析。例如，不少论文使用几百条数据进行建模和分析从而得出结果，适合作为研究性参考，但实用性是有限的。

　　第二，以前我们习惯用某一种成熟的数学方法来分析某一类数据。举个例子，我们要对一个温度参数进行预测，就用回归方法或马尔可夫链［Markov chain，是概率论和数理统计中具有马尔可夫性质（Markov property）且存在于离散的指数集（index set）和状态空间（state space）内的随机过程（stochastic process）］，即用单一算法来预测单一类别的数据。而现在人工智能方法是利用组合的数学方法，并通过对大量数据的学习，自动建立预测模型。由于具有很强的"学习"机制，所以其具备"智能"属性。由于具备这样的属性，"数据智能"可以处理很多传统分析和建模方法无法解决或分析结果准确性差的问题，如对高度非线性信号建立准确性高的预测模型，以及对高维度数据进行有效且高效的建模（图 3-5）。

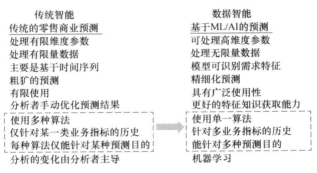

图 3-5　传统智能与数据智能

　　由此可见，无论工业 4.0 也好，工业 5.0 也好，大数据、AI 这些新技术将起到重要的支撑作用。未来支撑智能制造的平台中会存在海量的数据，这些数据的分析和利用将涉及诸如大数据整合清洗、不确定性预测、多变量关联分析等大数据与 AI 技术。AI 技术是当前通用的统计分析方法很好的补充，它为企业能够针对复杂生产环境中出现的问题进行动态分析和处理提供了强大支持。

五、商业智能

BI（Business Intelligence，商业智能）是十多年前和 PLM、SCM、CRM 等一起提出的企业信息技术概念，其主要价值是利用大量统计分析技术对企业管理流程的数据进行抽象并给出关键绩效指标（KPI）分析，我们暂可称其为"BI 1.0"，比如 SAP 公司在十年前推出的 BI 子系统。那么企业用 BI 1.0 做什么呢？比如说我们要分析销售数据，BI 可以把 ERP、CRM、SCM 系统中所有与销售相关的数据提取出来，包括销售预测、生产计划、实际销售、生产执行等数据，根据相关性整理成一个个信息立方（info cube），然后企业内不同的管理层、用户可以通过相应的信息立方获取对应的关键绩效指标的计划与执行情况。

实际上，BI 1.0 还不是真正的智能支撑系统，而是一个信息处理和统计系统。在集成了 AI 等新技术后，BI 1.0 将升级到 BI 2.0，从而具备真正的"智能"。BI 2.0 可以从企业运营流程大数据中不断挖掘潜在的问题，为管理层提供更准确的预测，并不断为企业其他的管理系统如 SCM、CRM、PLM 等提供优化依据。

六、工业物联网和人工智能对智能制造的价值

下面举几个案例给大家分享 IIoT、AI 等新技术如何为企业实现智能制造带来价值。

第一个例子是，如何通过 IIoT + AI 来提高产品质量管理水平。美国一家汽车电子产品制造企业，它的一条生产线的最后一道工序是焊接。焊机装有九个传感器，客户的数据采集系统每隔几秒钟会采集一组焊机的传感器数据及对应的产品质量数据。他们希望能够把焊机的工作状态与产品质量关联起来，以构建产品质量预警模型，从而减少出现批量残次品——连续出现残次品——的次数。我

们采用 AI 的方法，通过两个步骤对这些数据进行了建模和分析。首先，我们对焊机的传感器数据进行了状态特征的提取；然后，我们把焊机状态特征与产品质量记录进行关联建模，结果发现 88.7% 的残次品出现时都有唯一的焊机异常状态特征与其对应。因此，可以通过实时分析焊机的传感器数据，当发现焊机出现异常状态特征时，及时通知现场工程师采取措施，避免连续的、更多的残次品出现，从而降低因残次品导致的损失。

　　图 3-6 中，所有的蓝点是焊机状态特征点，绿线（竖直方向的直线）表示残次品出现的时刻，所有黄圈内的蓝点表示残次品出现时对应的状态特征，这些特征叫异常状态特征。当某一时刻焊机的状态特征与异常状态特征之一吻合时，意味着开始有残次品出现。

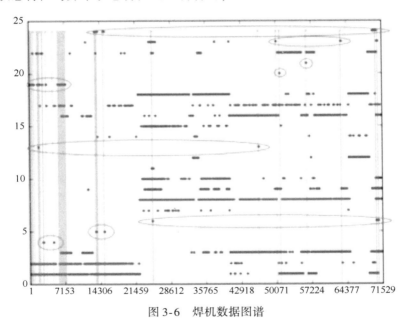

图 3-6　焊机数据图谱

　　第二个例子是，如何通过数据智能来优化工艺控制和稳定产品质量。这是一家化工企业的应用案例。其生产过程的第一步涉及原料的投放、工艺参数的设定等。每种原料有其特定的成分，比如甲烷、丁烷等；然后，要根据原料的情况设定工艺控制参数，比如说温度、压力等。如果工艺控制参数设定不合理，生产出来的产品就将会是废品或低等级品。

以往设定工艺控制参数通常由工艺人员进行。这是一个对经验要求高，甚至很高的岗位。而根据企业的经历，即使有经验的工艺人员也常有不能合理设定控制参数的情况。企业希望能够引入数据智能手段，针对实际原料模拟合理的工艺控制参数集合，以作为生产控制的决策支持。

客户提供了一组历史的批次原料参数数据、相关的工艺控制参数数据，以及对应的批次产品质量数据——产品成分数据。基于客户提供的数据，我们采用数据智能方法，建立了基于生产过程数据——原料数据 + 工艺数据——的产品成分预测模型（图 3-7）。用另一组生产过程数据和产品成分数据进行测试，预测准确率高于90%。客户认为，利用这样的模型在每次生产前进行模拟预测，以指导工艺控制参数的设定，可期待对产品稳定性的提升有重要帮助。

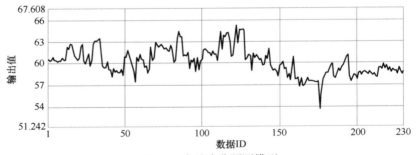

图 3-7　产品成分预测模型

第三个例子是，如何通过数据智能来实现设备异常或故障的预警。提早发现设备运行异常或故障的征兆对于企业而言非常重要，其可以减少非计划性停机、提高设备利用率和减少设备故障，从而大大节省运营成本，对于拥有大量设备的企业更是如此。目前绝大多数企业对于设备运行状态的监测还是采用报警机制，即当设备的某些传感器参数超过预设阈值时，获得设备报警信息，然后采取相应的应对措施。但往往设备报警时即发生故障，需要停机检查或维修。石化、电力企业一般都有 DCS（Distributed Control System，分布式控制系统）或 SCADA，从这些系统平台上可以监视各种设备的运行参数，但由于设备数量多且传感器数量庞大，要从中发现故障征兆，即使是经验丰富的工程师也难做到。

　　以压缩机的故障预测为例。压缩机故障有很多种，涉及的因素也很多，不同的传感器参数异常可能对应不同的故障征兆。一台较大的压缩机，其状态传感器有三十多个，分别用于测量温度、压力、转速、振动、位移、流量等。这么多不同种类的参数涉及海量的数据，很难进行人工分析。人工智能恰恰在通过大量传感数据发现设备故障征兆上有巨大的应用潜力。

　　该案例是电厂的一台汽轮机，这个汽轮机因故障停机过，故障发生前其内部主要传感器参数都没有报警，即：没有超过预设报警阈值。这是现在很多企业遇到的问题：这个设备坏了，而所有监测参数却没有报警，难道没有征兆吗？电厂给出了该设备故障发生前三周的主要传感器数据，让我们帮助分析。我们采用人工智能方法对数据进行了状态建模和状态分析，发现故障发生前该轮机的状态稳定性趋势即有明显劣化（图 3-8），且出现过多个"状态异常时段"。经过确认，得知这几个时段的传感器参数异常变化是轮机主轴松动造成的，是故障征兆。若提前知道，通过拧紧主轴固件就会避免此次故障。这些故障征兆在此次故障发生前一周就已经出现。

　　为什么故障发生前所有主要传感器参数没有报警呢？我们分析认为，原因之一是设备出厂时设定的报警阈值在设备运行多年后已经不能准确反映设备在实际运行中的异常状态了。据我们了解，有些企业也曾尝试过通过调整设备的报警阈值范围来实现故障预警，但调整后引起另一个管理上的问题——"虚警"，因而放弃。

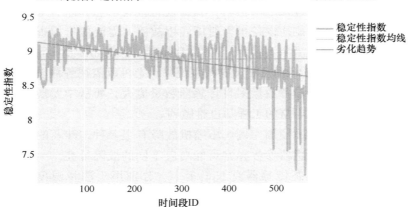

图 3-8　汽轮机故障发生前三周数据呈现的状态稳定性趋势

所以，引入 AI 等新技术，可以帮助企业在实现设备异常或故障预警以及实施设备预防性/预测性维护上实现突破。

七、工业互联网与工业物联网

大家可能对"工业互联网"和"工业物联网"这两个概念的区别有兴趣。我认为"工业物联网"实现的是底层互联，"工业互联网"实现的是高层互联。底层互联旨在实现企业自身制造过程管理的精细化与智能化，而高层互联是为了实现制造生态的高度协同。

提问：能理解成互联网大于物联网，或者物联网是互联网的子集吗？

回答：从理论上可以这么说，但是仍需要把它们分清楚，因为这两者的应用点是不同的。互联网连接的更多叫信息，物联网连接的更多叫数据。"数据"跟"信息"概念上是有差异的，"信息"涵盖"数据"，但在互联应用方面的侧重点会有所不同。

提问：能否再具体说一下物联网与互联网有什么区别？

回答：上面我们已经谈到"工业互联网"和"工业物联网"的区别。"工业互联网"最大的作用是实现制造生态的协同，而"工业物联网"的作用是实现制造本身的精细化与智能化。虽然从概念上说互联网包含物联网，但是物联网具有显著的价值点，它的价值点不在于实现与供应商、经销商或客户的协同，而在于制造过程本身。我们通过工业物联网获取各种传感器信息，包括生产设备、检测设备、维修设备以及制造工艺、原材料属性等传感器数据，并利用大数据、人工智能等技术实现这些数据的动态分析，从而不断优化制造工艺、稳定设备运行、提高产品质量。

提问：物联网对信息安全的要求是不是比互联网更高？

回答：我认为是的。工业物联网一旦不安全，那就可能导致企业根本无法进行生产。大家知道一般工业物联网和互联网实际上是隔离的，甚至是物理隔离，物联网仅存在于内网。我们国内所有大型企业，包括电力、化工企业都有自己的内网，当然它还有一个互联网，互联网用于经销商、供应商的管理。

提问：国内 IIoT 数据的应用情况怎样？

回答：国内在流程生产领域，如石化、电力等，IIoT 的基础较好，但在应用大数据、人工智能等新技术方面，仍有巨大潜力，需努力以缩短与国际先进企业的差距。在传统制造业领域，IIoT 的基础依然薄弱，数据智能应用非常少，但随着 IIoT 的普及，会有更多制造企业应用数据智能技术来提升竞争力。

八、企业的数据分享

提问：现在更大的问题是：企业是不是不愿意分享数据？

回答：是的，企业不会愿意分享这些数据出来，因为分享数据会暴露企业的某些"隐私"。所以，解决办法有两个：一是将新技术应用部署到企业内部系统——内网中；二是为企业提供纯粹数据驱动的数据智能服务，即使用无业务属性说明的数据——当然还要与客户签署保密协议。比如，我们帮一个有保密要求的单位做设备模块的数据分析，他们给我们的数据全部是脱密数据。什么是脱密数据？就是这些数据既要没有任何业务属性说明，又要全部经过归一化处理。

提问：GE 的产品自己用得非常好，它想把 MES 那部分变成产品给别的公司提供服务，但是它不懂人家的工艺，人家又不可能把数据给它，那它怎么做？

回答：全球还是有很多企业追求技术和管理创新。SAP 曾经做过相关的一个调研，在全球大概调研了几百家企业，其中 93% 非常认同新技术对其管理提升的重要性（图 3-9）。这些企业愿意接受第三方专业厂商为其提供产品和服务，甚至连接数据到第三方专业厂商，以快速提升自己的竞争力。

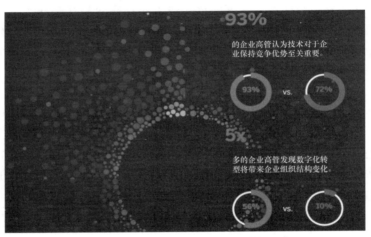

图 3-9　SAP 关于新技术对管理提升作用的调研结果

（来源：SAP）

九、纯数据驱动的技术实现设备故障预警与预测性维护

提问：请问，你们为企业做进行分析时，是给每个企业做一个数据模型，还是用一个通用模型？

回答：我们研发的是一种方法模型，是通用的，任何企业用这个方法模型都可以基于目标对象的数据快速构建对象的实用数据智能模型，比如目标对象是生产过程和设备。

提问：可否这样理解？这些客户给的数据实际上不能算是数据，而是数值，比如说温度、湿度等，把所有单位都拿掉了，仅给出一些数值。

回答：你的理解是对的。所以我们是在用纯粹数据驱动的方法为客户服务。

提问：很多企业有大量数据却不利用，您觉得是什么原因？是他们缺乏人才，还是不够重视或缺乏投入？

回答：我认为首先是思维方式问题。我国多数大型企业内部都有一批非常有经验的工艺师，他们仅凭简单的工具就能告诉你该机器有潜在问题。所以，经验是解决问题的关键，这已成为一种共识。其次，大家已经习惯于报警机制和"事后分析"，认为有报警就够了。另外，进行与管理相关的技术创新驱动力不足。最后，在设备预防性、预测性维护方面有不少企业也做过探索，但是研究成分多、浅尝辄止，落地应用的很少，见效的就更少。

提问：设备故障预警与预测性维护在国外发展得怎么样？

回答：据我了解，在国际工业界，NASA、GE、西门子、霍尼韦尔、ABB、施耐德、PTC、微软、三菱重工等在这方面都进行了很深入的尝试，并已有一些实际应用。但利用纯数据驱动的技术实现设备故障预警与预测性维护方面，GE、霍尼韦尔、PTC、微软的技术相对成熟。

提问：大数据预警概念其实已提出很多年了，现在有什么新的技术？

回答：下面我举一个例子来说明目前国内外绝大多数的做法。比如，要对一台风电机进行故障预警，一种方法是对该风电机的历史状态传感器数据进行关联分析，找出关联变化的参数，然后提取参数变化特征，再将这些特征信息与该风电机历史上的故障信息进行对比，利用 AI 的监督式学习来训练一个故障预警模型。当实际运行数据符合已学习的某种故障前兆特征时进行预警。另一种方法是针对该风电机的一些关键状态传感器数据，比如振动信号，用 AI 方法构建参数预测模型。当某参数的预测值与实际值的差异超出设定范围时给出预警。这两种方法有个明显的不足是建模效率低、代价高，且对数据人才要求高。另外，由于涉及预设条件，对模型的更新维护要求高。目前比较先进的技术是利用风电机全部或绝大多数的传感器数据，结合 AI 的无监督学习机制构建状态特征模型，然后利用状态特征模型实现动态的异常状态预警。

提问：目前很多企业的设备上已安装的传感器很少，是不是将来都需要加装？

回答：传统制造企业，尤其是离散制造业企业，除了使用大型或精密设备的企业外，绝大部分没有或缺少传感器和数据采集系统。是否要加装还是要看企业对数据价值的认识，以及企业本身的运营情况。我个人认为，数据智能对于企业节省生产运营成本和提高产品质量有很大帮助，在企业有能力的情况下，应该应用此类新技术。

提问：目前传感器技术本身还不成熟，那传感器如何来发挥作用？

回答：这是非常好的问题，它涉及监测方法。监测方法分两大类：第一类叫静态目标监测法，就是我们对监测对象设定某种参数值范围，通过判断参数值是否超出范围来进行异常预警和故障分析；第二类是动态目标监测方法，这种方法不是根据所设定的某一些值的范围来判断问题，而是根据对象状态的演变来判断是否有问题，所以，对传感器本身的精度要求会低一些。

04

智能制造时代的新精益

谢陵春⊖

一、微利时代的精益之道与精益的核心思想

　　智能制造是现代社会的一种趋势。针对这种趋势，有很多的说法，有人说智能制造是信息化和自动化两化融合，有人说是工业 4.0。但是，未来五年、十年、十五年走向智能制造时代是个不争的事实。很多企业正在路上，有的企业走得更远些，但有一点很明显——智能

⊖　谢陵春，机械专业工学学士、经济学硕士。智慧工厂研究院创始合伙人、战略决策委员会委员；精工咨询（精益培训和实施）创始合伙人、副总经理、首席咨询师；日企 15 年"改善"工作经验，历任住友电工 IE 经理、日立持续改善高级经理；10 年咨询工作经验，曾任奔驰技术咨询集团首席精益咨询师，擅长精益管理系统、TPS/LP 精益生产、TPM、现场改善、质量改善，辅导和实施的精益案例包括：奔驰生产系统（整车，供应链）、乾通汽车（油底壳，精益六西格玛）、上海实业交通（喇叭/摇窗机，精益/供应链）、徐工集团（工程机械，精益生产）、钠铁福传动轴（汽车传动轴，精益供应链）、ZF（制动系统，精益供应链）、爱德夏（汽车铰链，精益）、TRW 安全系统（安全带，精益六西格玛）、玉柴机器股份（柴油发电机，精益六西格玛）、海拉生产系统、西门子 VDO 生产系统、AMECO 生产系统、KSB 泵业、长虹电器、杭州汽轮机股份公司（汽轮机，精益系统）等。

制造意味着产业的升级换代，精益在制造领域中如何去适应我们这个时代的变化？

智能制造时代的新精益，必然离不开我们所处的时代背景。

现代中国企业普遍进入"微利时代"。在美国、日本和德国的企业早就经历过这个时代，可能 20 多年前他们就开始经历了。所以，美日德有很多微利时代的成功经验。在微利时代仍然生存下来的企业，我们可以向他们学习到很多东西。

微利时代特征是什么？产能过剩，利润率很低，不像以前那样每年市场都有 30% 以上的增长。在市场高速增长时代，中国很多企业的年增长率都在 30% 以上，甚至翻倍。企业就是这么快速增长起来的，只要你能做出产品就能快速增长。但进入微利时代，营业额说不定没变，甚至还在萎缩。所以在这种情况下，生存成了首要问题。总的来说，在这个时代里面，我认为生存主要有四个关键词：第一个是诸行无常，第二个是以人为本，第三个是君子豹变，第四个是持续改善。

1. "诸行无常"

"诸行无常"，出自佛家所说的"诸行无常，诸法无我，涅槃寂静"，精益的前辈大野耐一讲精益时也是说这名句。

对企业来说，对它的理解是有时代特征的，不同的时代有不同的内涵。外界环境一直在发生变化，现阶段的变化又比以前快得多。现在一两年的变化可能比得上以前 10 年、20 年的变化。佛家讲的是看淡这些风云变化，但对于企业来说就是关系生死的问题。所以，以前做企业可以稍微慢一些，现在不行了，现在是讲究快，快鱼吃慢鱼，"快"是竞争第一要素。对客户的快速交付、对市场变化的快速响应、对员工变化的快速应对，都是一个字"快"。

诸行无常第二个特点是变革的不确定性，就是说有可能没做错什么，但是同样也会死掉——"没做错什么，却输给了时代"。典型的例子如诺基亚。在这个时代里面，企业只有创新才能生存。创新对行业原来的玩家都产生一种颠覆性的冲击力。比如汽车行业，特斯拉作为后来者，对传统的造车者丰田、通用、奔驰、宝马等，都造成了极大冲击，必须认真应对它的竞争。

其实，这个事情也容易理解，市场需要的商品是有限的，而产能供给远远大过需求，所以，企业要想生存，就必须进行创新。而对传统制造业来说，假设不能适应这个变化，或者是现有的体系不能敏捷应对时代的变化，那么这个企业就很危险了，在这个时代就很难生存下去。

精益企业常见的一个标杆是丰田公司。丰田公司在传统造车领域取得了巨大成功，它仍然在不断改变，尤其从丰田章男上任以后，更是发生了天翻地覆的变化，连最高董事会都大力改革。2009年开始，丰田陆续实施强化距离各主要市场最近的地区负责人的决策权限、减少董事数量、副社长级别不再负责具体业务而是转向更长远规划等措施，开始扁平化的内部管理体制调整。2016 年更是设置了按产品划分、从前期企划到后期生产的一条龙全权负责的"内部公司制"，在内部形成竞争机制的同时，使所有工作都围绕"制造更好的汽车"以及支撑它的"人才培养"展开，从而巩固、夯实挑战未来的根基。丰田要从传统汽车制造商变成一个出行服务的提供商。

2. "以人为本"

管仲最早以文字方式提出"以人为本"："夫霸王之所始也，以人为本。"

因为在变化的过程中，不管怎么变，问题的核心还是人。假设人的理念没变，人的思想没变，或者对现代化的方法和工具使用也不变，怎么去适应这个变化？常见的一个例子是，以前只有用计算机才能做的事情，现在手机也能去做了——手机上能看到生产的当时状态，能看到设备的使用效率，能看到订单的状态。

因此，要培养员工与时俱进，是企业永续发展的根本。除此之外，也要做好人才梯队建设。因为，对一个企业来说，有基层、中层和高层，每个层次的作用不同，缺一不可，得到信息的渠道也不同，这就决定了他们考虑的问题是不一样的，高层以创新为主，基层以维持为主。作为一个企业，就要使这几个层次相互融合，使他们的工作互相有效链接，相互结合在一起，才能做到一个良性的循环。只有基层做好日常的工作，高层才有精力和时间去思考一些创新的东西。否则，就是中层在做基层的事情，高层在做中层的事情，这个企业也无法生存下去。因此，人才梯队建设要适应时代发展需要。

3. "君子豹变"

"君子豹变"是指自己要有变革的决心。《周易》曰：小人革面，君子豹变，大人虎变。我们都是平常人，做不了"圣人"，但也不要做"小人"。诸行无常是指外部环境的变化，作为公司要以人为本，但个人就要有君子豹变的这种心态，才能适应这个时代的需求，从而迅速地改变思路，从而自我提高、自我改善。若一个人一味地说我不能、我不会，是不能适应时代发展的。

4. "持续改善"

持续改善是精益的一个灵魂。改进有两种，小的改进叫改善，大的改进叫改革，我们就统称为改善。变化有很多种，有客户的需求变化、人的变化、外部市场的变化。对于企业来说，要持续改善才能适应环境的变化。

一个公司要想做好持续改善，首先要建立持续改善的机制。倘若没有这种机制，持续改善便无法推行。每个人想法不同，做法也不一样，若没有成为机制，改善则无以为继。所以，要建立持续改善机制，建立基层、中层、高层参与改善的活动平台。

做好持续改善的第二点就是绩效，这一点很重要。不管怎么改，企业都会有各种各样的问题，因而从个人角度来看可能是改善，但是对公司来说，考虑到整体的运营，有的反而成了伤害。比如，生产部门跟物流部门有一个常见的冲突，物流部门为了削减固定成本，倾向于将物料大批量转运到生产线，转运一个班或一天的量。这样一来，物流部门的人员往返减少了，但对于整个系统来说，生产部门要时不时自己去拿料，造成整个生产线的停顿，这个损失是相当大的。据实际观察，产能损失会在 5% ~ 10%。精益做得好的企业，普遍采用小火车的方式，定时不定量地根据叫料信号给生产线送料，实现了既保证少量送料又不会断料。所以，如果没有绩效牵引，改善就失去了方向。这些都是微利时代企业的生存之道。

二、应对时代变化的精益管理

纵观整个社会发展的历程，第一次工业革命解决了"有没有"的问题，这种生产方式的特点是低产、功能要求比较低、做过的东西不再重复。

第二次工业革命是以福特汽车为代表的大批量生产方式——大批量生产同一个品种。

第三次工业革命，也是精益产生的背景，这种生产方式的特点是多品种小批量。客户需要的东西可能有很多种类，但是每一种数量都不大。在这种情况下，精益思想就产生了，要实现 JIT（Just In Time，准时生产方式）生产。精益思想最主要的目的是解决物流问题，但其实精益最初要解决的是质量问题，最早的概念"自働化"，即要机器像人那样可以应对变化和异常情况，后来"自働化"就发展了"自工序完结"的概念，有了"自働化"才有 JIT 生产。

如何提高资产和资源的利用率，如何满足客户的要求，如何快速地反馈客户要求，如何缩短客户的交付时间，如何使质量成本最低……是第三次工业革命要解决的主要问题。换言之，就是如何低成本地满足多品种、小批量的需要。

第四次工业革命就是智能制造。随着制造方式的转变，精益也要相应做出改变，需要加快整个价值链和供应链的协调反应。传统方法无法实现的目标，通过信息技术及自动化技术可以实现。在信息技术和自动化技术成熟之前，ERP（Enterprise Resource Planning，企业资源计划）、MES（Manufacturing Execution System，生产执行系统）、APS（Automated Purchasing System，自动采购系统）使用效果不好。除此之外，很多客户在使用上述系统之后，反而觉得流程阻滞，很大程度上是因为原来的流程本身就不顺畅。正确的方式应该是在精益改善之前先梳理好流程。

例如，看板系统是拉动系统的一个很重要的工具，若靠手工运转，很少公司能取得成功，似乎只有丰田做到了，其他公司基本都以失败告终。但是，在智能制造时代，客户的需求可以通过信息系统及时传达至生产端，而无须通过中间人工处理的层层环节。环节越多，占用流程的时间就越多，信息也会越发扭曲，这无形中推高了企业的成本。

在智能制造时代更强调协同反应，这通过现代信息系统可以实现。另外，在第四次工业革命的背景下，精益向非生产领域扩展。在一个公司里，除了生产部门和供应链部门，还有支持部门、研发部门和管理部门，如运行部、财务部等。这些部门就属于非生产领域。我们在日本看到一家生产汽车用阀芯的家族企业，直接生产人员有 200 多人，设备保全部仅有 2 人，而计划部和质量部更是只有 1 人。与他们相比，我们的企业尚有不小的差距。

现代经营管理要求做到快速反馈，另外要做到低成本。因此，作业人员和管理人员的结构都要尽可能地优化，管理层级尽量少，管理幅度尽量宽。为了适应这种变化，精益的方法和工具都要相应做出改变。

时代背景不同，人们的生活理念也会发生变化。按马斯洛需求层次来说，人们的生存需要已得到满足。在这种背景下，要充分发挥人的自主管理能力。唯有做到自我管理，才能降低成本。

三、智能时代的精益核心问题：系统性思维

商业世界具有 VUCA（Volatility，Uncertainty，Complexity，Ambiguity，即易变性、不确定性、复杂性、模糊性）的特征。为了应对变化，很多企业都在谋求转型。如何激励一线员工实现自主管理，是困扰企业家们的问题。

必须用系统性的思维观察整个运营系统，即将整个公司看成一个系统，从整体上考虑效率和成本。新精益是整个系统的优化，它包括了生产现场、供应链、产品开发、产品周期管理，也包括支持部门、销售部门，覆盖整个价值链。很多公司已经成功应用，比如丹纳赫的 DBS（Danaher Business System，丹纳赫商务系统）通过一个共同的文化和运营系统，使公司能够标准化地管理业务和数据，联系横跨超过 200 家经营公司和 7.1 万全球伙伴。通过应用 DBS，丹纳赫能够进行系统化数据管理，业务从顶部开始，分发到每个单独的子公司。

四、新精益人才的培养

按系统的精益理念，精益人才可分为精益工程师、精益专家、精益教练三个级别。

第一级是精益工程师，他们面对基层人员，负责局部改善。

第二级是精益专家，他们能够看到某些跨部门的问题，从价值流角度进行分析，从而判断出问题的种类。

第三级是精益教练，他们面对的是企业高层，主要职责是推广理念、搭建体系架构、落实营运目标、影响和辅导他人开展改善活动。

在智能制造时代，必须使精益人才具有数字化知识。数字化人才也可以分为数字化转型领导人才：主要负责数字化战略、管理模式的变化、商业模式的变化；数字化转型运营人才：负责经营指标体系的架构、主要业务逻辑梳理、价值链的打通；数字化转型业务人才：将三种知识结合、具体业务细节分析、改善的推行。

05／

第 5 讲

信息化架构、 组织管理和人才
助力智能制造转型

颜　强[一]

　　2018 年 11 月，中国工程院发布了《中国智能制造战略发展研究报告》。报告将智能制造总结、归纳和提升为三种基本范式，即：数字化制造、数字化网络化制造和数字化网络化智能化制造。而信息化技术（软件、数据、通信等），则无可置疑地成为智能制造的支撑基础。本讲从知识为出发点，以模型为中心，阐述了企业信息化建设的基本思路。

一、知识与建模

　　人类社会的发展历史，可以毫不夸张地说，就是人类不断地抽

颜强，毕业于清华大学电子工程系，国家发明协会发明方法研究分会理事、TOGAF9 认证企业架构/ACM 协会会员，常年致力于研究中国文化背景下的企业架构。在 IT 软件研发和将数据应用于管理运营、团队管理、项目管理、架构设计，以及业务流程建模、梳理、优化、组织架构设计等方面具有丰富的实战经验。合著有《三体智能革命》一书。

象、总结、应用知识的过程。人们观察世界、研究世界、制造工具、改造环境，贯穿于这一切行为之中的，就是知识。而模型，则是人类用来描述知识、传递知识，并进一步应用知识的最有效、最直接的手段。

1. 知识，人类发展的核心动能

在人类对世界的认知研究过程中，学者们提出了各种理论模型来阐述我们的认知世界，例如 20 世纪 60 年代卡尔·波普尔的"物理世界、精神世界、知识世界"学说，21 世纪初期世界经济论坛创始人克劳斯·施瓦布提出的"物理世界、心理世界、人工世界"，王飞跃的平行世界理论，以及《三体智能革命》一书所阐述的三体智能模型。

综合先前所总结的种种认识模型，我们不难发现，它们都不约而同地阐述人、机（系统）、物之间的相互作用与促进的关系。而在这些世界之间所交互的，基本可以用两个词来概括：知识，模型。

人类与自然界不断交互的发展历史，完全可以用"知识积累、创新改进"这八个字来描述。人类自古以来就不断地观察客观世界，获取关于客观世界的各种信息。人类运用自己独有的智慧不断分析、总结、抽象这些信息，形成了人类关于外部事物的认知。这些认知的结果，我们称之为知识。从最简单的知识，例如锋利的石头可以轻易地划破动物的皮毛，到复杂的数学、物理学，乃至于神秘的量子科学，人类经过漫长的发展阶段，形成了复杂的自然科学体系。与此同时，人们也从未停止对人这个掺杂了看不到摸不着的"意识"的物质对象的思考和研究，由此而产生的，便是社会科学体系、哲学精神学说。

而利用由从质朴到繁杂的知识体系，人类通过"创新"不断地改造物理对象，从石刀、石斧，到宇宙飞船与量子计算机，将我们所生活的物质世界不断改造为更加适合我们生存、发展的现代化的世界；同样的，也建立了从简单到复杂的社会运行机制，包括政治、经济、社会等系统，用来运转日益复杂的人类社会。

在 20 世纪 40 年代之前漫长的人类历史中，知识积累与应用的不断迭代、演进基本上就是物理对象与人的意识在不停歇地共轭交融的发展过程。人类为了交流，发明了语言、文字，为了记录各种科学体系，发明了数学符号、方程式。

2. 知识建模催生了赛博世界

电磁理论是人类发展历史中最重要的知识体系之一。20 世纪 40 年代，当逻辑电路被发明出来之后，计算机便以势不可挡的势头进入了人类的世界！从最简单的逻辑电路到复杂的人工智能系统，从最简单的代表开关状态的 0 和 1，到复杂的仿真模型，计算机技术在短短的不到一个世纪的时间内，发展到了让人瞠目结舌的地步。

而知识建模，则是这个发展过程中最重要的一个环节。数字世界是由海量的 0 和 1 组成的，这就决定了只有结构化的信息才能够被数字化从而进入数字体当中去。不管是一个简单的数学公式，还是一个复杂的经济体，建模成了数字化的最基本的前提。

数字世界最基本的承载体——计算机，最擅长的事情就是计算，这也是人类发明、发展计算机的最原始目的，即帮助人们进行计算。而随着存储技术与网络技术的发展，记忆与传播也成了数字体的最强大的能力。计算机便运用自己无比强大的计算、存储与传输能力，帮助人们完成人脑无法完成的海量的计算工作，将结果反馈给意识人，从而达到学习提升的效果。

3. CPS：物理与赛博世界的融合

CPS 可能是关心工业的人们这几年里最为耳熟能详的关键词之一。在《三体智能革命》一书中，对数字体与物质体之间的相互作用选用了这样八个字来描述："知识驱动，回馈优化"。工业现场的信息通过物联网和数据采集系统输入计算机中，由计算机完成自己最擅长的事情：计算模拟，而被转化为数据结构和软件的知识模型，则是这些计算和模拟的基础依据。这些计算的结果，通过机电连接的模块转换为电磁信息，便可以控制物质体（例如电动机）运动变化，从而达到以知识驱动物体的目的。而物联网的发展，则使得物质体的各种状态参数得以及时准确地被采集到计算机中，形成数据，供数字体进一步地进行计算与模拟，再形成一个完整的闭环。

三个世界最终形成的，是一个不可分割的整体体系。而知识、建模，便是这个完整体系中贯穿始终的核心要素，也构成了我们在这一讲中所要讨论的企业信息化最基础的理论体系和依据。

可以说，智能制造下的企业信息化架构，组织管理和人才体系的建设，本身就是一个三体模型框架中的知识、模型、数据、系统的不断相互作用、不断发展的过程。

4. DIKW 模型

（1）信息 人们观察客观世界，会获得大量的信息。所谓信息，就是人类关于客观世界的直观描述，是人类对世界的最直接的认识（图 5-1a）。

图 5-1 信息、知识、智慧示意图

（2）知识 知识应该是人类认知世界所获得的各种主体（兔子、草、雨水、土地、狼等）之间的相互作用关系的模型化的总结（图 5-1b）。

（3）智慧 智慧或许应该定义为一种能力——一种将不同的认知目标主体之间的关联关系描述出来的能力。尤其是当两个"体"

本身并不直接关联，或者其关联无法用人类的感官所捕捉到的时候（例如：物体之间的万有引力，狼与土地的关系），通过推理、想象、总结等意识人所具有的独特的认知能力，找出这些隐性关联模型的能力之大小，便反映着一个人智慧水平的高低（图 5-1c）。

著名的 DIKW 模型（图 5-2），便是描述这几个概念之间的关系。

图 5-2　DIKW 模型

数据本身并没有含义，比如，90 是一个数字，本身并不能说明任何问题。而当我们说：90 是一个温度值（90℃）的时候，我们就有了一个直观的印象。然而，这个具象化的数据又能说明什么问题呢？我想我们并不能从这个信息中找到什么更多的含义，就是一个温度值而已。但是，如果我们说，一杯水的温度是 90℃，这便成了一个非常具象化的信息：一杯温度为 90℃ 的水。

人体的正常温度在 37℃ 左右，这是我们知道的另外一个信息。那么如果这杯 90℃ 的水被人喝下去，会发生什么？由于水温过高，会让这个人烫伤。这便是人们在观察实验的过程中所总结的知识：人与热水之间的关系。

知识的总结产生需要智慧，新知识的推导则需要更高的智慧。虽然计算机的出现极大地加速了知识生产的效率，但是到目前为止，意识人，仍然是知识的唯一来源。

5. 知识建模

人类观察客观世界，获取的信息经过人类的意识加工（认知），形成了对客观世界的印象、看法，以及人类对外部世界的期望，形成知识。为了使知识能够被记录，人类创造了各种不同类型的模型。一个工程设计图是一个模型，一个流程是一个模型，一个对象关系图也是一个模型……

知识建模，是数字化的基本前提。计算机的世界，是 0 和 1 的世界，这就决定了数字体的世界是一个只能容纳结构化信息的世界。我们今天在这里所要讨论的，主要便是为了数字化、信息化而创建的结构化模型（图 5-3）。

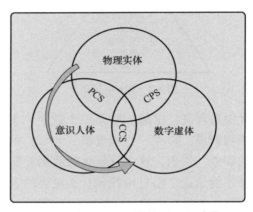

图 5-3　外部世界到数字世界的建模

有一个经常被问及的问题是：人类所创建的模型，描述的是什么？绝大多数时候，人们会说：模型是人类创建的，所描述的主要是外部的物质体。这似乎很对，一个设备的 3D 模型可以用来描述这个设备；一个飞机的模型，描述的是一架飞机，不是么？

然而，我们不难发现，模型与现实总是存在着这样那样的偏差，并不能完整全面地描述客观世界的物质体。为什么？

为了更好地回答这个问题，我们不妨思考一下，模型究竟是在描述什么？

通常建模主要在以下三个领域进行：

（1）主体特征　人类的认知，通常会产生很多不同的认知目标主体。目标主体可能是客观存在的一个物质体，比方一架飞机、一个苹果、几台机床等。用来描述物质体的主体特征，则包括属性定义、属性值的限制规则等。这些特征所组成的主体模型，代表的则是人类对单个物体的认知与理解。

（2）关联关系　不同的认知目标主体之间存在着错综复杂的关系。例如：万有引力可能是所有的物质体之间不可避免的最基础相互作用关系，火车（认知目标主体）有很多轮子（认知目标主体），火车头（认知目标主体）会拉动车厢（认知目标主体）移动等。而关联关系，则是人们用来描述不同事物主体之间的关系以及相互作用规则的模型元素。

（3）变化过程　目标主体之间的相互作用关系，所带来的后果便是认知目标主体的不间断的状态变化，这是变化过程与前两个模型元素完全不同的地方：变化过程是一个时间轴上的概念。从这个角度上来建模，便可以用来表述在物质相互作用规律与外部条件作用下，事物（或者事物集合）随着时间变化而不断变化的状况。

认知目标主体可能以一个现实中存在的物质体作为原型，例如机床、零件、汽车、背包；也可以是人类在意识世界中虚构的一个对象，例如一个卡通人物、一个还在设计过程中的产品、一个虚拟的概念模型，或者一笔交易、一个流程，等等。

6. 建模失真特性

当我们建立模型的时候，针对三种不同的模型内容，很无奈地发现：原来我们完全无法建立一个客观世界的完备模型，通过我们的意识加工后形成的模型，尤其是在进入赛博世界的时候，都存在着失真。

（1）本体失真　没有一个数字模型可以无失真地精准映射现实世界的生命体的整体或者局部特性，与其所对应的生命体相比，一定存在失真性。数字体所映射的，是意识人世界从某一个视角上对现实生命体的认知。

（2）关联缺失　没有一个数字模型可以完整地描述一个事物的所有相关因素，其所代表的，都是意识人建立的近似或者理想关联模型环境，包含很多显性的、隐性的未知、假设与忽略。

（3）过程断裂　没有一个数字模型可以完整地包含一个生命周期变化过程中的所有过程状态，其所包含的，都是在一定的采样频率下所采集的断裂的序列时间点上的状态信息。

总而言之，我们可以再次来尝试回答这个问题：人类所创建的模型，描述的是什么？

建模，是用系统的方法与手段来描述意识人的认知结果，可以是人对外部世界的认识所产生的认知对象，也可以是人类在意识中想象、推理、设计而成的并不映射外部世界的纯粹想象的认知对象；抑或是两者的结合。

在现实世界中，建模并不是一件容易的事情，建模的现实失真特性又是我们在建模过程中无法避免的一个问题。那么，如何保证我们所建立的不完整模型能够解决现实业务活动中所面临的问题？

通常而言，在方法论的层面上，通常可以从问题域与因果链两个方面去考虑。

7. 问题域

问题域（Problem domain），是指目标问题的范围、问题相关元素之间的内在关系和逻辑可能性空间。在一个特定的问题域中，我们所关心的仅限于与我们需要解决的问题相关联的知识元素与应用领域。比方说，在开发一个建筑的门禁系统时，我们一般不会过多关注通风系统的整体设计与布局，也不会关心建筑物内窗帘、油漆的选择，而只会关心与门禁相关的网络、电力、通道布局等信息。

一个大的问题域，往往可以分解为相互关联的多个子问题域，在建立相关模型的时候，在关心问题域范围内的各种相关元素的时候，还需要在更高的一个抽象层面上，分析清楚不同的问题域之间的关联性。多数情况下，相邻问题域与目标问题域的关联元素，有可能成为解决问题时的输入、输出等相互作用的关系。

同样以智慧建筑为例，门禁系统与供电系统、照明系统，会产生明显的关联。那么，门禁系统所需要的电力供应，便成为一个重要的输入条件，而这些相关的电力供应需求，也会成为建筑物电力系统设计中所需要考虑的一个输出。

问题域的分解，使得我们有能力把一个复杂的问题分解简化为多个问题来处理，从而有效地降低建模的复杂程度。不难想象，问题域越简单，建立相对完整模型的难度会越低。

8. 因果链

图 5-4 中的老师傅烧窑，我们希望能够用模型来表示其不断拨动木柴的过程规律，以便于用系统的方法来控制炉火。但是，烧窑的老师傅是根据什么规律来通过拨动木柴而调节炉温的呢？恐怕目前我们还没有办法来针对这个过程建立变化过程规律的模型，甚至于老师傅自己也完全没有办法总结出来一个可以模型化的规则供我们来建模。事实上，烧窑师傅经过漫长的岁月成长为一个烧窑的大师，其结果，往往使得他会依靠直觉来告诉自己该如何去调整木柴调节炉温。

图 5-4　因果链上的建模

这种情况下，我们无法针对木柴调节来建立模型，那么我们可以通过测量的方法，建立起炉温的温度曲线模型，而通过可控的温度调节手段（电、气等）近似地达到我们想要达成的结果。

转换思路：我们往往需要去思考事物的相互作用关系，从事物发展变化的因果链上来寻找其他的建模对象来达成我们的目标。

二、从价值链到价值流

任何一个企业的盈利，都是价值流动的结果。从不同的领域、不同的角度，我们可以看到一个企业的本质，不外乎价值在不同的链条与过程中不断地流动，并经过企业各种业务活动实现价值的增加与兑现。

1）在生产过程中，原材料与各种信息（产品设计、工艺流程等）在整个过程中不断地流动，在不同的生产环节完成各自设定的加工过程，从而完成了从原料到产品的完整过程。

2）在管理领域，信息在不同的人员及岗位之间不断流动，在不同的业务活动中完成了对信息的进一步加工，最终完成了一个完整的商业活动。

3）在企业的抽象层面，从供应商到企业内部的库存、生产，到产品的库存、销售等环节，物料、信息在整个企业的经营范围内不断地流动，并完成商业活动的过程，赚取相应的利润。

1. 价值链

价值链的概念最早由哈佛大学商学院迈克尔·波特（Michael E. Porter）教授提出。波特认为，"每一个企业都是在设计、生产、销售、发送和辅助其产品的过程中进行种种活动的集合体。所有这些活动可以用一个价值链来表明。"企业的价值创造是通过一系列活动构成的，这些活动可分为基本活动和辅助活动两类。基本活动包括内部后勤、生产作业、外部后勤、市场和销售、服务等；而辅助活动则包括采购、技术开发、人力资源管理和企业基础建设等。这些互不相同但又相互关联的生产经营活动，构成了一个创造价值的动态过程，即价值链（图 5-5）。

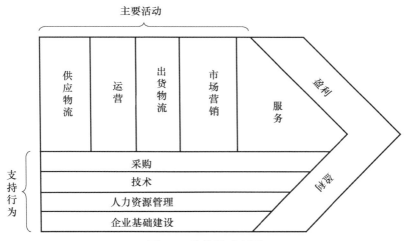

图 5-5　价值链示意图

　　构建价值链的适当级别是业务部门。产品按顺序通过一系列活动，每次活动产品都会获得一些价值。活动链为产品提供了比所有活动的附加值总和更多的附加价值。

　　企业的价值链构成了更大的活动流的一部分，波特称之为"价值体系"，又可称之为通常我们用来说明一个企业所赖以生存的产业环境与企业的相关性。价值体系或行业价值链，包括为公司及其价值链提供必要投入的供应商，以及公司所创造的产品的销售对象——客户。这些价值链的所有部分都包含在价值体系中。

　　2. 业务流程

　　业务流程是一种用来定义复杂业务活动的价值流，一般会在企业的管理活动中使用，作为企业跨部门的复杂业务的描述模型。关于业务流程的定义，最经典的应该是由迈克尔·哈默（Michael

Hammer) 与詹姆斯·钱皮 (James A. Champy) 给出的：我们定义某一组活动为一个业务流程，这组活动有一个或多个输入，输出一个或多个结果，这些结果对客户来说是一种增值。

简言之，业务流程是企业中一系列创造价值的活动的组合业务流程，从任务目标（外部事件）开始，最终实现提供客户价值的结果的业务目标。另外，流程可以分解为子流程（过程分解）。业务流程也可能有流程所有者，负责任的一方确保流程从始至终顺利运行。

从广义上讲，业务流程可以分为三种类型：

（1）运营流程　构成核心业务并创建主要价值流，例如接受客户订单、开立账户和制造组件。

（2）管理流程　监督运营流程的流程，包括公司治理、预算监督和员工监督。

（3）支持流程　支持核心运营流程，例如会计、招聘、呼叫中心、技术支持和安全培训。

复杂的业务流程一般来说可以被分解为多个子流程，这些子流程具有各自的属性，但总体而言，流程必须有助于实现业务的总体目标。业务流程分析通常包括流程和子流程到活动/任务级别的映射或建模。可以通过大量方法和技术对流程进行建模。

系统化的流程梳理方法论中，流程是一个多元素的模型。从图 5-6 的 BPMN (Business Process Modeling Notion，业务流程建模符号) 流程图的图标库，我们可以看出一个流程中基本的元素构成。

关于流程的资料和书籍非常之多，这里我们着重地介绍一下其中最为重要的一个概念：业务活动，也就是图 5-6 中"流程"所代表的元素。这个元素，包含了绝大部分价值产生的业务活动，包括设计、生产，等等。

现代企业管理体系中，对于流程的重视程度非常高。而关于业务活动的描述与分析，同样也有着很多种不同的方法和模型。图 5-7 所表述的业务活动流程 DNA 分解模型是一个完整的模型，是陈广乾先生结合流程模型与 DNA 测序的模型不断思考、综合抽象而来。流程 DNA 分解模型描述了流程业务活动的基本元素。

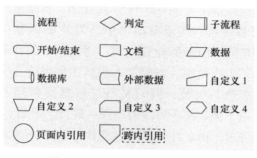

图 5-6　BPMN 流程图的图标库

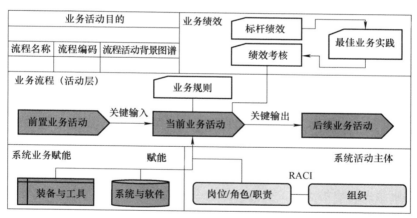

图 5-7　业务活动流程 DNA 分解模型

业务活动，一般而言是人或者系统，按照一定的要求，在系统与工具的必要帮助下，对设定的输入元素（信息、物料）进行有效的加工，形成所期望的输出，进而实现价值增长的过程。而一系列业务活动按照既定的条件与顺序依次完成，变成为一个复杂的价值实现的全过程。

业务流程的梳理，是人们对复杂的生产活动的过程进行分解描述、标准化的过程。一个清晰的流程，可以避免很多不确定因素，包括人为的不确定性的干扰，确保工作按照既定的标准、要求完成，从而使得工作成果的质量变得可衡量、可控制、有保证。

信息化建设的最主要的一个任务或目标，就是通过数据在网络环境中的运行与传送，使业务活动中所需要的信息、规则得以传送，并且将固定的、清晰的业务规则，通过软件的计算辅助功能来完成，既提高了工作效率，减轻了人类的工作强度，又保证了业务活动的高效、准确与规范，同时又通过数据的存储，将工作的过程、结果等记录下来，用于后续的追溯、统计、分析、总结。

前边我们讲过，由于计算机世界的 0-1 结构，只有模型化的知识才有可能形成数字化模型，进入软件与数据的数字体模型。我们不难推断出：业务流程，作为企业业务活动的模型，是信息化能够产生价值的不可或缺的前提。这一点，需要所有的信息化领域的从业者们高度重视。

3. 价值流

就像在运营与管理领域人们会选用业务流程来描述复杂的业务活动，在制造业的生产领域中，价值流（Value Stream）则成为人们描述生产过程的最常用的模型。

价值流（图 5-8）是指从原材料转变为成品，并给它赋予价值的全部活动，包括从供应商处购买的原材料到达企业，企业对其进行加工后转变为成品再交付客户的全过程，也包括从产品的概念提出到产品设计的全过程。企业内以及企业与供应商、客户之间的信息沟通（我们称之为信息流）也同样构成一个完整价值流不可或缺的一部分。通常，一个现实中的价值流会包括增值和非增值活动，如供应链成员间的沟通、物料的运输、生产计划的制定和安排以及从原材料到产品的物质转换过程等。

在价值流的建模过程中，人们所关心的流程的元素与业务流程有不同的侧重点。物料、物流、加工时间、在制品的库存等生产相关的元素成为焦点。

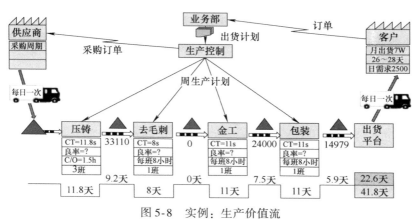

图 5-8　实例：生产价值流

4. 能力建设——企业经营的核心

图 5-9 展现的是企业业务活动的能力支撑结构。

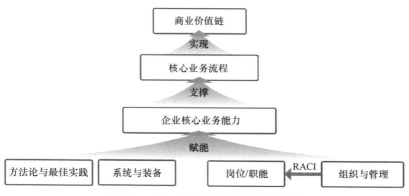

图 5-9　企业业务活动的能力支撑结构

　　企业的经营目标，是由价值流中各种元素的流动、变化而产生的。作为企业价值流动结构的最顶层的价值链，定义了一个企业商业活动中价值流动的最基本的结构。

　　一个企业有效地执行业务与生产活动的能力，我们称之为业务能力。业务能力是一个企业支撑价值流动的最核心的能力。企业经营管理者的主要职责，就是通过组建过硬的人才团队，来为企业的业务活动赋能。适当的系统装备、有效的领域知识管理与方法论体系，则是为企业团队赋能的不可或缺的基本元素。

三、信息化：从业务到 IT 的贯通

通过前面的介绍，大家可能不难得到这样一个结论：作为价值流动的一个关键的元素，信息流在企业经营的方方面面都起着至关重要的作用。正是因为信息流如此重要，需要我们对其予以特别的关注。

1. 软件系统：固化业务知识，赋能业务活动

什么是软件？先给出一个晦涩难懂的定义：

"计算机软件，或简称软件，是指示计算机如何工作的数据或计算机指令的集合。这与构建系统并实际执行工作的物理硬件形成对比。在计算机科学和软件工程中，计算机软件是由计算机系统、程序和数据处理的所有信息。计算机软件包括计算机程序、库和相关的非可执行数据，例如在线文档或数字媒体。计算机硬件和软件需要彼此，并且它们都不能单独使用。"

我们知道，计算机能够计算，能够存储，能做逻辑判断。因此，软件有如下通俗一点的定义：

"在计算机的世界里，数据被用来描述现实世界存在或者人类的意识世界中创造的各种不同的事物与对象。而软件，则通过逻辑与计算，改变或者传输数据，从而完成业务活动中所需要的计算、分析、判断等原本需要人来完成的工作，形成业务功能。"

软件的产生离不开我们前边所详述过的一个概念：模型。

一个对象的定义原型，有属性，有事件，有方法。这里我们不难发现，我们用属性来描述一个对象（认知目标主体）的属性；用包含、继承，以及一些相对复杂的模型方法来表达不同对象之间的

相互关系；而用方法中的代码来表达对象在相互作用下发生变化的规则和规律。

软件通过对数据的计算与更改完成业务逻辑的计算与判断，实现各种业务功能；通过人机交互、网络传输来完成信息在流程中的流动。

面向对象并不是唯一的软件设计研发的方法论。早期的面向过程的编程、面向状态的编程等，基本上都是围绕着本章前面所描述的本体特征、关联关系、变化过程这三个基本的建模元素，并完成对软件系统的设计、研发、使用。

不难看出，数据可以被用来记录静态的本体特征与关联关系，而通过运行程序代码（逻辑规则），载入数据并对数据进行计算、改变，便可以模拟对象随时间推移的状态改变，以达成我们对软件的基本功能需求。

关于数据与软件，我们持如下基本的观点：

1）数据与软件是相辅相成、不可分割的统一体，任何一方单独存在都没有意义。没有软件，数据便是在此介质上的毫无意义的状态，哪怕是最简单的载入数据并显示在屏幕上，也必然需要通过显示器驱动程序来完成；而软件作为规则知识的固化表达，如果脱离数据，也就意味着失去了作用的对象，失去了存在的意义。

2）软件与数据的因果价值链条，必须在某一个环节跨越计算机系统的边界，与物质世界或者意识世界相连接，方能形成完整的价值闭环：或者通过人机交互将计算结果呈现给人类完成学习提升或者业务赋能的过程，或者通过 CPS 完成知识驱动的过程，操控物质世界的状态改变，或者两者兼而有之。

3）针对同一个认知目标主体，不同的人站在不同的利益角度会面临不同的问题域以及关联关系（因果链），那么所需要针对认知目标主体建立的模型也会不同。建模的原则，便是以目标问题域与其相邻问题域所包含的相关属性、关联与规律作为基本范围，以构建解决目标问题所需要的相对完整的模型为目标。

从不同的维度出发，我们可以把软件做各种不同的分类。而对制造业企业而言，我们比较喜欢做以下的基本划分，包括但是并不仅限于：

（1）管理软件　用于支撑企业的管理流程的软件，包括 ERP、财务、供应链、销售、采购等，其主要作用便是为人们执行各种业务活动提供信息流动、计算分析等必要功能。

（2）设计软件　辅助人们在产品设计过程中更好地完成设计工作的软件，比如 AutoCAD、模拟仿真等系统。

（3）生产管理软件　通常我们把生产现场的管理软件，诸如 MES、看板系统、仓储与物流仓储管理系统等称为运营管理系统，其主要作用是支撑企业生产价值流的正常信息流动与处理。

（4）控制软件　在工业现场完成各种控制与监控功能的系统软件，例如 SCADA 系统、DCS、PLC，以及各种数字化制造装备内置的嵌入式控制软件等。

当然，一个企业的系统蓝图中，还有一些必不可缺的基础软件，辅助完成诸如系统集成、数据存储与管理、流程管理与控制、系统安全管理与审计等基本的支持功能。

所有这些软件只有通过系统集成有效地连接在一起，才能够有效地为企业赋能。

2. 集成：消除信息孤岛，实现信息有序流动

在讨论集成之前，不妨先看看美国 ARC 公司提出的制造企业协同制造管理模型（图 5-10）。

从图 5-10 中我们基本可以看到一个典型制造企业的几条主要价值链，以及在各个价值链上业务赋能的各大系统。

制造业是一个非常复杂的庞大系统。到目前为止，世界上还没有任何一家公司能够设计出能满足所有工业领域所需的软件，各大工业软件公司都在某一个专业领域中深耕，设计、完善不同的业务领域软件。当一个工厂从不同的软件与系统供应商采购来不同的业务软件时，一个问题逐渐凸显并逐渐变得突出：信息孤岛。

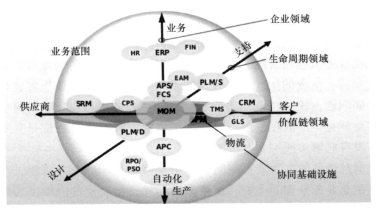

图 5-10　ARC 公司的协同制造管理模型

（1）信息孤岛　在企业内部存在，但是相互之间在功能上不关联、信息无法共享互通，进而使得业务流程或者价值流中的信息无法有效流动的孤立的信息化系统。不同的软件来自不同的厂商，企业的信息化全景进程往往通过一系列的局部业务信息化堆叠积累而成，当缺乏有效的整体规划与全局治理时，信息孤岛的产生便成为一个必然的结果。

（2）数据孤岛　可能是企业最普遍存在的一种形式。不同的软件之间，不同的部门之间，在企业信息化建设的过程中不能有效地实现信息共享，便会产生设计、管理、生产等领域的数据关联的脱节，形成数据孤岛，信息多次重复输入、多方管理，造成信息的很大冗余、大量的垃圾信息、信息交流的一致性无法保证等困难。当今，很多企业的数据中心都正在经历从传统架构向云架构的转型。在转型过程中，存储往往是最重要，又是最艰难的一环。用户需要利用软件定义来解除供应商锁定，消除专有平台数据孤岛，降低日益增长的复杂性，从而将物理的存储设备转化为服务云计算的存储资源。

（3）系统孤立　指在一定范围内，需要集成的系统之间相互孤立的现象。原先各自为政所实施的局部应用使得各系统之间彼此独立，信息不能共享，成为一个个数据与信息孤岛。

（4）业务孤岛　系统与数据的孤立所带来的必然结果，通常表现为企业业务不能通过信息系统完整、顺利地执行和处理，也就是信息在业务流程与价值流中的流动不畅，造成企业各个业务单元之间的交流、流程的执行受到极大的干扰或者呆滞。企业里经常遇到的头痛问题，比如"产供销严重脱节"、"财务账与实物账不同步"，其实质就是生产流程、供应流程、销售流程和财务流程都是孤立运行，没有能够形成一个有机的整体。

信息孤岛的要害就是割断了本来是密切相连的业务流程，不能满足企业业务处理的需要。信息孤岛同样会给企业的决策、管控等领域带来极大的困难。

那么，该如何解决信息孤岛的问题？简单来说，企业应用集成（Enterprise Application Integration，EAI）是一个企业消除信息孤岛的基本路径与方法。

企业应用集成是将基于不同平台、用不同方案建立的异构应用集成的一种方法和技术。企业应用集成所连接的应用包括各种电子商务系统、企业资源规划系统、客户关系管理系统、供应链管理系统、办公自动化系统、数据库系统、数据仓库等。EAI 的原则是集成多个系统并保证各个系统互不干扰（图 5-11）。

图 5-11　企业应用集成

一般而言, 企业内部信息化集成可以从以下几个方面进行:

1) 用户界面集成: 用户交互的集成。

2) 流程集成: 跨应用系统的业务流程的集成。

3) 应用集成: 多应用系统间的交互。

4) 数据 (信息) 集成: 保证多个系统中的信息一致。

企业的集成, 其最根本的主线, 应该是业务流程与价值流。这里强调的是: 企业信息化本身的重大作用, 就是促进价值流动过程中的信息处理与传输, 从而促进价值流的高效流动。

做好企业应用集成的最有效的方式, 是在信息化建设的过程中高度重视业务层面的完整业务流程与价值链的整体梳理与优化, 并在业务流程与价值链优化的基础上, 有针对性地规划相应的信息化建设战略与路线图, 并在有效治理的前提下, 迭代实施企业的信息化系统与集成。

需要提醒的是, 在企业信息化建设过程中, 以下基本问题可能需要管理者高度重视:

1) 变化管理: 业务的多变造成信息系统的多变, 这是企业信息化建设与管理中的一个常态。在系统集成领域, 这个问题尤其突出。

2) 专家短缺: 企业的信息化集成本身需要跨领域的业务知识, 同时还需要了解集成设计与实施过程中的许多架构与技术方面问题, 这样的专家, 并不多见。

3) 标准缺位: 在 EAI 领域内, 一个基本的问题是: 并不存在相对通用的 EAI 集成标准。

4) 业务映射: 纯粹的技术方案是没有办法解决问题的, 需要与用户部门协商解决方案, 以便就最终结果达成共识。对接口设计缺乏共识, 会导致在各种系统数据之间要求进行过多的映射。

3. 企业架构规划

关于企业架构, 业界没有形成一个统一的标准定义。这里尝试给出一个我们自己的理解：

企业架构规划（Enterprise Architecture Planning，EAP），是针对一个企业统一的信息系统构成结构的蓝图，它描述了企业的业务、应用、数据，以及基础设施的完整结构，定义了一个企业如何有效地安排并利用企业的 IT 资源，有效地形成对组织业务运营、组织管理、决策优化的各种战略、流程与业务活动的支撑（图 5-12）。

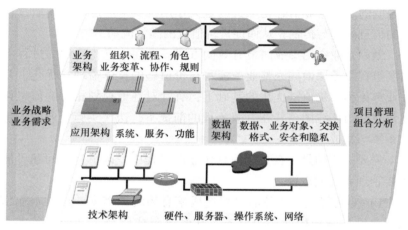

图 5-12　企业架构规划的层级结构

我们始终坚持的一点是：信息化建设的唯一目的，是为企业的业务赋能！IT 系统如果不能满足商业需求，那将是大大的浪费，而业务过程没有相应的 IT 支持，效率很难提高。企业架构的目标是通过 IT 投资获取最大的商业价值，它是一种高层次的企业视野，聚焦于组织 IT 架构和业务架构之间。

基于这个基本原则，与软件架构师、系统架构师与数据架构师不同，企业架构师更加关心一个企业内部的业务规划与分解、组织内部的管理、制造与运营的流程，其与外部其他相关组织的业务往来的范畴与规则，以及这些元素所组成的业务架构的蓝图，并致力于制定与业务架构相匹配的顶层应用、数据与基础架构的基本框架，并根据企业资源的现状，制定出相应的企业信息化建设的落地实施路线图。

企业业务架构，简单地说，是对组织的愿景或使命、业务目标/目的/驱动力、组织架构、智能与角色等建立系统化的模型，并通过应用、数据与基础等 IT 相关的领域架构规划与设计，来搭建组织业务架构与信息化建设之间的桥梁。

一个企业的运营是非常复杂并且多变的，这也就决定了企业架构复杂与多变的特性。我们在讲述 EAI 时所描述的企业应用集成中所面临的困境与难题，变化管理、专家人才、标准缺位与业务映射，在企业架构中，可以原样照搬地提出来。

4. 架构分解

企业架构是异常复杂的，在讲述建模的章节，我们介绍了一个创建模型的方法：问题域的分解，在架构的领域，同样适用。

开放工作组（The Open Group，TOG）在其企业架构框架中给出了极具指导性的架构分解原则与团队分配方法，如图 5-13 所示。

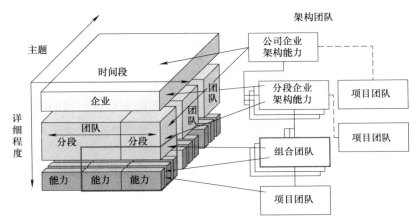

图 5-13　TOG 框架中的企业架构的分解原则与团队组建

从业务视角来看，企业架构可以分解为不同的业务组合架构

（Portfolio Architecture），例如 ERP 组合架构、财务管理组合架构、生产管理组合架构等。根据业务的需求管理每一个架构组合范畴内的业务支撑系统的设计与实施。

从另一个维度上看，不管是一个企业的整体架构、业务组合架构，还是为了解决某一个具体业务问题域中的方案架构，在不同的颗粒度上，都需要不同的领域架构内容。通常而言，我们需要解决的架构领域包括业务架构、应用架构、数据架构、基础架构，以及一些细分领域的专业架构，例如专门关注系统与数据安全的安全架构等。不同的领域架构描述一个系统（大到企业架构蓝图，小到某一个系统的具体实施）的不同维度上的问题。

通常而言，业务架构的梳理和描述是最为关键的第一步。

5. 架构设计基本思路

在企业内推进信息化建设，是一项复杂的系统工程。在"信息化为业务赋能"的基本原则下，信息化的建设需要从业务出发。也就是说，在任何一个颗粒度上，都需要首先从业务架构入手。

开放工作组的企业架构框架中，将一个企业的架构设计分为从 A 到 H 八个步骤，如图 5-14 所示。但是一般来说，架构开发需要遵循业务目标梳理、业务架构设计、信息架构（包含应用架构与数据架构）设计、技术架构（基础、网络）开发的基本顺序。

这个基本的架构开发方法，可以在不同的领域、不同的颗粒度层面上加以应用。需要说明的是，架构开发的核心，是基于业务赋能需要的需求管理。在任何一个企业环境内，永远不变的是变化，如外部环境的变化、业务模式的变化、产品的变化等，而架构开发中的需求变化，直接导致的，是架构设计中各种不确定的变化所带来的系统与技术方案的变化。变更管理的能力，在任何一个企业中，都最终会成为最核心的业务能力之一。

企业架构所产出的路线图、项目计划，最终需要落到一个个的项目中才能够完成信息化的最终建设，构成一个赋能的闭环。

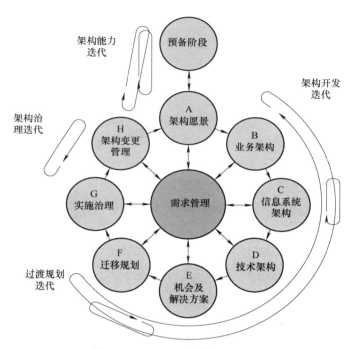

图 5-14　TOG 企业架构开发方法

　　图 5-15 所表现的，是企业信息化建设的参考管理结构，描述了从业务运营到 IT 需求梳理，到架构设计与规划，再到项目的实现与部署，最终落地形成企业架构蓝图中的系统，提供业务活动所需要的业务功能，以及流程贯穿所需要的信息流动。

　　在现实中，最常发生，也是后果最严重的环节，是业务需求分析环节。这个环节一般需要熟悉业务的领域专家（Subject Matter Expert，SME）与 IT 项目中的业务分析人员（Business Analyst，BA）充分交流，系统梳理业务场景、流程、规则，并用系统化的业务模型（例如干系人模型、用例模型、业务流程等）进行准确的描述，形成业务需求文档，作为架构设计的输入来进行 IT 方案与系统设计的依据。业务分析人员和架构师所扮演的，通常是桥梁和翻译员的角色，完成从业务描述到业务模型，从业务模型到方案与系统设计的全过程。

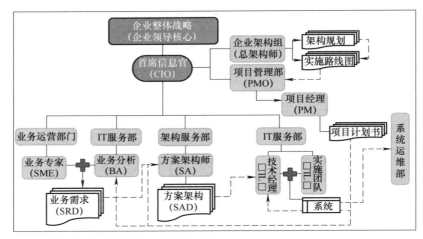

图 5-15　企业信息化建设的参考管理结构

四、看大做小：一场持之以恒的修行

从大处着眼做规划，从小处入手做实施，是一个企业能够做好企业信息化建设的基本思想方法。如何在信息化建设的道路上既不迷失方向，又能够在落地实施的过程中保持敏捷高效，对于一个企业信息化建设的领导者而言，是一个时刻存在的挑战。

一个让人有些兴奋而又无奈的现实是：企业的现状千差万别，不同的行业、不同的商业模式、不同的规模、不同的生产流程、不同的工艺设计等，任何一个"不同"都会让企业的信息化架构与细节大不相同。这也使得人们在企业信息化的领域内无法形成可复制、可重用的架构蓝图模板。

在为企业做咨询服务的过程中，很多很普遍的问题，却让我们有时很难给出一个确定的答案。比如说，"一个制造企业，到底在达到多大规模时需要进行信息化？这跟企业的产品产量、员工人数、销售额有没有直接的关系？”

一个企业对信息化的需求，取决于企业运营的复杂程度。企业的信息化，也需要充分考虑企业自身的情况后综合决策。

信息化建设的终极目标是更好地支撑并促进价值链的运行，因此，信息化的建设、系统的需求便需要对企业的价值链条进行仔细的分析而产生。两个生产紧固件的企业：一个是生产标准件的中等企业，其采购链条短且简单，只是定向地从几个供应商那里采购有限几种规格的钢条。当然，其采购同样存在复杂性，比如钢材的价格波动会成为企业原材料采购时一个非常重要的考虑因素。但是车间中的各种浪费与设备的稳定性可能成为其最大的价值断点，以精益生产为基础的 MES 可能成为比一个复杂的 SCM 更为紧要的需求。而另一个企业以生产特种螺栓为主要经营内容，产品定制化程度非常之高，那么一套行之有效的研发管理机制，以及与之相匹配的研发管理与产品仿真系统，便成为其企业系统蓝图的核心所在，尽管这个企业在人数、产量上，都近似于一个“迷你”的小公司。

关于信息化的规划与建设，基于以往的从业经验，我们在这里与大家做一个分享。

1. 信息化规划不是项目，而是实践过程

通常，一个企业所处的商业环境、战略目标、市场上的技术发展等，都会随时影响到企业的整体架构规划，企业架构需要根据各种相关因素的变化而定期地审视、调整其信息化整体规划。通常而言，架构规划评审适合每半年进行一次，对半年来的实施落地情况进行审视，对企业的战略、产业的各种趋势变化等因素进行分析，并有针对性地对信息化规划进行调整，必要时甚至需要重启信息化规划的全流程。

2. 用户想要的，未必是用户需要的

一般情况下，用户并不是 IT 专家，他们很难对 IT 系统的能力有一个恰如其分的理解。要么会认为 IT 无所不能，要么会局限于自己的固有思维，认识不到 IT 系统所能带来的强大赋能作用。业务分析师一般需要具备良好的理解业务的知识结构和能力，同时具备较好的系统思维和模型思维，才能够根据用户的碎片化和杂乱无章的描述，梳理、抽象并设计出最适当的业务架构方案，包括流程、规则、数据模型等。当然，设计完成的业务需求与业务架构，必须被业务人员充分理解并得到业务人员的认同，才能够作为正式的业务需求方案提交给架构师进行下一步的信息与技术架构设计。

3. 最完美的通常不是最合适的，平衡才是永恒的追求

选择信息化管理解决方案时，客户需要对企业自身的管理现状有足够的认识，并对上线之后的效果有清晰的判断。"完美的解决方案"执着于功能繁多的系统而忽视企业实际情况，往往给企业实施带来负担，也许花了很大代价推行，最终运行起来的可能只是很基础的部分。"适合的解决方案"则不同，它立足于客户所处管理阶段的现实，又能在一定程度上引导与促进客户管理水平的提升。比如，通过高匹配度的信息化管理系统解决企业当下的管理难题，并利用高效的管理方案进行渐进式的"管理提升"。事实上，没有所谓能够解决所有问题的"完美解决方案"。对一个企业而言是最好的解决方案，换到其他企业就未必适合，适合自己的才是最好的解决方案。

4. 选择最适合的实施团队通常比选择最合适的产品更重要

企业管理系统不是一个简单的买来就用的软件产品，无法直接安装使用。最为关键的部分，是包含了系统规划、业务梳理、系统设计、流程集成、系统实施、培训、系统维护与升级、系统应用管理等众多环节的复杂项目管理过程，其中任何一个环节出问题，都可能导致系统在企业中实施或应用的失败。从某种意义上来看，企业不只是在选择信息化系统，更是选择一家值得信赖的供应商作为自己的合作伙伴。企业的发展阶段、规模体量、实力、行业经验、

客户口碑、项目后续支持能力等，都应该成为企业考虑系统实施供应商时的综合考虑因素。

5. *彼之蜜糖，吾之砒霜！参考架构通常只能作为参考*

每一个企业都有自己独特的现状，哪怕是同一个行业、类似的商业模式，也会存在细微的差别。信息化建设切忌全盘照搬行业标杆的解决方案，而应该在行业参考解决方案的基础上，认真梳理本企业的现状和目标，有针对性地进行个性化的方案设计与实施。参考架构，通常而言，只能用来参考。

06

第6讲
智能制造与系统创新方法论

李荒野⊖

    智能制造是面向产品全生命周期，实现在感知条件下的信息化制造。智能制造技术是在现代传感技术、网络技术、自动化技术、拟人化智能技术等先进技术的基础上，通过智能化的感知、人机交互、决策和执行技术，实现设计过程、制造过程和制造装备智能化，是信息技术、智能技术与装备制造技术的深度融合与集成。如果将智能制造看作一个系统，那么这些技术和设备就是组成系统的各个子系统。为使智能制造系统运行得稳定且高效，这些子系统的相互连接、相互作用、相互协调就显得非常重要。为此，与智能制造相关的设计、规划、运行、维护的人员都需要学习与掌握一些有关系统的知识与方法，以便更好地适应这个领域的工作。

⊖ 李荒野，艾迈云创科技有限公司创始人兼 CTO，俄罗斯圣彼得堡国立工程经济大学博士，国际 TRIZ 协会三级认证专家；从事系统创新理论研究与实践活动将近 20 年，为许多知名企业进行过创新理论培训、技术难题解决及创新项目咨询。

一、系统的概念、要素、结构与功能

1. 系统的概念

系统是普遍存在的，世界上任何事物都可以看成是一个系统。大至浩瀚的宇宙，小至微观的原子，一粒种子、一群蜜蜂、一台机器、一个工厂、一个学会团体……都是系统。整个世界就是系统的集合，宇宙、自然、人类社会，由于人类设定的参照系不同，而分属于不同的子系统。例如：一枚小小的图钉就是一个系统，有图钉帽和图钉尖两个组件紧密连接在一起，构成一个能够嵌入另一个物体的系统。老师在课堂上给学生上课也是一个系统。老师发出一连串的声音，学生接收到这些声音，经过大脑的转化与处理，理解到这些声音的含义。自然界的动植物也是系统，一只猫、老虎、狮子，一棵大树，都是系统。如果将植物看作一个系统，那么根部吸收并运送养分，树叶进行光合作用转化能量，树干支撑着树冠不断地生长，是几个要素为了某一目的相互作用、相互配合的一个系统。

现有文献中对系统的概念和定义有很多种。系统论的创始人路德维希·冯·贝塔朗菲（Ludwig Von Bertalanffy）对它的定义是：系统即有相互作用的元素的综合体。我国科学家钱学森对系统的定义是：系统是相互作用的若干组成部分形成的具有特定功能的整体。虽然这些系统定义有些差别，但都将系统描述成两个或者两个以上的元素相互之间作用，并能够完成某些特定功能的整体。

系统论或系统工程中提出的系统理论，使人类的思维方式发生了深刻的变化。以往研究问题，一般是把事物分解成若干部分，抽象出最简单的因素来，然后再以部分的性质去说明复杂事物。但在人类面临的许多规模巨大、关系复杂、参数众多的复杂问题面前，就显得无能为力了。系统理论能够纵观全局，为现代复杂问题提供了有效的思维方式。它不再是单一学科的工作，而是多学科组合在一起，不再是以研究物质本质为目的，而是以实现功能为目的。

2. 系统的要素、结构与功能

系统要素是构成系统的基本单位。自然、人、人造物体都可以是构成系统的要素。系统结构是指系统内部各要素之间相互联系和相互作用的方式，揭示了系统内部各要素的秩序。系统功能是系统在与外部环境相互联系和相互作用过程中所具有的行为、能力和效用。所有物品都是由小的零部件（或叫要素）组成，多个要素结合在一起形成结构，结构完成功能。系统要素、结构、功能之间是有关联性的，一个因素的变化会导致其他因素的变化。

要素相同，结构不同，功能也不同。例如：乙醇与甲醚都有 6 个 H 原子、2 个 C 原子、1 个 O 原子，前者是液体，可以与任何比例的水混合，后者为气体，几乎不溶于水。石墨与金刚石也是如此，这两种物质都是由碳元素构成，但是它们的化学分子结构不一样，导致它们的物理性能完全不同。

结构相同，要素不同，功能的性质也不同。比如灯泡，爱迪生发明的第一代灯泡的灯丝为碳丝，另一位美国科学家在若干年后发明了钨丝灯泡，这两种白炽灯虽然材料不同，但在结构上却是一样的。但是，构成灯丝的要素不同，灯泡的寿命就不同。一般碳丝能持续点亮一两百个小时，钨丝可以轻松地达到一两千个小时。类似的，木质帆船与钢铁轮船在结构上一样，但在载重能力与续航能力上有明显差别。

要素不同，结构不同，功能相同。我们都用机械表、电子表，或者手机里的程序表查看时间，古代用的日晷也是计时工具的一种。这些表或计时工具都完成了同样的功能——指示时间，但是它们的结构和要素却完全不同。以不同的结构实现相同的功能恰恰是创新所在。

例如视觉显示技术的发展：最初是点阵显示器，它能够传递一些文字信息，之后利用阴极射线管的原理显示图像，再之后是液晶平板电视，显示的色彩更加丰富。眼镜式显示器很小，可以随身携带，还有更小的如隐形眼镜一样戴在眼睛上的显示器。为了更好地完成显示功能，显示器的结构还向柔性化发展，如手机的柔性屏幕。后来的显示技术通过一束光照在物体上显示内容，比如投影仪。但是投影仪的体积现在还很大，以后会慢慢变小，更便于携带。显示器发展到最后连背景物体也不需要了，几束光交织在一起在空间内完成图像的显示。

所以，在创新中，最主要的内容就是在保证功能或者提高功能特性的前提下，通过改变系统结构和要素的方式，达到创新的目的。结构和要素的改变会导致系统形态的变化，实现新的功能或者提高原有功能的特性。系统形态不断地变化使得功能越来越多，越来越强大，系统就这样一代代地发展下去。

3. 系统的特性

（1）系统是有目的性的　系统是环境的产物，自然界的生物种类繁多，但每一个物种都是有目的性地生长出适应环境的器官或结构。非洲甲虫背部表面长了许多小突起，是为了更好地凝结空气中的水汽；美洲悬崖上的花朵长出能捕捉苍蝇的叶子，是为了获取更多的营养。人类是改造自然界的能手，有目的地创造了许多工具，就是系统。我们把人造的在一定条件下完成特定功能的系统称为技术系统。图钉是为固定某件物品而设计的技术系统，海报是为传递信息而设计的技术系统。

（2）系统是一个整体　系统不是各个部分的机械组合或简单相加，其整体功能是各要素在孤立状态下所没有的性质。比如说人，如果分开成一只手、一条胳膊、一条腿，是做不了什么事的，也完成不了我们所希望达到的目的。但是这些器官组合在一起而形成人，就可以完成许多事情。所以，系统中各要素不是孤立地存在着，每个要素在系统中都有一定的位置，担负起特定的作用。要素之间相互关联，构成了一个不可分割的整体。如果将要素从系统整体中割离出来，它将失去要素的作用。

（3）系统是有层级的　我们把能满足需求而实现某种功能的综合体叫作系统，其组成部分称为子系统，包含该系统和与该系统有关的其他系统的系统叫作超系统。任何技术系统都包括一个或多个子系统，每个子系统还有更小的子系统，直至分解到最简单的只有两个部分组成的最小系统（图 6-1）。一张在墙上的海报是一个系统，它向外界传递着图像或文字信息。固定海报的图钉是这个系统的组件，它与墙面紧密地连接在一起，并牢牢地将海报纸固定住。图钉也是一个系统，它是海报系统的下一层系统。

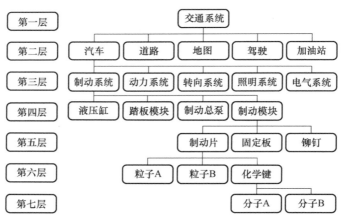

图 6-1　系统的层级

一辆汽车大约由 2 万个零件组成。如果将汽车作为一个技术系统来看待，它的子系统有动力系统、转向系统、制动系统等。每一个子系统本身也是一个系统，也包含自己的子系统。在系统中，子系统各自具备独特的作用，它们相互配合完成系统要求的功能，同时，每个子系统也由更低层级的子系统所构成，低层级的子系统在具备各自独特作用的同时，相互配合完成上一层级系统所要求的功能。所以，每一个技术系统都在其上一层级系统和下一层级系统之间，上一层级系统提供资源与限制，下一层级系统提供支撑。一只灯泡从属于汽车系统中的电气子系统，汽车系统从属于交通这个超系统，交通系统中有上百万辆汽车、无数条公路、加油站等。需要注意的是，系统是按照层级而不是按大小或复杂度来进行划分的，尽管手推车与汽车的复杂度差距明显，但它们都是交通系统的子系统。

（4）系统是动态的　系统会随时间的变化而变化，而且这些变化是有规律可循的。发明问题解决理论（TRIZ）中的技术系统进化法则，就是对系统发展顺序与规律做出了分析与总结，关于这部分内容我们将在后面部分专门介绍。

二、创新的概念、创新思维与创新方法

1. 创新的概念

约瑟夫·熊彼特（Joseph Alois Schumpeter）被公认为创新领域最有影响力的思想家之一。他从经济学角度研究了创新的本质与作用。他认为，所有经济和社会的进步最终都取决于新的创意。新的创意就是对现状进行改革和完善。当新的创意成功引入组织并在组织中实现价值以后，才是真正意义上的创新。创新的目的就是创造新价值。熊彼特认为，应先有发明，后有创新；发明是新工具或新方法的发现，而创新是新工具或新方法的应用。"只要发明还没有得到实际上的应用，那么在经济上就是不起作用的。"因为新工具或新方法必须在经济发展中起到作用，最重要的就是能够创造出新的价值。

他认为只有创意实现了某一种生产形式的改变，并得到了收益，才能叫创新。熊彼特又进一步定义了生产形式的具体内容，包括：引入一个新产品、引入新的生产方法、开辟新的市场、材料或能源的变化，或者组织形式的变化。熊彼特将这些方面的转变称为

建立新的生产函数，显然新的生产函数将在市场上具有更强的竞争能力，并创造出更多的价值。

创新的作用是不言而喻的，它带来了新工业、财富和就业，但它也是破坏性的。创新一定会带来毁灭，新产品的出现与成长会影响到与之功能相同、用途相近的旧有产品，可能会把它们消灭掉。熊彼特曾这样比喻：不管把多大数量的驿路马车或邮车连续相加，也绝不能得到一条铁路。铁路是创新，它带来了新的经济价值。同时，铁路的建设也意味着对驿路马车的否定。在竞争性的经济活动中，意味着铁路这一新的生产函数是旧生产函数驿站马车的破坏者，并将其消灭。

2. 创新的思维与方法

思维是运用已有的知识对信息进行分析综合、比较概括和决策的动态过程，是获取知识、分析问题和解决问题的根本途径。创新思维是技术创新取得突破性、革命性进展的先决条件，是一切科学研究的起点，且始终贯穿于技术创新的全过程，是创新的灵魂。有人做过统计，目前全世界差不多有三百多种创新方法。从方法上划分，包括：形态分析法、头脑风暴法、K-J 法、列举法、六顶思考帽、鱼骨图法、公理设计等；从思维方式上划分，包括：直觉思维、逻辑思维、灵感思维、幻想思维、想象思维、联想思维、类比思维等。能够触发人类灵感产生创意的方法虽然很多，但总体来说可分为两类：逻辑思维方法和非逻辑思维方法。

逻辑思维亦称抽象思维，是人们在认识过程中运用已掌握的各种知识、原理、规律的基础上形成的概念，并以此判断、推理、反映现实的一种思维形式，它能更深刻、准确和完整地反映客观面貌。运用逻辑思维进行创新的人认为，世界上任何事物的发生都存在客观规律性，采用逻辑思维的方法逐步深入，就可取得发明创造。

直觉源于人们的"第一感觉或第六感觉"，它属于非逻辑思维。直觉是人脑基于有限资料和事实，对新事物、新问题、新现象进行的一种直接的、迅速的、跃进的、敏锐的判断。直觉是从宏观上把握事物，不需要进行系统的逐步分析，就能对问题的答案做出科学的猜测、设想，它是一种跳跃式思维形式。

下面介绍几种常用的创新方法。

（1）联想式的创新方式——头脑风暴　亚历克斯·奥斯本（Alex Faickney Osborn）是美国创新技法和创新过程之父，他1941年出版《思考的方法》提出了世界上第一个创新发明技法"智力激励法"，也叫头脑风暴法（brain storming）。头脑风暴法，是指一组人员通过召开特殊专题会议的形式，对某一特定问题在与会成员之间互相交流、互相启迪、互相激励、互相修正、互相补充、集思广益，从而达到产生大量新设想的集体性发散技法。这是世界上最早付诸实践的创新技法。头脑风暴一般由 5~10 个不同专业或不同岗位的人，在主持人的组织下，明确主题，围绕目标，鼓励巧妙地利用和改善他人的设想，设想数量越多越好。但缺点也很明显，容易跑题，且容易因参与者之间的观点不同而导致争论甚至人身攻击。所以，有时头脑风暴的质量并不高，经常达不到预期的效果。

头脑风暴的组织形式是通过召集一群不同背景、不同经历、不同专业的人，让他们在一起围绕一个主题来讨论出一个创造性的方案。每位参与者看待创新问题及产生的创意都带有参与者本身强烈的专业和经验色彩。如果两位参与者碰出一些创意的火花，则需要他们之间拥有共同的背景知识与经验，否则他们之间会相互不理解甚至产生误解。参与头脑风暴的人越多，专业跨度越大，共同的交集就越小，能够达成一致意见的可能性就越小。这也是为什么在实践中，召集大家进行头脑风暴或集思广益时其结果往往是，要么观点高度统一，要么参与者之间相互不认可，很难达成一致。其原因是，前一种结果的参与者背景过于相似，后一种结果的参与者背景又过于分散。所以说，用头脑风暴来建立一个统一的认识是有困难的。

头脑风暴应用的是联想式思维方式。联想本义是一种事物和另一种事物相类似时，会从这一事物转换到另一事物上，这有利于扩展创新思路。在讨论创意时，第一位参与者提出一个能够实现目标的创意方案时，这个方案的结构（或形态）被另一位参与者以自己的视角进行分析与拆解，再结合本人的学识与经验，提出同样能够实现目标的与第一个结构不同的方案。类似的，其他参与者也会以同样的方式通过其他参与者的创意方案，刺激并发展其本人的创意。

举个例子，有一天在与夫人吃早餐时，我们进行了一个创意游戏。每个人说一件物品，再根据这两个物品产生新的创意。夫人的手机放在桌子上，就选了手机，我在吃包子，就随口说了包子。我们要根据这两个选定的物品提出新产品创意。运用特征转移，最先能想到的就是手机形包子或包子形手机。继续分解每个物品的特性会有更多的创意产生，如像手机桌面壁纸一样多种多样的印花包子、带品牌标志的包子、用手机的扫码功能去识别包子的来历、一次性手机、硬的包子、软的防摔手机、能够通信的包子等。当我们用一个叫刺激物的物品（如手机）对另一个物品（如包子）进行创新时，看到苹果手机的标志，将这个特性提取出来与包子结合在一起，就产生了做成一个苹果标志形状的包子；手机是方的、硬的，就产生了硬包子的创意；手机可以通信，那么带通信功能的包子又意味着什么？能给消费者带来什么好处？当这个形态会给包子带来新的有价值的特性时，就产生了新的创意。多个参与者讨论也是一样，只是手机这个刺激物会有许多，不同的参与者选择的刺激物特性也不同，联想的创意方向也就不同。这样就会得到非常跳跃的、完全不同的甚至令人惊奇的创意方案，这是头脑风暴的特点。

逐渐地我们会发现，联想其实是有规律的。如果把上述的联想方式总结出来，其实质就是按照形态学的方式分解物品的特性和属性，再将分解出来的特性逐一地转移到创意目标上。一旦物品有了新特征就会有结构上的变化，而且还会增加新的功能或用途，这就产生了新的创意。但受限于个人知识范围和经验，创意产生的深度和广度也不同，有些知识渊博、经验丰富的专家，运用此方法会产生非常好的创意。

需要注意的是，如果严格按照改造物品形态特征的方式分解物品，并逐一进行特征转移，其工作量会非常大，且得到的创意也过于发散，很难聚焦。通常，头脑风暴小组无法完成这样的工作。大多数情况下，小组找到一些认为可行的方案后就会停止工作，并转向创意实现阶段的工作。

（2）有序联想式创新方法——奥斯本检核法　头脑风暴的发明人亚历克斯·奥斯本也看到了这些缺点，于是在 1941 年出版的创新方法专著《创造性想象》中提出了奥斯本检核法。这种技法的特点是根据需要解决的问题，或需要创造发明的对象，列出有关的问题，然后一个个来核对讨论，以期引发出新的创造性设想来。奥斯本检核法是从以下 9 个方面来产生创意的：①现有的发明有无其他的用途？②现有的发明能否引入其他的创造性设想？③现有的发明可否改变形状、制作方法、颜色、音响、味道？④现有的发明能否扩大使用范围，延长它的寿命？⑤现有的发明可否缩小体积、减轻重量或者分割化小？⑥现有的发明有无替代用品？⑦现有的发明能否更换一下型号，或更换一下顺序？⑧现有的发明是否可以颠倒过来使用？⑨现有的几种发明是否可以组合在一起？

奥斯本检核法避免了头脑风暴无序发散的问题，引导人们按照一定的顺序与方向思考问题，产生创意。比如，需要设计一个新型的水杯，按照检核表的顺序，首先要考虑现有发明是否有其他的用途。在这个方向之下，还列出若干小问题，以便更加清楚其他用途的含义。在回答完这个问题之后，再聚焦第二问题，同样这个方向也有许多子问题需要回答。以此类推，当完成检核表的全部工作后，就会得到一张创意列表，再从这张创意表中筛选整理出符合需求的创意。不同版本的检核表其问题数量也不同，从几十到上百个问题不等。检核法虽然在应用上比头脑风暴聚焦，但它的工作量也很大。

20 世纪 80 年代，上海市和田路小学的两位老师在学习检核法后，发现检核法操作太复杂，不适合小学生使用。于是他们将检核表的问题简化为 12 个，称为和田十二法，或者说是缩小版的检核法。和田十二法将问题描述简化成了顺口溜，如加一加、减一减、扩一扩、变一变等，形象又好记。虽是针对小学生特点设计的创新方法，但对所有创新者都有指导意义，在全国范围内也有一定的推广。

（3）逻辑推理型创新方法——科学原理探索法　达·芬奇（Da Vinci）被公认为历史上最聪明的人，比如说他设计了飞机、机械狮子、八音盒等，其样式与现代的很类似，应用的空气动力学、机械学等原理都非常符合现代科学原理。类似的还有著名的科幻小说家儒勒·凡尔纳（Jules Gabriel Verne），有人做过统计，他作品中提到的那些"未来"技术与产品，大约有 90% 左右是可以实现或可行的。只有 3% 左右是完全不能实现的。可见他们创造的准确度有多高，而且他们都是在上百年前没有类似技术参考的情况下提出的。

采用符合逻辑的思考方式，合理地利用科学原理能够快速且高质量地完成发明创造。爱迪生改进灯泡的过程就能说明这一点。爱迪生在改进灯泡的过程中需要寻找合适的灯丝材料，但试验了一年多没有得到任何结果，最好的白金灯丝也只能用 1 小时左右，之后就被烧毁了。就在大家都感到绝望的时候，爱迪生的助手提出他发现的一个规律：在准备灯泡时，如果灯泡内的真空度高一些，灯丝的持久度就好一些，反之则很快就被烧毁。随后，爱迪生立即找来当时最好的工艺师来改进抽气机。经再次试验，他们立即得到了可以点亮 45 小时左右的灯泡，并据此申请了专利。在这份专利中有一段话说明了灯丝可以持续点亮而不被烧毁的原因："我发现，即便是棉线也可以获得 100～500 欧姆的电阻，且在高温下非常稳定，其条件是：棉线经过碳化，放入一个密封的玻璃灯泡内，并将灯泡中的空气抽出，使其气压达到大气压的一百万分之一。"这段话说明了灯泡内的真空程度与灯丝持续点亮时间的关系。

爱迪生在改进灯泡的过程中是走过弯路的，并为此付出了大量的时间与金钱。在他着手改进灯泡的 20 年前，欧洲有位科学家已经发明了可以持续点亮超过 400 小时的电灯，但那位物理学家并没有什么商业头脑，发明灯泡纯粹是娱乐。不过，很显然他已经非常清楚电灯背后的科学原理了。

（4）经验导向的方法——试错法　试错法可以说是最古老、应用最广、门槛最低的创新方法。它不需要团队合作，甚至不需要经验与学识，只要有强烈的愿望与孜孜不倦的精神，就可以用试错法完成一项了不起的发明创造。

约舒亚·威治伍德（Josiah Wedgwood，1730—1795）是英国陶艺师，被誉为世界上最伟大的创新者。威治伍德是一个产品创新者。那个时代最好的瓷器由中国生产，他为了替代中国进口的瓷器开始制陶，经过不断的试验与试错，终于烧制出跟中国瓷器相媲美的瓷器用具。威治伍德经过大量的试验，不断地去除产品的瑕疵，提高产品质量，使烧制结果更可预测。他最喜欢的座右铭就是"一切源于试验"。想到了就去做，失败表示此路不通，换下一条路继续试验，如果还是行不通，就换第三条路……，最终一定会找到令人满意的解决方案，这就是试错法的操作方式。

试错法的特点是以解决问题为导向，试错者不会对理论进行研究，也不关心解决方案背后的原因，只要成功解决问题即可。试错者不会将问题通用化或一般化，对于每个问题都要去寻找特定的解决方案，换一个新的问题还是按照试错法的方式从头开始试验。另外，试错者无法将全部可能的解决方案都试一遍，只能在部分解决方向上寻找，所以获得的创新成果不一定是最优的。但试错法的通用性及易用性是最强的，即便对问题的领域只有少量的知识，试错者仍然可以应用此方法来进行创新。

历史上有一些学历不高却做出很伟大发明的人，具有代表性的人物就是爱迪生。爱迪生使用的创新方法是试错法。除了改进灯泡时进行了大量的试验外，他在发明碱性干电池时，大约进行了 5 万次试验。

　　一个人用试错法进行像碱性干电池这种需要 5 万次试验的发明简直无法想象。爱迪生也清楚这一点，为此，他利用他的另一项重大发明——名叫"研究院"的高度结构化的创新组织——来解决这个问题。爱迪生将试验分给 1000 人去做，并在很短时间内就获得了令人满意的结果。

　　这样看来，试错法暴露出的问题得到了解决。事实上，到 20 世纪 70 年代，试错法一直是创新的主要方法，而且也取得了很好的效果。但随着社会的进步、物质和人力资源的逐渐稀缺，这种方法的弊端也暴露出来。在 21 世纪的今天，资源和效率两方面因素决定了人们无法再沿用试错法进行创新活动。

　　资源问题：无论从人力、财力，还是材料方面来说，现代企业都无法承受像试错法那样消耗资源所带来的成本压力。爱迪生那个时代可以调配 1000 人试验一项产品，而今天，即使世界 500 强这样的企业，其研发一项产品也不可能投入这么多人力。另外，有些产品研发费用是巨大的。有些产品在试验阶段的单次费用都需要几十万、上百万的资金投入，如果还按试错法去研发，其高额的成本将使企业无法承受。

　　效率问题：试错法用来发明简单产品，其试验次数有限，费用尚且可控。如果创新产品复杂，子系统众多，各组件子系统间关联过于复杂，那么，除了上述的资源问题，还存在效率问题。在人财物一定的条件下，试错法势必使创新时间延长，这将导致创新效率降低。在竞争激烈的市场环境下，效率降低就意味着丢掉市场，经济效益受损。

　　以上几种创新方法各有优缺点：

　　头脑风暴是通过要素或结构特性转移的方式进行创新的。其发散程度最高，可能获得意想不到的创意，但有时不聚焦，无法产生有效的创新成果。

　　奥斯本检核法是以现有产品或技术为基础，按顺序对其要素、结构、用途进行分析，获得新的创意。但该方法问题过多，工作量大，很少能完整地执行下去。

科学原理探索法是通过构建要素之间的新结构来实现创新的，其结构符合某项科学原理。它需要深入地了解科学知识，如果没有相关的知识，将无法完成这类的创新工作。

试错法不需要方法与知识就能进行创新，但会消耗时间与金钱，在效率上过于低下。

所以，我们需要寻找一种新的、高效的、低成本的创新方法。这种方法就是发明问题解决理论，简称 TRIZ。TRIZ 是为了解决创新效率问题而被创造出来的，它符合系统的发展规律与趋势，人们遵循系统的发展方向进行创新将会得到事半功倍的效果。

三、发明问题解决理论（TRIZ）的妙用

发明问题解决理论是苏联科学家根里奇·阿奇舒勒（Genrich Altshuller）在分析研究世界各国众多优秀专利的基础上提出的创新理论，也是目前为止世界上公认的效率最高的创新方法。

1946 年，阿奇舒勒担任苏联海军专利局专利审核员时，在专利审核的过程中发现每件优秀的专利基本上都是在解决"创意性"的问题。所谓创意性问题，就是包含着"需求冲突"的问题，即"矛盾"。此外，他还发现这些冲突的基本解决方案被一再地使用，而且通常是在隔了数年之后。他据此推论，如果后来的发明家能够拥有早期解决方案的知识，那么，他们创新发明的工作将会更为容易。因此，他开始着手进行此类相关知识的萃取、组织与编辑。在分析研究世界各国近 20 万件专利后，阿奇舒勒提出并完善了 TRIZ 理论。在这些专利中，只有 4 万份是发明方案，其余仅仅是小改进。

什么是矛盾？阿奇舒勒的定义是：某一过程或产品的参数相互冲突，即一个参数的变化会引起另一个（或另一些）参数的反向变化。阿奇舒勒把这种冲突称为矛盾。例如，飞机扩大客舱容积，可载更多的乘客，将导致重量增加，飞行速度降低。飞机的容积和重

量就是一对矛盾。再如，产品生产过程中提高了产品的质量，但其产量却随之下降；而提高产量，又会引起质量的降低。产量与质量也是一对矛盾。

用图 6-2 来表示矛盾，即直角坐标系中的 X 轴和 Y 轴分别代表系统的两个参数，这两个参数相互影响或相互制约，它们的关系可以用一条曲线表示出来。沿着曲线向 X 轴靠近，X 值增加，而 Y 值减小，相反，沿着曲线向 Y 轴靠近，Y 值增加，X 值减小。如果坐标系的 X 轴、Y 轴分别代表容积和重量，那这条曲线就是这对矛盾的图像。

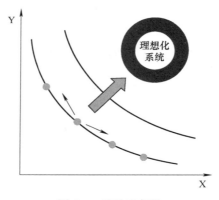

图 6-2 矛盾示意图

解决这样的矛盾问题有两个思路：一个是沿着曲线移动，另一个是移动曲线。沿着曲线移动就是用最优化的方式来寻找两个参数之间的平衡点，比如适度提高质量，适当减少产量。经过数次的"尝试—失败—再尝试"，获得数量值上的"最优点"。本质上说，这是对矛盾问题的折衷，绝非解决。TRIZ 的目的是通过向右上方移动曲线来同时提高 X 值和 Y 值，以达到消除矛盾的目的，比如让质量提高，产量也提高，或者在产量不变的前提下提高质量。

从创新角度来看，曲线移动意味着什么呢？意味着与这两个参数相关的系统结构发生了变化，新的结构形成的新曲线能够使两个参数同时提高，在需求不变的情况下，矛盾就消除了。随着社会的发展，新的曲线也不能满足外部的需求了，那就要继续移动曲线来满足新需求。系统经过不断的更新迭代，越来越向图像的右上方靠近，这说明系统越来越完善，越来越理想。TRIZ 的基本原则之一就是创造完美的、理想化的解决方案。这是 TRIZ 与常用的优化法的一个重要区别。

那么，又应该怎样理解结构的变化呢？一战时的防弹衣像中世纪骑士的铠甲一样，由一块厚重的钢板加头盔组成，它能护住士兵的头部和躯干。但这样的防弹衣过于沉重，穿着它行动不方便。为了达到防弹的目的增加了铠甲一样的防弹衣，但防弹衣增加了士兵的负重，降低了士兵的移动能力，这是一对矛盾。优化的思路当然是在防护能力与行动能力之间寻找平衡点。这样单纯地减小防弹衣厚度并不属于结构的变化。TRIZ 的解决思路是怎样在不减弱防弹能力的同时，提高移动能力。通过一系列的步骤确定用多孔结构这个发明原理来解决这对矛盾。具体的方案是将防弹衣做成蜂窝状结构，蜂窝结构能有效地折射子弹的飞行路线，并破碎子弹分散冲击力，使之不能穿透钢板。解决方案既保证了防弹的效果又减轻了重量，提高了士兵的移动能力。从一块均质钢板转变为蜂窝结构的钢板就是结构的改变。

"勇气"号火星探测器也是类似的情况。"勇气"号是美国发射的火星探测器，它利用充气气囊的缓冲效果来保护探测器在火星着陆时不会被撞毁。具体步骤是，在离火星表面一定高度的时候，探测器外侧一组气囊充气，将探测器包裹在这些气囊中间，探测器与降落伞分离，以自由落体的方式降落在火星表面，等完全停止后，气囊放气露出探测器并开始探测工作。

这个过程对气囊的要求非常高，首先它要很轻，因为从地球到火星需要大量的燃料，每增加一克重量都要付出许多燃料。同时，气囊又要很结实，火星上的岩石要比地球上的尖利很多，气囊非常容易被尖锐的岩石划破。

研发小组找遍了可能的材料，但即使世界上最强、最轻的纤维材料，在模拟火星着陆试验时还是会被划破。在这种情况下还需要继续增加气囊的强度，怎么办？TRIZ 第 40 号发明原理叫"复合材料"。它提示我们将一种或几种材料结合在一起来增加结构的强度。就是说可以用两层或两层以上的结构来加强气囊的强度。这同样也是通过结构的改变来消除矛盾的。

阿奇舒勒认为没有天生的发明家，发明是可以学习的，发明只不过是利用上述这样的原理将矛盾消除掉。如果发明者了解并运用这些原理，发明就可以水到渠成。他认为：思维应遵循系统，受控于系统，只有如此，思维才是天才的。下面再看两个用同样发明原理解决的不同领域的矛盾问题。

例一：在一次聚会上，一位客人带来了一大盒巧克力糖。这些瓶子形状的巧克力糖里面装着果汁。所有的人都很喜欢这种巧克力。有一位客人说："我很纳闷这些果汁巧克力是怎么做出来的。"

"他们先做好巧克力瓶子，然后往里面灌上果汁。"另一位客人解释说。

"果汁必须非常稠，不然的话，做成的糖就不容易成形。"第三位客人说："同时也不容易将果汁倒进巧克力瓶。通过加热是可以使果汁稀一些以便倒进巧克力瓶，问题是热果汁会使巧克力瓶融化。我们得到了数量，但失去了质量。会有很多不合格的巧克力糖。"

如何又快又好地做这种糖？热果汁会提高灌装速度，但会融化巧克力瓶；冷果汁的灌装速度很慢，但不会融化巧克力瓶。这个矛盾怎么解决呢？

例二：一家工厂得到订单要生产直径为 1m、高为 2m 的玻璃过滤器。过滤器上要做出分布均匀的孔。工程师们看着图纸被惊呆了。每个过滤器上要做出成千上万个小孔。

"我们怎么来做这么多孔呢?"总工程师问他的部下:"我们来钻这些孔吗?"

"也许我们要用通红的铁针来扎这些孔。"一个年轻工程师毫无把握地说。

怎么制造这样的过滤器?

这两个问题都与速度有关。现有的方法生产效率低下,无法满足实际需求,但是如果仅仅是提高生产速度就会带来其他问题,形成了矛盾。传统的提高数量值的办法是行不通的,需要用创造性的方法来解决矛盾。TRIZ 第 13 号发明原理叫"逆向思维",意思是把现有的系统中原有的操作反过来,如:将加热转换成冷却,将静止转换成移动,将正向转换成反向。根据发明原理的提示,这两个矛盾的解决方案就是将巧克力瓶装热果汁转换成用融化的巧克力包裹冰冻的果汁块,将在圆柱形玻璃体上钻孔转换成用玻璃棒拼装成带孔洞的圆柱形玻璃体。

学习与应用 TRIZ 能帮助发明者建立一种"高效"的创新思维定势。任何人在任何认知背景下都有思维定势,即使是掌握再先进的方法或哲学思维的人也存在思维定势。思维定势并没有好坏之分,只有运用是否得当之分。有些人的思维定势适合发明活动,创新效率会高些;有些人的思维定势不适合发明活动,其创新效率就低些。然而,思维定势会随着经验及学识增长而不断地变化,学习与应用 TRIZ 能帮助发明者将那些原本存在的、适合发明活动的但不明显的思维定势加强并显性化,使那些不适合发明活动的思维定势向效果好的方式过渡,即从隐性到显性,从无效到有效。最终,TRIZ 将帮助发明者创建适合创新且高效的思维定势。

研究者比较学习过 TRIZ 和没有学习 TRIZ 解决同一问题的差别(图 6-3)。学习过 TRIZ 方法的人有将近 70% 解决问题的思路是正确的,将近 30% 是可行或者是模棱两可的,只有 4% 是完全错误的。没有学习 TRIZ 的人群中只有 2% 提出的解决思路是正确的, 将近 80% 的回答是完全错误的。可见该方法的效果是明显的。

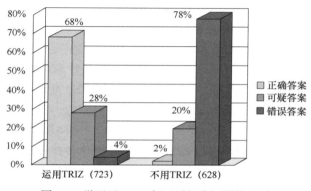

图 6-3　学习过 TRIZ 与否对解决问题的差别

四、技术系统发展曲线与技术系统进化法则

1. 技术系统发展曲线（S 曲线）

技术系统就像生物系统以及其他任何系统一样, 都不是永恒的, 它们也经历着与自然界一样的从出生到消亡的周期变化。技术系统的生命周期可划分为四个发展阶段, 即出生、成长、成熟、衰退。随着系统的发展, 代表技术系统的主要参数将从很低的水平逐渐提高并接近该系统结构所能达到的物理极限, 之后它会维持一段时间并开始下降走向衰落。描述技术系统主要参数值变化的这条曲线很像横过来的字母 S。所以, 技术系统发展曲线也称为 S 曲线。在 S 曲线的图形中, 横轴表示时间, 纵轴表示系统的性能参数。如在飞机这一技术系统中, 飞机的速度、安全性等都是可以作为主要参数的性能指标。

技术系统在 S 曲线的第一个阶段诞生, 表示系统已经初步形成, 技术系统的结构与组件能够完成所需要的基本功能, 但其性能还很差; 技术系统的主要参数在第二阶段会得到快速提升, 并达到满足市场需求的水平；在第三阶段，主要参数基本不会再提升了，开始向系统内增加一些附加功能；到了第四阶段，由于时尚需求、经济、社会、政治宗教限制等因素的影响，系统将不再适应环境，开始逐渐衰退直至完全退出市场。在这个阶段，下一代的技术系统开始出现，同样拥有自己的 S 曲线，同样重复着生命周期的每个阶段，但其主要参数将比前一代技术系统更加优秀。就这样，技术系统就不停地更新迭代下去（图 6-4）。

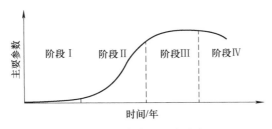

图 6-4　S 曲线的四个阶段

　　S 曲线对于企业制定产品开发战略具有积极的指导意义。对处于出生和成长阶段的产品，其策略是优化产品结构，促使技术尽快成熟，以便在市场竞争中处于有利位置。对于衰退阶段的产品，就没有必要引进或进一步投资，而应着力转向（或引进）下一代产品。

　　具体以熨斗为例，了解一下其技术系统的发展曲线（图 6-5）。熨斗是一个技术系统，其主要的功能是把衣物熨烫平整。第一个可以叫作熨斗的物品就是一根烧热的金属棒，原理是通过金属棒将热量传递到衣物上，并在压力的共同作用下去除衣物上的褶皱。之后，又出现了有把手的船形熨斗，还有一些熨斗里面可以燃烧煤油或放一些炭火，能够保持熨斗的温度。到这里，可以说熨烫衣服的技术系统已经诞生了，用高温物体以接触衣物的熨烫方式也就此固定下来，这个原理在后面的阶段将不再改变。在第二阶段，温度控制这个主要参数得到了快速的发展。这个阶段的技术解决方案都是围绕着如何延长熨斗的持续时间、如何更精确地控制温度而发展的。所以，相继出现了煤气熨斗、带有温度控制器的熨斗等，在这个阶段的末尾出现了电熨斗。相比其他熨斗的发热原理，电熨斗具有很大的优势，而且其温度控制也更加精确。这样，熨斗技术系统结束了成长阶段，进入成熟的第三阶段。在第三阶段，电熨斗的发热及温控性能基本没什么变化，但其他的辅助功能却发展很快，比如熨烫棉、麻、化纤等不同面料的温度设置功能、动态温控功能、喷水功能、防止衣物粘连涂层、无绳设计等。电熨斗的技术系统越来越完善，将越来越多的功能融入系统之中。这就是一个技术系统成熟的标志。另外，在这个阶段，新一代的熨烫系统开始孕育，如以热空气、蒸汽的方式熨烫，带有熨烫功能的衣柜等。这些系统的主要参数等指标要优于现有的系统，在未来的发展过程中，一旦它们的系统进入第二阶段的成长期，很可能将替代现在的熨斗，成为主要熨烫工具。那时，电熨斗将进入第四阶段。

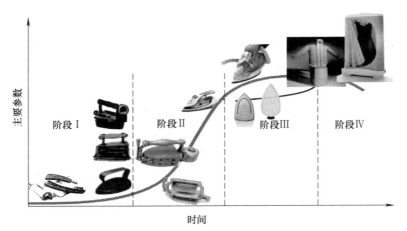

图 6-5　熨斗技术系统的发展曲线

新一代熨烫衣服的技术系统同样会经历成长期、成熟期，并在更新一代的熨烫技术系统的竞争下退出市场，技术系统就这样一代一代地发展下去。但是，它们发展的规律是不变的，这些规律就是技术系统进化法则，技术系统发展的每个阶段都会遵循进化法则来进行发展。

2. 技术系统进化法则

现代技术哲学的一个主要原理是，所有的系统都是按照客观的规律发展。这些规律反映了系统组件之间、各系统之间以及系统和外部之间的本质性的、稳定的和具有重复性的相互作用。俄罗斯 TRIZ 大师萨拉马托夫（Yuri Salamatov）在 1996 年出版的《技术系统进化理论基础》一书中对技术进化法则也有类似的定义：为提高自身有用功能，技术系统从一种状态过渡到另一种状态时，系统内部组件之间、系统组件与外界环境之间本质关系的体现。

阿奇舒勒共总结了 9 条技术系统进化法则，包括：①系统完备性法则；②系统能量传递法则；③系统协调性法则；④提高理想度法则；⑤子系统不均衡进化法则；⑥向超系统进化法则；⑦向微观级进化法则；⑧提高物场度法则；⑨动态性进化法则。需要说明的是，由于历史发展原因，技术进化法则有许多版本，这里采用的是 TRIZ 大师尼古拉·什帕科夫斯基（Nikolay Shpakovsky）的著作《进化树：技术信息分享及新方案的产生》中介绍的版本。

这 9 条技术系统进化法则描述了技术系统从出生到成长再到成熟的各个阶段所要遵循的发展规律（图 6-6）。可以将其分为三组，分别与 S 曲线的前三个阶段逐一对应。这里每个阶段选取一个法则进行简要介绍。

第一阶段的系统协调性法则指出，参数之间的相互协调是任何有效系统存在的必要条件。在我们生活的世界中，各个参数之间都是协调同步的。否则，宇宙、星球、文明、自然、各种系统以及我们自己都无法存在或发展。参数同步表示，一个系统各个层面上的组成部分均相互协调。例如，1915 年夏，在第一次世界大战进行之时，德国的福克尔公司研制出一种机枪协调装置。这个协调器安装在螺旋桨与机枪之间，其作用是可以让子弹通过螺旋桨叶片之间的空隙发射出去，而不会射中螺旋桨。之前的设计是在螺旋桨上安装偏导装置，使子弹避开螺旋桨叶片发射出去。但不幸的是，偏导装置并不总能使子弹偏转。

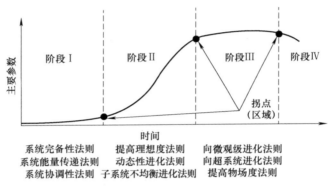

图 6-6　技术系统发展的各个阶段所要遵循的发展规律

　　第二阶段的提高理想度法则是系统进化的主要法则。这条法则指出，系统进化的方向是提高理想化程度。任何系统在其整个生命周期内都会变得越来越可靠、简单、高效和完善，例如卤素循环灯。在普通的白炽灯灯泡中，灯丝的高温使得钨原子挥发，导致灯丝很快变细烧断。卤素循环灯采用了自恢复技术，可降低挥发速度。卤素循环灯是一种使用溴气（溴是卤素的一种）和钨灯丝的白炽灯。从灯丝上挥发出来的钨原子与溴分子发生反应，生成溴化钨颗粒。如果玻璃（石英）灯泡壁的温度超过 250℃，溴化钨颗粒将不会粘附到玻璃上。这些颗粒将在对流的热气体层中循环流动。当它们靠近热灯丝时，会被还原为金属钨，随机重新附着到灯丝上，同时释放出溴蒸气。灯泡这个系统在运行过程中以这种方式不断地自我修复，这样的系统是理想的。

　　第三阶段的向微观级进化法则是指，随着物质从宏观状态转变为微观状态，完成相同功能的系统会变得更小、更理想。系统在进化过程中可能会保持尺寸不变。在这种情况下，系统将会高质量地完成更多功能，并且变得更高效、更节能。这条法则指出，系统往往会朝着分割组成部分的方向进化（即分割系统的执行单元）。物质在从宏观状态向微观状态转变的过程中，对其参数的操控会越来越高效、灵活。一般而言，物质从宏观状态向微观状态转变的趋势如下：整块→两个小块→多个小块→颗粒→粉末→粉尘→胶体→糊状物→乳液/液体→泡沫→悬浮物→气体→等离子体→光子→场。例如切割工具，从宏观状态向微观状态依次为：金刚石磨盘→过热蒸汽→研磨粉→水→氧气割枪→激光。汽车车轮是运输系统的执行单元，车轮从宏观状态向微观状态依次为：汽车车轮→共用一套传动系统的两个车轴→多个轮子→履带→气垫→磁悬浮。

　　熨烫衣物的技术系统同样也会遵循进化法则发展。当用热且硬的物体来熨烫衣服的原理系统已经发展到接近物理界限时，这个硬的物品将向微观状态转换，如蒸汽、红外线等。应用新原理创建的系统又从头开始沿着 S 曲线的阶段发展，每个阶段又将遵循相应的进化法则发展。因此，我们既可以应用进化法则来发展和完善当前系统，又可以应用它来确定下一代系统所需要的概念方案。

　　系统创新的思路是先将产品分解成要素与结构，再根据其所要实现的功能进行完善。可以运用多种逻辑和非逻辑的创新思维方法来改进和转换当前产品。但在改进过程中，经常会遇到诸如效率、能耗、空间、成本等限制，即产生了矛盾问题，矛盾会阻碍创意方案的实施与应用效果。TRIZ 就是用来解决这种情况的创新理论，它能引导创新者在保留创意方案中有用部分的同时，产生能够符合问题情境中具体限制条件的新方案。借助技术系统发展曲线创新者能更准确地分析和判断出当前技术系统在生命周期内的阶段及其未来发展趋势和方向。而技术系统进化法则能细化该发展方向上的具体概念方案，使得创新者不仅解决了创新过程中的矛盾问题，而且还推动了技术系统向前发展。这些创新方法完全适合智能制造领域的问题分析与解决，相关人员通过学习与掌握系统创新方法论将能更好地适应与完成这个领域的工作。

07

第 7 讲

智能搬运与制造

张　弥⊖

一、从"制造"到"智造"

我国历来高度重视制造业的发展。习近平总书记多次强调，"制造业是国家经济命脉所系""要坚定不移把制造业和实体经济做强做优做大""加快建设制造强国"，要大力发展制造业和实体经济，深刻阐明制造业是实体经济的基础，实体经济是我国发展的本钱，是构筑未来发展战略优势的重要支撑。

进入 21 世纪以来，新一轮科技革命的星星之火开始燎原，随着5G、人工智能、大数据等新一代信息技术与制造业深度融合，我国

⊖ 张弥，北京大学电子信息专业博士，清华大学–香港中文大学金融 MBA，教授级高级工程师。现任北京欣奕华科技有限公司总经理、北京市大兴区第六届政协委员。曾获安徽省科学技术奖一等奖、北京市科学技术奖三等奖、北京发明创新大赛创新人物奖、北京市优秀青年工程师、亦麒麟领军人才、创新嘉兴领军人才等荣誉，入选北京市科协卓越工程师成长计划。承担了国家自然科学基金、国家重点研发计划"智能机器人"重点专项、工信部新型显示材料生产应用示范平台、北京市金桥工程种子基金等多个国家及省部级重大项目。拥有已授权专利 110 项，在国际重要期刊和会议上发表论文 20 余篇。

制造业从高速增长转入高质量发展，应用范围向生产制造的核心环节不断延伸，有力支撑了制造业信息化、自动化、智能化、柔性化、生态化转型升级，助力我国制造业向"中国智造"转变（图7-1）。

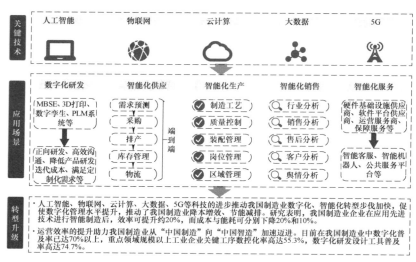

图 7-1 技术进步推动制造业转型升级

国务院于 2015 年发布了《中国制造 2025》，是我国实施制造强国战略第一个十年的行动纲领。以推进智能制造为主攻方向，促进产业转型升级，实现制造业由大变强。立足国情，立足现实，力争通过"三步走"实现制造强国的战略目标。

第一步：力争用十年时间，迈入制造强国行列。

到 2020 年，基本实现工业化，制造业大国地位进一步巩固，制造业信息化水平大幅提升。掌握一批重点领域关键核心技术，优势领域竞争力进一步增强，产品质量有较大提高。制造业数字化、网络化、智能化取得明显进展。重点行业单位工业增加值能耗、物耗及污染物排放明显下降。

到 2025 年，制造业整体素质大幅提升，创新能力显著增强，全员劳动生产率明显提高，两化（工业化和信息化）融合迈上新台阶。重点行业单位工业增加值能耗、物耗及污染物排放达到世界先进水平。形成一批具有较强国际竞争力的跨国公司和产业集群，在全球产业分工和价值链中的地位明显提升。

第二步：到 2035 年，我国制造业整体达到世界制造强国阵营中等水平。创新能力大幅提升，重点领域发展取得重大突破，整体竞争力明显增强，优势行业形成全球创新引领能力，全面实现工业化。

第三步：新中国成立一百年时，制造业大国地位更加巩固，综合实力进入世界制造强国前列。制造业主要领域具有创新引领能力和明显竞争优势，建成全球领先的技术体系和产业体系。

随着制造领域的蓬勃发展，现代制造业呈现出个性化、自动化与智能化。经过多年的发展，我国制造业已由高速增长阶段逐步转入高质量发展阶段，以深度融合现代信息技术和制造技术，创建"数字化""网络化""智能化"新型制造业为主线，推动传统制造业向中高端行列看齐，进一步优化制造产业。

2022 年，在"中国这十年"系列主题新闻发布会上，公布了我国工业和信息化发展取得的历史性成就。十年来，我们着力做强做优做大制造业，制造业综合实力和国际影响力大幅提升。从 2012 年到 2021 年，我国全部工业增加值从 20.9 万亿元增长到 37.3 万亿元，年均增长 6.3%（图 7-2）。以不变价计算，我国年均增速远高于同期全球工业增加值约 2% 的年均增速。制造业增加值从 16.98 万亿元增加到 31.4 万亿元，占全球比重从 22.5% 提高到近 30%（图 7-3）。

从产业完整体系来看，我国产业链供应链韧性和竞争力不断提升，全国拥有 41 个工业大类、207 个工业中类、666 个工业小类，是全世界仅有的拥有联合国产业分类中全部工业门类的国家。按照联合国工业发展组织的数据，中国 22 个制造业大类行业的增加值均居世界前列；世界 500 种主要工业品种中，目前有约 230 种产品产量位居全球第一。

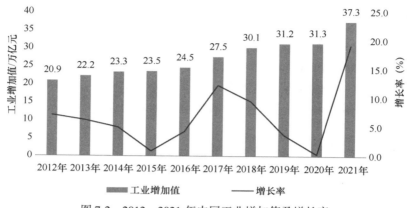

图 7-2　2012—2021 年中国工业增加值及增长率

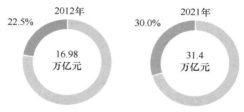

图 7-3　2012 年、2021 年制造业增加值及占全球比重变化

从制造业门类来看，我国产业结构调整取得扎实成效，加快迈向全球价值链中高端。高技术制造业和装备制造业对规模以上工业增长的贡献率分别达到 28.6% 和 45%。综合来看，制造业综合实力和国际影响力大幅提升。

中国 "智造" 的崛起，是国家战略发展规划及政策支持的结果，同时也是制造业企业加大研发力度、努力创新的结果，充分展示了中华民族的家国情怀和民族自信。"制造" 到 "智造"，一字之差的背后是中国制造业从 "被接受" 到 "被青睐"，从 "满足国内用户需求" 到 "获得海外用户口碑"，也是从 "跟随者" 到 "领跑者" 的角色转化。

虽然我国制造业飞速发展，但是仍旧面临劳动力成本提升以及用工荒等问题。目前我国经济发展正处在新旧动能转换的关键时期，支撑经济增长的生产要素条件发生了重要的变化。近年来，我国制造业人力成本不断上升。国家统计局数据显示，2020 年制造业城镇单位就业人员平均工资达到 8.28 万元/(年·人)，是泰国和越南的 2~3 倍，劳动力成本优势逐渐消失 (图 7-4)。

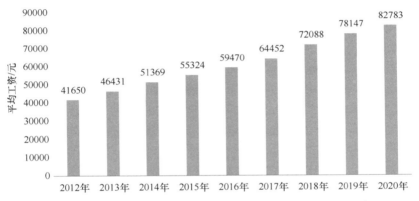

图 7-4　2012—2020 年中国制造业城镇单位就业人员平均工资

除了用人成本上升以外，用工荒是我国制造业面临的又一难题。制造业潜在劳动力市场适龄人口持续减少的现象或将维持 10 年以上，制造业企业亟须转型缓解未来劳动力不足的窘境。

中国进入刘易斯拐点，人口红利逐渐消退。刘易斯拐点是指在工业化进程中，随着农村富余劳动力向非农产业的逐步转移，农村富余劳动力由逐渐减少变为短缺，最终达到瓶颈状态。国际上通常用刘易斯拐点来判断劳动力是否短缺。显然，目前刘易斯拐点限制了我国全要素生产率的提升。

近年来，我国适龄劳动力人口总量以及占比不断下降，2021 年中国 15~64 岁人口数量占总人口的比重下降至 68.3% (图 7-5)。同时我国人口出生数也在不断刷新新低，2021 年中国出生人口为 1062.3 万人，出生率 7.52‰，创 1949 年新中国成立以来新低 (图 7-6)。

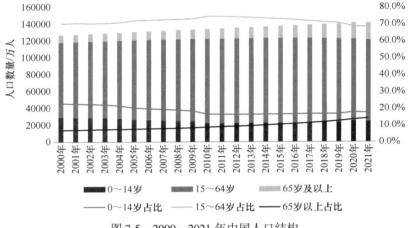

图 7-5　2000—2021 年中国人口结构

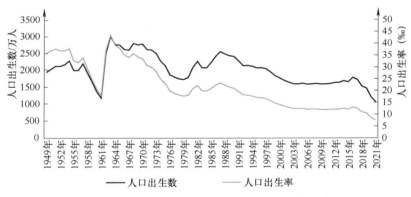

图 7-6　1949—2021 年中国人口出生数及出生率

　　根据世界银行预计,中国 2050 年 65 岁以上人口比例将增长到 26%,平均每四个人中至少有一位是 65 岁以上老年人。而随着中国老龄化脚步的加快,新生人口数不断下降,预计适龄劳动力人口未来占比将持续下降,中国人口红利不断消失。在用人成本不断提升和就业人员数量不断减少的不利环境下,中国制造业对可应对此类问题的智能制造技术需求较大。

2020 年，尽管遭受了疫情的冲击，全球依然增加了约 38.4 万台工业机器人，同比增长 0.5%。增长主要由中国市场贡献，2020年，中国大陆地区工业机器人新增数量位列全球第一，新增 16.8 万台，是第二名日本的 4 倍多（图 7-7）。

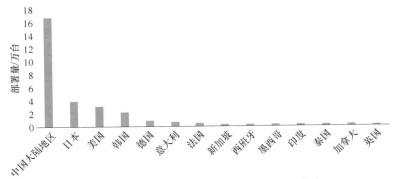

图 7-7　2020 年全球工业机器人新增部署量排名

2020 年，世界工业机器人密度为 126 台/万名工人，中国大陆地区工业机器人密度为 246 台/万名工人，约为世界平均水平的 2 倍，但是与韩国、新加坡、日本等国家还有一定的差距。第一名韩国的工业机器人密度为 932 台/万名工人，是中国大陆地区的近 4 倍（图 7-8）。

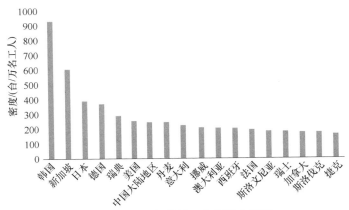

图 7-8　2020 年世界工业机器人密度

随着劳动力价格的上涨，中国制造业的"人口红利"逐渐消失。国际经济形势复杂多变，世界经济深度调整，发达国家推进"再工业化"和"制造业回归"，全球制造业高端化竞争趋势日益明显。以现代化、自动化的装备提升传统产业，推动技术红利替代人口红利，成为中国制造业优化升级和经济持续增长的必然之选。

二、智能制造领域常用移动机器人简介

机器人可以分成两大类：固定机器人和移动机器人。固定机器人通常被用于工业生产（比如用于装配线）。固定机器人的运动通常涉及一系列可控的关节；移动机器人使用轮子、腿或类似机构在环境中移动。常见的移动机器人应用有物流机器人（AGV/AMR、无人叉车、复合机器人等）、空中机器人和自动载具等，它们已被广泛应用于在工厂转运物料、在装卸码头移动集装箱、在医院中运送药品食物等任务。其中，物流机器人与智能制造的结合最为紧密，作为各工序流程之间物料无缝衔接的重要载体，已成为智能制造中实现智能化、无人化的重要依托。

1. 自动导引机器人 AGV/AMR

自动导引机器人（Automated Guided Vehicle，AGV）用于物料运输已有 50 多年，主要运用在汽车行业、物流行业及制造行业等诸多领域，物流行业已经成为继汽车行业之后的第二大 AGV 应用领域。

第一辆 AGV 诞生于 1953 年，它是由一辆牵引式拖拉机改造而成的，在一间杂货仓库中沿着布置在空中的导线运输货物。到 20 世纪 50 年代末到 60 年代初，已有多种类型的牵引式 AGV 用于工厂和仓库。经过多年的发展，AGV 开始出现产业化发展的趋势，2015 年之后，随着 KIVA 类仓储机器人的发展，中国市场应用逐渐扩展到更多行业，无论是销量还是应用，都走在了世界前列。

与传统模式相比，AGV 的搬运过程更加可靠与安全。无人化操

作形式降低了人工成本，并在一些高危场所中代替人工进行作业，通过上位机的操作减少人工接触，降低安全风险。

（1）AGV 导引方式简介　AGV 主要特征就是自动导引。随着计算机和传感器技术的发展，导航、导引技术也不断提升。最初，AGV 只是简单地沿着固定的物理线路行驶，被称为"固定路径导引"（如电磁导引、磁带导引、色带导引等）。后来，AGV 能够根据导航及路径规划信息，自动选择预设的"逻辑线路"行驶，被称为"自由路径导引"（如激光导航、惯性导航等）。目前，常用的导引、导航方式有：磁带导引、磁钉导航、激光导航，以及基于机器视觉的二维码导引和视觉导航等（图7-9）。这些导引方式的引入，使得导引方式更加多样化，更加柔性，对应用场景的适应性更强了。

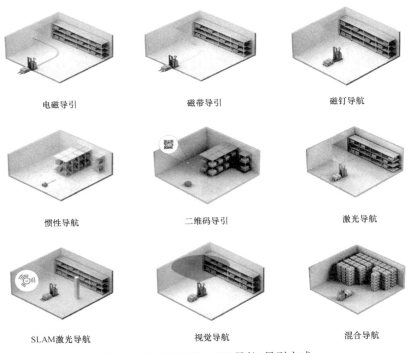

图 7-9　几种常见的 AGV 导航/导引方式

常见的导航方式如下：

1）电磁导引（Wire Guidance）。电磁导引是早期的 AGV 导航导引方式之一，技术比较成熟。该技术是通过在地下埋设金属线，AGV 通过车载电磁传感器感应金属线发出的磁信号来实现导引。这种导引技术的优势在于原理简单、不受声光干扰、制造成本低、埋藏的金属线不易损坏。但是缺点同样明显，首先是后期难以扩展和更改路线，也无法在工作过程中实时更改任务，容易受到金属等磁性物质的干扰。

适用场景：路线简单的生产制造型场景（如汽车制造）。

2）磁带导引（Magnetic Tape Guidance）。磁带导引与电磁导引的原理类似，通过在地面上铺设磁带的形式实现导引，灵活性比电磁导引较高，重新铺设磁带进行二次变更也较容易。但是仍无法实时更改任务，AGV 只能沿磁带行走，同样易受磁性物质干扰。磁带铺设在地面上，也容易受到损毁，需定期维护。

磁钉/磁点导引与磁带导引原理相似，只是用磁钉/磁带取代了用于引导的磁带。

适用场景：路线简单的生产制造型场景。在有叉车行驶的场合，不宜选用磁带导航。

3）二维码导引（QR Code Guidance）。二维码导引方式是通过离散铺设二维码，通过 AGV 车载摄像头扫描解析二维码获取实时坐标。二维码导引方式也是目前市面上最常见的 AGV 导引方式，二维码导引 + 惯性导航的复合导航形式也被广泛应用，亚马逊的 KIVA 机器人就是通过这种导航方式实现自主移动的。这种方式相对灵活，铺设和改变路径也比较方便，缺点是二维码易磨损，需定期维护。

适用场景：环境较好的仓库。

4）惯性导航（Inertial Navigation）。惯性导航是在 AGV 上安装陀螺仪，利用陀螺仪可以获取 AGV 的三轴角速度和加速度，通过积分运算对 AGV 进行导航定位。惯性导航优点是成本低、短时间内精度高；但这种导航方式缺点也特别明显，陀螺仪本身随着时间增长，误差会累积增大，直到丢失位置，堪称"绝对硬伤"，使得惯性导航通常作为其他导航方式的辅助。上文所提到的二维码导引 + 惯性导航的方式，就是在两个二维码之间的盲区使用惯性导航，通过二维码时重新校正位置。

适用场景：路线简单的生产制造型场景。

5）激光导航（Laser Navigation）。传统激光导航的原理是在 AGV 行驶路线上安装位置精确的反射板，AGV 的车载激光传感器会在行走时发出激光束，激光束被多组反射板反射回来，接收器接收反射回来的激光并记录其角度值，通过结合反射板位置分析计算后，可以计算出 AGV 的准确坐标。其优势在于无需地面定位设施、灵活度高，缺点是制造成本高、对环境要求较为苛刻。

适用场景：路径需要经常变换的场景。露天环境、光线较复杂的环境不宜使用激光导航。

6）SLAM 激光导航（自然导航，Natural Navigation）。SLAM 激光导航则是一种无须使用反射板的自然导航方式，它不再需要通过辅助导航标志（二维码、反射板等），而是通过工作场景中的自然环境，如仓库中的柱子、墙面等作为定位参照物以实现定位导航。相比于传统的激光导航，它的优势是制造成本较低。

7）视觉导航（Visual Navigation）。视觉导航也是基于 SLAM 算法的一种导航方式，这种导航方式是通过车载视觉摄像头采集运行区域的图像信息，通过图像信息的处理来进行定位和导航。视觉导航具有灵活性高、适用范围广和成本低等优点，但是目前技术成熟度一般，利用车载视觉系统快速准确地实现路标识别这一技术仍处于瓶颈阶段。

适用场景：路径需要经常变换的场景。

8）多种导航的混合使用。单一导航方式在现在的复杂现场下已经很难满足市场的需求，所以多种导航方式的切换和融合必将成为导航发展的第二步。该导航方式是根据现场环境的变化应运而生的，由于现场环境的变化导致某种导航暂时无法满足要求，进而切换到另一种导航方式继续满足 AGV 连续运行。

适用场景：路径需要经常变换的场景。

AGV 导航导引技术一直朝着更高柔性、更高精度和更强适应性的方向发展，且对辅助导航标志的依赖性越来越低。像 SLAM 这种即时定位与地图构建的自由路径导航方式，无疑是未来的发展趋势。相信在未来，5G、AI、云计算、IoT 等技术与智能机器人的交互融合，将给 AGV 行业带来翻天覆地的变化，而具有更高柔性、更高精度和更强适应性的 SLAM 导航方式也将更适应复杂、多变的动态作业环境。

（2）AGV 与 AMR 的区别　AMR（Autonomous Mobile Robot）即自主移动机器人，通俗一点讲是指自主性很强的移动机器人。目前为止，并没有公认的 AMR 的准确定义，仅有一些研究机构关于 AGV 与 AMR 区别的描述。自主性很弱的移动机器人（如遥控机器人、沿着导轨走的移动机器人等）都不能称作 AMR，只有自主性很强（能对环境中各种动态变化做出自己的合理反应）的移动机器人（如非遥控的无人机、无人驾驶汽车等）才能被称作 AMR。

按照中国工业应用移动机器人（AGV/AMR）产业发展研究报告中的观点，AGV 与 AMR 的区别更多地表现在**"自主性（Autonomous）"**上。AMR 的"自主"与导航算法无关，更多地是关于"预设路径"还是"非预设路径"的问题，其主动性应该体现在：单机能够即时动态规划路径，当多台 AMR 相遇时，能够主动避让，不会出现"死锁"现象，**"非预设路径"**才是 AMR 具备但 AGV 并不具备的特征。

2. 无人叉车

无人叉车又称"无人驾驶叉车"或"叉车式 AGV"，在叉车上加载了各种导引技术、地图构建算法，辅以避障安全技术，能够实现无人化作业，本质是一种自动化物料搬运工具。它融合了叉车技术和 AGV 技术，与普通 AGV 相比，它除了能完成点对点的物料搬运之外，更能实现多个生产环节对接的物流运输，适用于各种托盘、箱子或纸卷等物料，且可在高度方向实现举升和码垛，不仅擅长高位仓库、库外收货区、产线转运三大场景，而且在重载、特殊搬运等场景也有着不可替代的作用。

作为自动化物流的主要实现方式，无人叉车被广泛应用于重复性搬运、搬运工作强度大、工作环境恶劣、环境要求高的领域。一方面，无人叉车能够在重复搬运、高精度码垛及高位存取等场景中保证操作精度、效率和安全，并维持 24 小时全天候稳定运转，替代传统叉车作业；另一方面，基于调度系统实现与滚筒、穿梭车等自动化设备对接，或多车协作，实现整个生产流程的无人化作业，提高搬运效率。通过无人叉车的应用，可以解决工业生产和仓储物流作业过程中物流量大、人工搬运劳动强度高等问题（图 7-10）。

图 7-10　无人叉车搬运货物

无人叉车与传统叉车最大的区别是无需人工驾驭，选用导航技术，能 24 小时自动完成各种搬运和运送任务。无人叉车与传统叉车相比具有以下优点：

（1）更加安全　无人叉车比叉车司机更高效、稳定、精准、安全。无人叉车有紧迫接触保险装置、自动报警装置、急停按钮及物体探测器等多个保护装置，可以防止损伤工人或损毁库存、其他设备及建筑物，减少作业危险。无人叉车严格依照规定路线行进，当行进途中有障碍物或行人时会自动停车或避让，可减少与搬运有关的磕碰损伤，保证物料完好地运送到指定位置，大大降低了人工操作叉车带来的不确定性。

（2）降低成本　无人叉车可按照提前设定的路线、任务进行搬运，无需人工参加，可 24 小时持续作业，大大提升了作业效率，减少人员投入。此外，通过监控系统，可以看到每台叉车的方位和运转状况，一个人就可以对多台叉车进行调度，节省了人力。

（3）抗干扰能力强，节拍稳定可靠　无人叉车机动灵活，无地上障碍，它能充分利用现有空间和场所、线路通道，且抗干扰能力强，灰尘、噪声、地板上的细小物体都不能干扰搬运作业，如遇到较大物体，它能自动制动或避让。这使得无人叉车运转节拍连续可靠，不会造成大范围停工。另外，多辆无人叉车还可协同工作，自动相互避让，货品摆放精确规范，满足大规模自动化、连续性、柔性化作业的需求。

（4）适用于有毒有害环境　无人叉车可以用于高危或特种环境作业，例如可在严寒、酷热或光线很差乃至没有光线的区域中作业。

面对企业客户对无人叉车越来越高的要求，无人叉车的应用场景从最初的平面搬运到高位出入库、装卸，技术难度也从简单的自主导航定位，上升到追求无人叉车末端操作精度、作业效率和复杂场景适应能力。

3. 复合机器人

对于传统的工业机器人来说，由于机身位置固定、运动半径受臂展大小的限制，作业范围受限，于是很多公司开始尝试将机械臂与移动机器人进行搭配和组装，打造集成更多功能、能串联更多环节工作的复合移动机器人，意图让机械臂的作业地点不再受限，触达以往不能触达的地方，以满足柔性产线的生产需求。

复合移动机器人是指由移动平台、操作机（以机械臂为主）、视觉模组、末端执行器等组成，利用多种机器人学，传感器融合定位与导航、移动操作、人工智能等技术，集成了移动机器人与操作机功能的新型机器人。操作机（以机械臂为主）主要是替代人手臂的抓取功能，而移动机器人（即 AGV/AMR）是替代人腿脚的行走功能，视觉模组替代人眼睛的视觉功能。随着工厂内部制造复杂程度的日益上升，对于自动化设备柔性化的需求也更加迫切，相比于AGV/AMR、协作机器人、机器视觉的单一功能，集合了三者特性的复合移动机器人显然更具柔性化（图 7-11）。

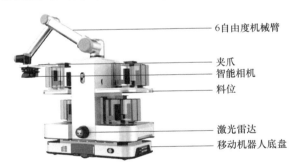

图 7-11　复合移动机器人典型组成

"手脚眼并用" 的复合机器人具有其独特的优势：

（1）提高生产过程的自动化水平　复合机器人有利于提高原材料配件的传送、工件的装卸以及机器的装配等自动化程度，从而可以提高劳动生产效率，降低生产成本，加快实现工业生产机械化和自动化的步伐。

（2）改善劳动条件，避免人身事故的发生　复合机器人可部分或全部代替人安全地完成恶劣环境下的危险作业，大大地改善工人的劳动条件。同时，一些简单但又烦琐的搬运工作可以由复合机器人来完成，可以避免由于人疲劳或疏忽而造成损失。

（3）生产线的柔性化 复合机器人完成了一道工序就可以进行下一道工序，具有较高的灵活性，并且多台复合机器人组成移动的装配台、加工台使用，可形成高度柔性生产线。

国内复合移动机器人的应用从 2015 年开始。新松是最早推出"AGV + 协作机器人"的厂商，2015 年发布了一款 HSCR5 复合移动机器人，也是国内第一台复合移动机器人。第一台复合移动机器人的面世让业内看到了这种"手脚兼具"产品独特的应用价值。新松之后，国内一些移动机器人厂商和协作机器人企业也相继推出了相关产品，入局企业不断增多，进一步推动了产品技术成熟度的提升，进而推动了相关应用的深入。

复合机器人是近几年才出现的，技术、成本及市场认知度等各方面都有所不足，导致目前复合移动机器人应用尚未拓展开来，还处于起步阶段，但另一方面也意味着市场尚未开发，未来潜力巨大。

三、典型应用案例

案例 1：洁净搬运机器人在显示行业中的的应用

FPD（Flat Panel Display，平板显示器）是继集成电路（IC）产业之后发展起来的又一大型产业，它与 IC 一起成为电子信息产业的核心与基础。目前 FPD 产业的世界销售额已超过 1000 亿美元，并仍以 15% 的年增长率快速发展，我国 FPD 产业规模目前位居世界第一（产值超过 4000 亿元）。玻璃基板是 FPD 产业的关键基础材料之一，其对于 FPD 的重要性不亚于硅晶圆在半导体产业中的地位。为降低边角损失、提高利用率和产出量，通常要在一张基板上做不同尺寸的屏，因此玻璃基板尺寸通常很大。

各代基板的尺寸如图 7-12 所示,例如第 6 代基板尺寸为 1500mm × 1850mm,厚度为 0.5mm。随着技术进步,第 10.5 代的基板尺寸更是升级为 2940mm × 3370mm,厚度仅有 0.3mm。同时显示面板生产线对环境洁净度、设备节拍时间、设备高度、可靠性有严格要求,人力难以完成。

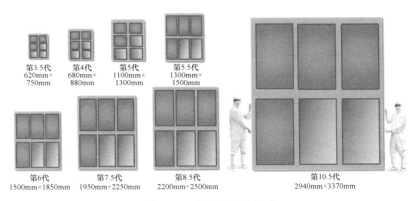

第3.5代
620mm×
750mm

第4代
680mm×
880mm

第5代
1100mm×
1300mm

第5.5代
1300mm×
1500mm

第6代
1500mm×1850mm

第7.5代
1950mm×2250mm

第8.5代
2200mm×2500mm

第10.5代
2940mm×3370mm

图 7-12　各代基板的尺寸

FPD 产业的制造过程要求高度自动化、无人化。因此,搬运机器人被引入 FPD 产业取代人工搬运,以确保玻璃基板的平稳搬运和精确定位。

玻璃基板搬运机器人是一种应用于无尘或真空环境下的搬运机器人,它的主要功能是连接 FPD 产业前后段,实现玻璃基板在不同工作站间的高平稳性、高速度和高洁净度传输,能够承受较高负载及传送速率,其抓取装置不损伤、不污染玻璃基板,以及传输过程中不产生冲击和振动。因此玻璃基板搬运机器人要具有结构刚性好、运动速度高、占地面积小、操作空间大等特点,已成为 FPD 产业的关键设备之一。玻璃基板搬运机器人涉及多学科成果的高效集成创新,研制难度大,此前一直被日本与韩国长期垄断。

图 7-13 所示为我国具有自主知识产权的玻璃基板洁净搬运机

器人，由合肥欣奕华智能机器股份有限公司开发，适用于显示面板生产线的曝光、涂胶、蚀刻等所有典型工位。以第 10.5 代线为例，国产洁净搬运机器人完成一次基板取放约需要 15s，每天可完成 4000 片的取放，月产能可达 12 万片。该设备的成功研发打破了进口垄断，实现了国产化，解决了泛半导体类关键装备"卡脖子"难题。

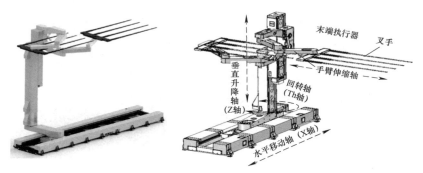

图 7-13　国产玻璃基板洁净搬运机器人

案例 2：复合移动机器人在半导体行业中的应用

在半导体生产过程中，由于物料和产品价格都较为昂贵，因此对生产环境有着非常严苛的要求，如高洁净度等；其次，硅晶体等产品对于振动都非常敏感，半导体在生产过程中流转，为了确保不出现破损或者损坏，往往需要控制过程中的振动，减少综合问题率，因此对转运设备的抗振动、稳定性、精度要求非常高。在这一行业中，客户关注的重点往往不是成本价格因素，而是能否满足上述生产需求，创造更高的附加价值。

在芯片需求爆发、国产率不断攀升的趋势下，上游晶圆生产扩大产能、降本增效成为行业普遍诉求。在晶圆厂的晶圆无尘车间中，以往由多名工人进行晶圆盒的转运工作，人工操作过程中的效率及稳定性无法满足需求扩张下的产能需求，且人员的流动、岗位调换等因素均为生产节拍的稳定性带来不利影响。对于晶圆生产而言，污染是造成产量损失的主要因素之一。在该车间 Class 1 洁净度的环境要求下，员工进入无尘车间需穿戴防护服，但污染风险仍无法有效防控，而晶圆成本高昂，一旦工人有失误，往往造成高昂的成本损失，产品良品率及生产效率亟待提升。

为解决这一问题，晶圆厂引入了复合移动机器人（图 7-14）。复合移动机器人满足 Class 1 级别车间环境要求，搭配机械臂、视觉装置、夹爪等部品，能够实现对透明、开放式晶圆盒的自动识别与抓取，同时应用高精度激光 SLAM 导航自主移动避障，并且舵轮底盘使机器人能够横向移动，可更加灵活地完成搬运任务。复合移动机器人搭载导航及调度管理系统，能自主识别车间场景，并进行多机协同配合，并根据 MES 等企业信息系统进行物流自主调度，打通工厂内晶圆流转过程中的物质流与数据流，通过实时反馈生产的数据，实现了数字化智能管理。

图 7-14 复合移动机器人

经测算，通过应用复合移动机器人，在实现晶圆盒的无人化转运和精准上下料的同时，减小了无尘车间污染带来的风险，提升了良品率，振动所致晶圆破裂风险降低 50%；操作员无效行走减少了

30%；移动机器人上下料作业高度覆盖 0.3~2.5m，电子料架利用率提高 66%，该厂实现了整体效率的提升。

案例 3：AGV 在能源行业中的应用

无论是从规模化制造还是多元化降本等角度分析，智能化和无人化都将是未来高效智能的电池制造整线的发展趋势。移动机器人作为实现智能化、无人化的重要依托，在锂电领域的应用拥有很大的发展空间，物流系统应用 AGV/AMR 也成为电池现代化智能工厂的标志性配置之一。电池制造工序间的衔接日趋柔性化，产线到仓储的对接越来越紧密，尤其是对设备的对接、网络的对接、数据的对接等，作为工序之间无缝衔接的重要载体，电池企业对 AGV 系统也提出了更高的要求（图 7-15）。

从长远来看，电池产线对自动化、柔性化、无人化需求的提升，必将拉动 AGV 需求的增长。锂电装备巨头入局 AGV，能在保证优异品质的同时，极大限度地配合电池产线效率提升，进一步降低制造成本和人力成本。

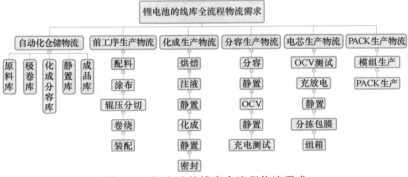

图 7-15　锂电池的线库全流程物流需求

目前，电池领域应用 AGV 包括叉车式 AGV、悬臂式 AGV、辊筒式 AGV、上下料 AGV、系统组装 AGV、潜入牵引式 AGV、顶升仓储式 AGV 等众多类型的移动机器人。锂电行业 AGV 的应用竞争，更多地是对锂电行业技术工艺的深刻理解，亦是对技术、产品、应用、服务等综合实力的较量，包括顶层创新设计能力、制造能力、客户结构、服务质量以及品牌力等实力的比拼。通过采用自动化立体仓库、AGV、自动配送系统、机器人系统、3D 视觉识别系统等先进的技术，融合"智能制造""柔性制造""智慧物流"等先进理念，AGV 厂家已经为行业提供了一系列高度智能化、柔性化、自动化的整线解决方案。

（1）前段工序　电芯前段主要涉及电极制作，有搅拌、涂布、辊压、分切四大环节。前段工序主要包括浆料搅拌、正负极涂布、辊压、分切、极片制作和模切。前段工序非常重要，约占整个生产工序流程的 40% 以上。

在锂电池生产线前段工序引入高效稳定的 AGV 系统，可实现料卷的自动运输功能。针对极卷输送频次高、车间空间狭小和人车混流等较为复杂的情况，根据设备间距、物流通道宽度设置等方面的实际情况，定制化设计安全节能、智能高效的精益生产物流体系，并通过合理规划 AGV 运行路径，全面提升 AGV 作业效率，兼容不同规格的料卷转运，在负载 400kg 的情况下实现与料架自动对接，解决了现场人车混流带来的拥堵风险（图 7-16）。

（2）中段工序　中段工序主要包括电芯的卷绕/叠片和电芯注液。

在制芯过程中，涉及 AGV/AMR 和卷绕叠片机对接。传统上下料模式采用人工或自动 OHT 完成，如果采用人工上下料模式，无法完成减员增效的目标。相比于 AGV/AMR 模式，采用自动 OHT 存在柔性程度不足的问题。在制芯这一工序段中，悬臂轴移动机器人（AMR／AGV）应用居多。受限于场地，悬臂式 AGV 采用了全向行驶设计，实现了任意方向的移动，使得场地的利用率达到最高（图 7-17）。

（3）后段工序　锂电生产的后段工序主要分为封装、化成分容、测试分选、模块装配、PACK 组装以及成品入库等。

从封装到各类测试，AGV/AMR 主要负责完成工序间的接驳，其中涉及高低温测试的环节，对 AGV/AMR 本身的温度适应性会有要求，有些厂商也会开发专用的高温 AGV。

图 7-16　极卷搬运移动机器人　　图 7-17　悬臂轴移动机器人

在 PACK 线生产中，AGV/AMR 要实现电池包从组装到测试再到包装等各工序间的物料转运，其运转流程为环形流水线，具体包括充放电测试、加热膜测试、气密性测试等，在此过程中需要与多种外围设备系统对接，如传输设备、机械臂、扫码枪等。在成品入库环节，AGV/AMR 的主要作用是将生产好的电池包运输至成品库。当前，锂电生产的后端工序中，无人叉车及背负式 AGV/AMR 应用较多。

传统的 PACK 组装线一直采用输送线式组装线，灵活性差、占地面积大，并且人工工位由于 PACK 较大及输送线的阻断，人工作业困难。采用潜伏式 AGV 牵引工装车的柔性化装配主线，AGV 牵引台车配合人工工位和机器人工位进行装配，解决了人工装配难、搬运难的问题，同时小件和模组配送采用 AGV 配送系统及自动化输送系统，整线柔性化、自动化程度极高（图 7-18）。

图 7-18　潜伏式 AGV

作为智能制造主流趋势下的市场风口，AGV 将成为越来越重要的载体，实现生产制造前、中、后段的无缝衔接，为实现智能化、柔性化生产奠定基础。

案例 4：AGV 在汽车工业中的应用

AGV 在汽车装配线上的应用效果，对相关行业有一定的参考价值。

浙江某大型汽车装配车间，由于增加新车型，为了提升产能，需要对车门和内饰件物料供料方式进行改造（图 7-19）。该项目

图 7-19　某汽车装配车间

原为内燃叉车上料，效率低、不准时、安全性差，要求更改为 AGV 上料，替代叉车工人，提升劳动生产率。物流大致有 3 类：仓库到生产工位的物流、生产工位间的物流，以及车间之间的物流。

该项目采用 AGV 替代人工推行料车作业，对于超大、超重零件，采用 AGV 可降低人工劳动强度；减少叉车进入车间，消除噪声、废气等安全隐患；改进物流上线模式，提高物流管理水平。实施后，装配时间减少 20%，装配故障减少 39%，投资回收时间减少 57%，劳动力减少 10%（图 7-20）。

图 7-20 移动机器人运送物料

四、展望

我国已开启全面建设社会主义现代化国家新征程。未来随着新型技术的发展，移动机器人产品也将在提升效率、提高产品质量以及降低成本等方面，为智能制造贡献更多的可能性。

1. 多种导航方式的混合使用

单一导航方式在现在的复杂现场下已经很难满足市场的需求，所以多种导航方式的切换和融合必将成为导航发展的第二步。

　　只有具备了智能、灵活的导航和规划能力，移动机器人才能进入更广阔的应用领域和应用场景之中。由于应用场景大大增加，因此需要开发出具有高度通用性的自然导航技术，以便适应众多不同场景的需要，而随着自然导航和 SLAM 技术的发展和成熟，大量潜在的应用需求也将被激活成为现实。

　　2. 与人工智能、5G 及其他新技术的融合

　　从当前趋势可以看出，移动机器人装备需要具备三方面的能力：状态感知（机器人自身和周边的状态）、实时决策（在特定场景下应该如何动作）、准确执行（按照决策的结果做出精准的动作）。相应地，物联网技术、人工智能技术和机器人技术恰好对应了"感知"、"决策"和"执行"这三个方面。未来的高性能机器人装备一定不是单纯的硬件，而是集上述三种技术的综合体，可让数据自由地流动，让算法指挥硬件发挥最大的效能。

　　人工智能直接影响移动机器人的功能和应用水平。人工智能技术在移动机器人的应用主要包括：自主移动、控制与驱动、定位导航以及传感器数据采集、图像处理、语音采集与处理、专家系统分析与决策、大数据分析等方面。

　　换言之，人工智能在每一个领域的突破和发展，都会对移动机器人核心功能、平台特性、数据运维管理、专家决策与预警等起到推动作用。未来，工业应用移动机器人行业必将与人工智能技术密切融合，快速发展。

　　3. 标准化

　　移动机器人的应用开发生态是相对封闭的，无法面对丰富、多元的应用场景和需求，需要向 IT 领域看齐——通过标准化、开放化的方式，降低开发门槛，让更多人能够参与到应用设计和开发的过程中。

　　目前，不同行业、不同环境需求差别较大，工艺流程也不同，因此对于机器人自动化搬运的需求也会不一样，导致移动机器人的

定制化程度十分高，造成了成本的居高不下。高度的定制化在一定程度上阻碍了移动机器人的规模化应用。未来伴随着应用领域的进一步扩展，为了实现大规模的落地，移动机器人必将会逐渐往标准化、模块化的方向发展，包括但不限于移动机器人通信协议与接口的规范化与标准化、关键零部件的标准化等。

未来随着各项技术的进一步发展，以及更新技术的出现，将会在移动机器人上碰撞出更加灿烂的火花，使移动机器人更加智能化、柔性化，进一步拓展移动机器人在智能制造领域的落地应用。

08

汽车领域的制造之美

谢颂强⊖

一、智能制造的定义

自从德国提出工业 4.0 以后，智能制造在国内一直处于风口。但对于智能制造到底是什么，国内有很多种不同的理解。归纳起来，基本上有两大类：一类理解是在生产制造过程中引入智能化

⊖ 谢颂强，清华大学机械设计与制造专业工学学士、物理电子学和光电子学工学硕士。北京能科科技股份有限公司（股票代码 603859）总裁助理，上海能隆智能设备有限公司法人代表、总经理。在欧美著名汽车装备公司工作超过 15 年，主要为汽车整车厂提供车身焊装、汽车动力总成装配交钥匙工程，历任方案工程师、项目经理、方案经理、运营经理、业务线经理；从 2014 年离开外企，开始主攻汽车和军工行业智能制造在装配领域的应用，参与过军工涡扇发动机、液体发动机、陆军特种车辆传动部件等各类装配生产系统，对汽车和军工的智能制造都有较深的体会和理解。擅长智能制造项目落地，为机械装配、焊接装配、钻铆装配等各类应用提供生产解决方案，尤其擅长各类自动、半自动生产线的方案、设计和工程。实施的汽车行业案例有上汽齿轮厂 F15 变速箱装配线、上汽齿轮厂 GF6 变速箱差速器装配线、上汽 SGE 发动机装配线、菱特 V6 发动机装配线、奇瑞 CVT 变速箱装配线、大众变速箱厂 MQ200 变速箱装配线、上汽大众 Model K/Model Y/Model Z 等车身焊装线、上汽通用五菱 CN113/CN120S/CN180/CN200/CN220 等车身焊装线、吉利春晓项目/宝鸡项目车身焊装线等。

方法和手段，从而提高制造的质量和效率，中心词是"制造"，即"制造"+"智能化"；另一类理解是以智能化的方法和手段改造制造过程，打通制造过程信息链，从而提高制造过程的信息化和数字化水平，提高设计过程、配送过程、试制过程效率，进而提高生产效率，降低生产成本，中心词是"智能"，即"智能化"+"制造"。

这两种理解根源是价值取向或者说是商业模式的不同。第一种理解来源于生产自动化行业，这个行业的人都有工艺背景，他们更多地关注生产制造过程，强调的是生产过程透明可控；第二种理解来源于工业软件行业，尤其是以西门子工业软件为代表的国际三大工业软件公司——达索、西门子和 PDC，他们着眼于企业信息化，强调的是设计、仿真和生产调度，主要是希望通过工业网络和工业软件的广泛应用来改变传统制造业的作业方式，进而提高生产效率，缩短研发周期。

我个人倾向于第一种理解。尽管工业网络和工业软件在智能制造中扮演着非常重要的角色，信息化可以助力制造业升级，但信息化不能支撑起制造业升级。也就是说，工业网络和软件可以让优秀的制造过程更加高效，但不能让落后的制造过程脱胎换骨。反过来，通过优化制造工艺，用数字化改进生产装备和制造过程可以提高生产制造水平，可以提高产品的质量，可以提高生产效率，进而可以降低生产成本。因此，我觉得智能制造的核心是工艺数字化，通过数字化手段改造工艺过程；同时使用信息化手段，提高生产过程的透明度，提高生产调度的准确性、库存管理的准确性、质量数据的使用效率、工艺编制的效率等，进一步提高生产、研制效率。所以，工艺数字化为主、工厂信息化为辅，对工艺过程增加智能化成分，达到生产透明、过程可控的目标，这才应该是智能制造的核心意义。

二、智能制造的网络和架构

谈智能制造必谈网络，好像已成为惯例。尽管把智能制造和网络架构这类东西搅在一起在我看来有些偷换概念，为了能说明问题，我也不能免俗地把这点东西再拿出来讲讲。

图 8-1 是西门子描述的智能制造的"三大集成"，即以"产品生命周期管理"为核心的横向集成、纵向集成和端到端集成。这三大集成和西门子的 PLM（Product Lifecycle Management，产品生命周期管理）软件、MOM（Manufacturing Operation Management，制造运营管理）软件完美地结合在一起了。三大集成的概念在国内被广泛宣讲，几乎成了智能制造的圣经。但这与德国工业 4.0 工作组提交给德国政府的《把握德国制造业的未来，实施"工业 4.0"攻略的建议》原文中的"三大集成"并不完全一致。

图 8-1　西门子描述的智能制造"三大集成"

德国工业 4.0 原文的三大集成是如下内容：

1）通过价值网络实现横向集成。

2）贯穿整个价值链的端到端工程数字化集成。

3）纵向集成和网络化制造系统。

德国工业 4.0 的提出有一个重要背景，就是"确保德国制造业的竞争力"。德国的工业 4.0 工作组认为，德国强大的工业基础、成功的软件产业和在语义技术方面的诀窍意味着德国可以很好地实施工业 4.0。从这三件事情的排序上可以看到要实施工业 4.0，或者说智能制造，最重要的是强大的工业基础，也就是强大的工艺能力。从这个意义上说，工业 4.0 定义的是"智能化的制造"，不是"制造的智能化"。

要建设智能企业或者智能工厂，必须构建企业网络。网络化是智能工厂的一个基础。我个人的看法是，建设一个智能企业至少需要三方面的基本条件：工艺数字化、工厂网络化和应用软件化。后两点相对容易实现，但事实上没有工艺数字化，其他两点再好也发挥不出来作用。

工业网络和我们平时使用的互联网不同，工业网络包括工业互联网和控制网络两部分，工业互联网与通用互联网类似，但因为可靠性要求不同，所以采用的设备和软件有所不同。控制网络包含了现场网络和工业网络两部分，现场网络是实时系统，工业网络可以是实时系统，也可以不是，一般大部分不是实时的。

西门子将企业网络分成五个层级（图 8-2）：第 0 层为现场层，主要是现场总线或者其他方式构建的网络；第 1 层为控制层，主要是运行 TCP/IP 协议的工业网络；第 2 层为操作层，也是工业网络。前三层基本上是以自动化和控制为主，一般以 PLC 为核心处理元件。第 3 层为管理层，第 4 层为企业层，这两层都是工业互联网，采用 PC 运行各种工业软件。

一个企业，从信息化的角度看，基本上涉及三个方向的数据：一是设计端的数据，主要包括模型、BOM（Bill of Material，物料清单）、CAPP（Computer Aided Process Planning，计算机辅助工艺过程设计）等，这一类数据基本上归 PLM 管理；二是企业资源端的数据，也就是所谓的产供销数据，主要由 ERP 管理；三是生产数据，主要包括生产过程数据，如工件信息、匹配参数、过程工艺、返修状况、质量结论等，这些数据一般由生产线控制系统管理。这三方面的数据通过 MES/MOM 系统连接在一起（图 8-3）。

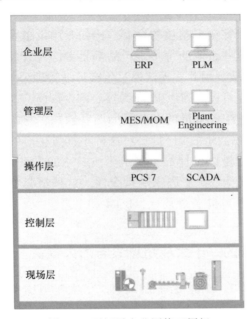

图 8-2　西门子企业网络五层级

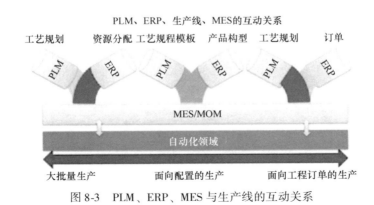

图 8-3　PLM、ERP、MES 与生产线的互动关系

不同的行业特征，上述这三个方面的侧重点有所不同。对于工业大批量生产的企业，比如汽车行业、3C 行业，这类公司需要按计划生产，在生产组织中需要以 ERP 为主，确保产供销体系的可预测、可控。对于完全定制化的企业，比如专用设备企业、高端定制汽车企业等，这些企业的每一个产品都是专门设计的，每一个产品的 BOM 都不一致。因此，无法通过生产计划管理公司的物料供应和生产，这类企业可以构建以 PLM 为核心的生产模式。对于介于两者之间的企业，即中等批量的企业可能两者兼顾，它既有一定的按计划生产，也有一定的按需订货。对这种小批量生产的企业，比如军工企业，基本上是以设计加工制造为主，它的主动计划能力很差，因为它的生产完全取决于国家的指令性。这种情况下，一般用 ERP 管理成本，使用 PLM 管理设计、BOM 和工艺。

三、智能制造的二十大应用场景与六大模块

根据西门子的总结，智能制造有二十大应用场景，分成六大模块。这二十大场景在图 8-4 里有具体描述。

图 8-4　智能制造的二十大应用场景

这些场景包括：①智能产品的模型和平台；②需求和技术更新管理；③产品定义和验证；④产品工艺性设计；⑤产品商品化定义；⑥需要的技术和解决方案评估；⑦产品综合评估；⑧产品模型状态性能仿真；⑨可制造性评估；⑩生产解决方案设计；⑪三维工厂建模；⑫生产线信息系统设计；⑬生产线仿真；⑭控制程序设计和虚拟调试；⑮实物生产线调试和运行；⑯排产和生产管控；⑰生产系统智能监控；⑱质量数据管理；⑲生产过程数据的收集、传送和存储；⑳智能前瞻性维修、维护。

六大模块（图8-5）分别是：

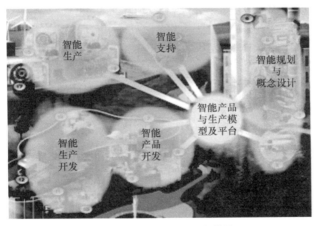

图8-5　智能制造的六大模块

1）智能产品与生产模型及平台：产品与生产知识的自组织、自行动、统一、多学科、可视化、网络化、开放。

2）智能规划与概念设计：整合专家知识与客户智慧形成好的创意与概念。

3）智能产品开发：自动优化与验证跨学科的产品性能满足设计目标。

4）智能生产开发：抽取产品的生产智能信息，规划与开发智能的生产系统。

5）智能生产：数字化工厂监控与适应生产，以实现效率、利用率和质量的最大化。

6）智能支持：智能产品提升实时丰富的服务知识，为客户提供最大化产品生命周期价值。

工业 4.0 时代的企业，基于虚拟产品的活动与基于实物工厂的活动两者之间的相互关联与互动，形成智能创新平台。虚拟企业与实物企业必须同步建设，相互迭代。人基于企业数字模型进行开放式创新与定义实物世界运行的规则。

四、智能企业需要实现的目标及如何实现

智能企业需要实现以下目标：
- 最短的开发周期
- 最快达到量产
- 最高的一次通过率
- 最长的维修间隔周期
- 最高的可使用率
- 最短的大修周转时间
- 每小时最低的维护人力时间

每个智能工厂都需要构建一个统一的智能化平台。很多企业经常遇到数据源不统一的问题，造成了很多错误和混乱，进而影响生产的效率和产品质量。数据源不统一就是说不同部门拿到的资料和数据不一致，经常会出现设计部门、生产部门、质量部门的图纸不一致的情况，造成各干各的，在总装时不能正常装配，需要去修配。这些问题严重影响了这些企业的效率和质量，同时也让智能制造的推进举步维艰。

为什么出现这种情况呢？核心的问题是缺少统一的平台。在一些复杂产品的生产企业，由于历史原因，往往是设计在一个单位，制造在另一个单位，这两家相互之间的沟通是不通畅的。也就是

说，在设计和制造过程中已经形成了两个信息孤岛。

在理想状态下，如果大家使用统一平台建模，就可以形成产品的单一数据源，以后这个单一数据源发给不同的部门，大家都使用该数据即可。但有一个问题是，设计人员的思想永远比制造部门的手要快得多。设计只是一种构想，而制造则是要把它落在地上实现的。设计永远比制造快两拍。在很多企业里，设计部门一般都在用三维设计、三维仿真、做结构化的工艺；到了制造部门，需要用纸质的图纸，打印出来的图纸就成二维的了。为了生产，工艺部门需要重新审核这些图纸，重新出工艺图，重新制订制造工艺。这时就会出现工艺图纸和设计图纸不一致、CAPP 和制造工艺不一致的情况，数据源就不再统一。同样，质量部门也会有自己的检验图，最后这些图纸资料互不对应。问题出在哪里了？首先，设计人员缺乏工艺支持，设计数模不能直接用来制造；其次，制造部门无法在三维数模上设计工艺，同时三维数模也无法到达生产线；另外，操作工人不会依据三维数模进行生产；最后，质量部门也无法依据三维数模做检验规划。在现阶段，企业很难做到使用单一数据源。

为什么设计数模不能直接用于生产呢？这是因为设计和制造的关注点有所不同。在设计时，设计工程师往往会设计得很完美，不会考虑制造过程的不完美。而实际上，制造过程有很多实际问题，比如工艺的能力问题、制造的成本问题、操作的难度问题等。在实际制造时，这些问题就会显露出来。为了能够制造，工艺工程师需要按自己企业的具体情况，重新将设计图转化成制造图纸。这就是设计图和制造图不一致的根源。假设同一个产品、同一个三维数模交给两个工厂生产，结果是这两个工厂的生产图纸是不一样的，生产出来的产品自然就有差异，产品的一致性和质量稳定性就不好，对该产品的使用、维修、维护等都造成很大的影响。

要解决上述问题，需要解决单一数据源的问题。实现了单一数据源才具备了实施智能制造的条件。我们可以参考一下汽车行业的解决方法。汽车行业采用了"同步工程"的方法进行设计，就是说在设计目标确定之后，设计过程是根据工艺能力进行的。也就是说，设计和工艺是同时介入的，所以叫"同步工程"。在设计过程中，工艺工程师随时评估设计结果，如果工艺工程师觉得难以达成设计目标或实现成本超过预期，则需要退回修改，直到设计和工艺双方认为设计可以实施了，然后才开始进行样车试制。样车制作完成后开始测试，样车测试包括产品性能测试和工艺性测试。两者都通过评定之后，将设计的数模、工艺下发到预批量车间进行试生产。试生产的目的是验证样车工艺在大批量生产时的可行性、可靠性和方便性。通过了试生产的数模、图纸和工艺才可以正式投入生产，这时所有设计资料和生产工艺资料就冻结固化，成为正式资料。这个过程确保了所有资料来源于唯一的单一数据源。

在正式生产时，可以在一个工厂生产，也可以在多个工厂同时生产，但任何一个工厂都必须使用该数据源，这就保证了生产的统一性及产品的一致性。

五、智能研发过程的仿真与工艺数字化

汽车行业具备完整的开发流程，其开发成本也能支撑设计、样机、试生产等全部流程。但对于其他中小批量生产的企业而言，采用传统的手段肯定无法实现，而通过智能制造的智能研发过程，采用仿真的方法可以很大程度上实现上述过程。仿真包含了虚拟仿真、半实物仿真、实物仿真等各种手段。尤其是通过半实物仿真，进行半实物验证，可以在设计的同时模拟生产过程、使用状态等。所谓半实物验证，就是将那些比较明确、成本很高的部分用数字模型来代替；那些暂未弄清的部分做成实物，通过一些仿真软件进行验证。半实物验证最早用在飞机制造行业，很多飞机都是半实物仿真的成果。通过仿真过程，可以大大缩短开发周期，降低开发成本。半实物仿真的结果不能保证100%正确，因此仿真仍然不能完全代替试制和试生产过程。高水平的半实物仿真可信度超过70%，

已经非常有效。

有了唯一的数据源，进行智能制造就会容易很多，因为单一数据源里有工艺，而且是数字化的工艺。智能制造真正要解决的问题是工艺数字化的问题，这个问题一旦解决，其他的都是成熟的技术，无非是如何正确地集成，使整个系统更加顺畅、更加有效率。当数据下行到车间之后，就是建设生产线的问题了。

六、建设数字化生产线

智能制造最后总要落在生产线上，因此，建设一条优秀的生产线至关重要。一条生产线包括了三大部分：生产传输系统、工位设备和信息系统。工位设备基本上以非标设备为主，要按产品、工艺和生产习惯专门定制；生产传输系统一般是标准设备，根据工件大小、重量和生产节拍等因素选用；信息系统最能契合智能制造大部分专家的要求，但生产信息系统却是最固定的，基本上所有的数字化生产线都一样。图 8-6 是某汽车厂车身焊装车间主线平面图。该线采用高速台车（Versa Pallet）传输，采用机器人上料和焊接，多车型自动切换，自动化率为 100%，节拍为 60JPH。

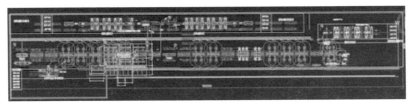

图 8-6　某汽车厂车身焊装车间主线平面图

在一个典型数字化生产线的控制系统架构中，信息系统 PLM/ERP 与 MES 集成，MES 通过与生产线控制上位系统 AMS（Assembly Management System，生产线管控系统）集成。AMS 管控生产线的所有数据，同时对线边库、AGV 等进行调度和监控。这样可以保证打通智能工厂的五层网络。

什么样的工厂可以算作智能工厂？或者说建设智能工厂的意义在哪里？西门子最早的说法是虚实结合，实现数字孪生。我觉得这种说法不完全正确，甚至可以说基本不正确。因为这两点是一回事，实际上还是讲手段，就是实现信息透明化。建设智能工厂最终的目标肯定不是"信息透明"，而应该是"过程可控"。只有过程可控，才能真正制造出合格的产品，才能降低成本、提高效率。因此，智能制造的核心应该是"透明可控"，智能工厂的根本特征是"信息透明 + 过程可控"。后来西门子借鉴了我的这一观点，他们现在提出的智能工厂的特征也是"虚实结合、透明可控"。

为什么要建设智能工厂或者智能车间？纵观世界工业的发展和德国提出工业 4.0 的背景，我觉得智能制造不仅仅是为了满足产业升级的需要或提高产品质量、提高生产效率等。我个人认为根源在于工艺数字化的问题，因为数字化的工艺，可以传承、可以复制、可以降低对个人操作技巧的依赖。因此，未来的优秀工匠并不是有特殊技能的高级操作技工，而是深入了解制造工艺的工程师。

过去我们培养优秀技工，除了基本的理论知识外，更多地是培训操作技巧。传统上操作技巧是通过师傅带徒弟这种模式进行传承的，这实际上是一个模拟过程，师傅描述自己在操作过程中的感受，更多地是定性的而不是定量的，也就是说不是一个数字化过程。每个人的体会差别很大，所以很难培养出一个优秀技工。一旦将工艺数字化，比如要求轴孔的间隙是 0.02~0.03mm，只要把轴和孔的尺寸测量正确就很容易做好。

09 / 第9讲

航空领域的制造之美

刘亚威[○]

本讲主要围绕未来航空智能制造转型的挑战与机遇这个话题交流如下三点内容：

第一，未来的航空制造业是什么样子的？这个问题很大，仅从一个动态的角度来讲，可能就是从复杂到简单。航空产品本身很复杂，而且其制造体系与使用环境更加复杂。如何应对这种复杂性的挑战？那就需要将其背后的运行逻辑抽象出来。未来航空制造业对智能制造转型的需求，肯定不仅是德国工业4.0所提到的内容，因为德国不是航空产品的设计和集成者，德国企业更多地是参与供应链条中间的增值环节，所以它提出的智能制造肯定有它的局限。而我国致力于建设完整链条的强大航空工业，因此我们的航空制造业有自己的特点。

○ 刘亚威，先后毕业于清华大学精密仪器与机械学系、北京航空航天大学航空科学与工程学院。中国航空工业发展研究中心副研究员，长期从事先进制造技术、数字工程和智能制造、制造业创新和制造成熟度方面的研究，主持相关领域课题研究十余项，参与《〈中国制造2025〉重点领域技术创新绿皮书》及五大工程实施方案中航空领域内容的编写。

第二，航空制造的智能转型应如何实现？简单点说，在数字化技术成熟之前，都是在物理世界中实打实地干——不论是厚厚的图纸还是昂贵的样机；后来开始"虚"化——数字化设计和数字化制造，先仿真优化再进行物理实现。现在我们认识到，除了虚和实，还必须将"人"这一因素纳入其中，并且三者要进行交互。智能往往就体现在很难看到的东西。我们以往很喜欢硬件，表面光鲜，但是在"软"的方面能力偏弱，没有软件、没有模型、没有数据，甚至很多流程都不规范。

第三，我国航空工业的智能制造转型有什么特点？我们以前常见的做法是：别人有什么我们就要买什么，设备都是买最好的，但是不知道自己到底有没有相关的需求，设备能不能充分发挥作用。美国 F-35 战斗机是世界上最大的武器项目，有几千架的订货量，预算充分。洛克希德·马丁为 F-35 的机身装配建造了一个巨大的工厂，而且是单元化、自动化的生产线，仅进气道钻孔就由两台机器人和自动化工装完成。然而，我们肯定要结合国情来建设，目前国外很多已经比较成熟的工艺我们还不具备，必须从材料机理和大量试验入手进行基础的数据和知识积累，而且基础工业水平也限制了我们的创新。

一、未来航空制造业

就像上面讲到的，我们要首先认清两个事实：第一，航空制造业的复杂性很大程度上体现在航空产品同时与三个复杂大系统产生交互，一个是制造体系——社会生产，另外两个是运行环境——军事作战和民航飞行；第二，航空产品制造确实是关键，但不是全部，因为一般来说，航空产品研制时间要 5 ~ 15 年，生产花费 1 ~ 3 年，使用和保障周期可能长达 20 ~ 40 年。

因此，未来航空制造业面临的一大挑战就是处理这种复杂性，而智能制造转型的机遇就在于回归简单性。我们以美国空军提出的一个经典的 OODA 循环理论为例进行介绍。OODA 即军事作战中的"观察—调整—决策—行动"，该循环是根据人脑的决策过程建立的模型，也是战斗机飞行员在复杂空战环境中完成一系列作战行动背后的逻辑抽象。这个用于空战的理论既可以指导商业竞争和企业运营，也可以指导社会生产和工厂制造，因为它们背后都存在类似的逻辑。在智能制造中，一般会讲到感知—分析—决策—执行，即 SADE。你会发现 OODA 和 SADE 在本质上有很多相同之处，特别是从 DIKW 模型的角度，DIKW 就是"数据—信息—知识—智慧"金字塔体系，它可以帮助我们更好地理解智能制造。

下面简要看看复杂性的三个方面：

首先，是大量军用航空产品要与军事作战这个复杂体系交互。我们都知道，战场环境极端复杂。特别是现代高科技战争，战况往往瞬息万变，从地面单兵到空中战斗机编队，每时每刻都可能遇到新的对手和战术。因此，现代战争非常重要的一点就是 ISR——情报、监视、侦察，这就是一个利用各类传感器感知战场变化、敌方动向和我方状态的过程。这一过程产生了海量情报数据，不论是单兵，还是各类武器装备，都会实时收到大量未处理的数据或者已经初步加工过的信息，这些信息可能直接是可视化的、可以指导下一步行动的，也可能仍然需要进一步处理成为可用于分析判断当前形势的信息。之后，就要以最快的速度由这些信息得出下一步应该如何行动的结论，对于战斗机几乎就是瞬时响应，否则就会错过最佳攻击时机甚至被敌方火力击中。行动方案确定后，还要高效执行任务，实施精准打击，让作战行动能够完全达到目标。如果有读者玩过《星际争霸》或《魔兽争霸》等即时战略类游戏，就会有更直观的感受：从派兵侦察到分析敌方策略，从攀科技（游戏术语，意为"升级科技以便建造高科技的建筑和兵种"）、爆兵（游戏术语，意为"快速训练很多单位"）到指挥大部队进攻，这就是一个典型的 OODA 循环。美军曾经提出的网络中心战是一个典型的联合作战场景，预警机作为中心网络节点，与卫星、战斗机、无人机、直升机、航母、地面雷达、坦克等作战单位进行数据信息交互，可见航空产品在这复杂作战场景中的作用。

其次，是所有民用航空产品要与民航飞行这个复杂体系交互。几乎所有国家主权空域都划分为军用和民用，有限的民用空域都在民航管理部门的管制之下。我们如果关注过雷达图就会发现，空域中的航路是如此稀缺，每一次飞行时都可能会遇到复杂的天气情况和空域管制，包括近来越来越多的无人机"黑飞"，飞行计划可能随时有变。美国交通部、联邦航空管理局（FAA）、国防部、国土安全部、商务部、国家航空航天局（NASA）以及总统科技办公室等部门联合推动建立的下一代空中交通系统（NextGen），就是要应对这一复杂局面，通过网络中心基础设施，实时分析来自各部门的相关数据，提供包括飞行规划、分层级自适应安全服务、定位/导航/授时服务等多种多样的服务。航空产品必须能够随时与整个系统交互，双向传递关键数据和信息，以便在不影响其他飞行器运行的前提下更好地优化飞行轨迹，最终目标就是每家航空公司都能够提供高效优质的航线运营服务，提升顾客满意度。

最后，航空产品生产与社会生产是紧密交互的，波音 787 机体工作包主要供应商就来自 8 个国家，供应链上更是有数百家企业，覆盖包括中国在内的全球生产体系。每家民航公司对同一款飞机的具体要求都是不同的，主要反映在发动机、座舱布局、内饰和涂装上，特别是座舱布局，这与车辆的定制是完全不一样的，因为车上的座位数不能改变，而飞机上可以有全经济舱、增加部分公务舱和头等舱等多种布局需求，这就对工厂生产提出了更复杂的要求。美国智能制造领导力联盟提出的一个未来生产场景中，工厂与企业的商务系统（如 ERP）、供应链、分销商和客户，甚至智能电网都存在着复杂的交互，共同构成一个经济可承受、可访问、创新、安全、智能、无缝的协作网络。庞大的供应链可能是非常脆弱的，波音 787 有几次大的延迟都归结于供应商环节出现了问题，而且出现任何问题都要第一时间响应、分析原因、调整设计或生产、部署新方案，就像前几年波音 787 锂电池着火和波音 737 MAX 坠机一样，动作稍慢就会造成灾难性的后果。同时，这么长的生产链条，生产中如何降本增效是一个关键问题，波音 787 全球外包策略本意是风险共担、成本分摊，结果前期混乱的供应链反而大大增加了管理成本。

　　上面的挑战各行各业都会遇到，只是不一定有航空产品这么复杂。各国和业界为了应对这些挑战，推出了一系列顶层、系统化工业解决方案，其中最有名的就是德国工业 4.0 和美国工业互联网。两者面向各自关注的业务领域也推出了参考架构 RAMI 4.0 和 IIRA。甚至为了打消客户的疑虑，在 2016 年 3 月，工业 4.0 平台和工业互联网联盟的专家坐到了一起，解决两个参考架构的互操作问题，让更多企业可以同时从两个方案中受益。对这个事件感兴趣的读者可以搜索笔者撰写的《工业互联网联盟与工业 4.0 平台的合作始末》一文，看看两大组织是如何在统一技术需求上面展开合作的。近年来所谓"云大物移智"的迅猛发展，这些解决方案中的各项技术越发成熟，很多标准、IT 架构、建模语言、软件工具、硬件设备、运行和保障解决方案，几乎都已就绪。这就使上述挑战的解决看上去更加简单，因为它们的内在技术需求可以说是统一的：都要求对各种复杂的环境、产品、生产状态实现全面、动态的感知，并且实时地通过模型对感知数据进行高质量的分析，在此基础上自主或者半自主地寻优并进行决策，通过精确控制手段高效、精准地执行完成。现在只需要抽象最基本的逻辑，利用越发成熟的技术和系统的解决方案，就可以将复杂挑战一点点解耦并用简单的技术和方案组合来解决。

　　利用这些技术和解决方案，小到制造设备、单元，大到生产线、车间、工厂、企业，甚至价值链级的制造系统，如果想实现上述的动态感知、实时分析、自主决策、精准执行，系统方案的功能其实是相当统一的，这就使复杂性的应对具备了另一层的简单性。不论是哪个层级的系统解决方案，目标都是其交付产品和服务的进度、性能和成本，追求上市快、口碑好、利润高是企业从事生产活动的天然追求，动态感知、实时分析、自主决策、精准执行也就是各层级制造系统要实现的根本功能。航空工业智能制造的典型特征目前就定位在这里：①动态感知——即全面感知企业、车间、设备的实时运行状态；②实时分析——即对获取的实时运行状态数据进行及时、快速的分析；③自主决策——按照设定的规则，根据数据分析的结果，自主做出判断和选择；④精准执行——执行决策，对设备状态、车间和生产线的运行做出调整。这里的智能制造概念相对狭义，不过作为指导航空制造厂实施智能制造还是较全面的，当然，人的要素及其作用在这里还没有体现，绝大多数智能制造系统还是会"人在环路"，仅仅是各层级系统无缝集成还不够，可能还需要将人无缝融入这些系统中。

我们再来好好研究一下"感知—分析—决策—执行"的循环。感知，即通过各类传感器获得大量数据，比如对于一个遍布传感器的增强机床，机床、刀具、产品、工艺相关的数据都会感知到，可能包括力、加速度、声、温度、尺寸、表面、功能等各类数据；分析，即通过一定的算法，对不同类型的数据进行特征提取或模式识别，分析出有用的信息，比如刀具偏差、刀具磨损、表面粗糙度等状态和趋势信息，这些信息能够支撑人或者机器进行下一步的决策；决策，实际上是使用知识通过逻辑推理进行趋利避害选择的过程，比如根据刀具磨损趋势，决策最佳换刀时机，使其既不会造成零件损坏也不会出现过早换刀的情况，当然，能拥有这样的知识，肯定也是通过许多的试验、经历一次次失败；执行，实际上本身也包含无数小的"感知—分析—决策—执行"循环，从而能够把决策规划好的动作优质完成，比如自动换刀，利用机器智能就可以完成得很好，但如果跳出这个约束，考虑换什么样的刀才更加经济、高效，那就是人类智慧才能达到的高度了。机器智能和人类智慧都利用知识，但后者显然更具创造性。

这实际引出了更有名的 DIKW 模型："数据—信息—知识—智

慧"。美国航空航天工业协会对这个循环的描述是：数据在机器与机器之间传递，在一定的背景环境和元数据体系中，就会成为对人和机器都有用的信息；信息在机器与机器之间、人与机器之间传递，掌握足够的信息就会触发、形成知识；知识在人与人之间、机器与人之间传递，机器存储显示知识，人类拥有意会知识，利用知识做出好的决策是智慧的体现；而智慧，只有人类拥有，机器最多只能拥有智能。总的来说，就是智慧适当地使用各类知识，知识是不断捕获有用的信息形成的，而信息是以某种方式得到管理/保存的数据。这一点很重要，因为这通常反映了智能制造的一个误区，即把人与智能制造割裂开，忽视了智能智慧协同、同时利用数据与智慧创造价值的意义。这应该也是现代工业制造的一个永恒主题。处理人与机器（自动化）的关系，对智能制造尤为重要。

通过航空产品的生命周期和运行环境这两个事实，我们认识到了未来航空制造业的挑战与机遇，其实也就是如何处理"数据—信息—知识—智慧"循环的问题，而这些问题的解决方案基本可以抽象为"感知—分析—决策—执行"过程。那么接下来，就要看看面对挑战，我们需要拥有什么，需要建立、补充、加强什么。

二、航空智能制造转型

航空制造业从来不乏创新：数控机床最早是美国空军为加速战斗机制造而投资开发的；联合技术公司（即现在的雷神技术公司）1982 年就获得了金属增材制造的首份专利并用于发动机快速原型制造；经典的增强现实应用连同"增强现实"一词本身是波音公司为加速 777 飞机布线而在 1990 年发明的；经典的库卡柔性关节协作机器人是德国航空航天中心自动化研究所为航空应用而开发的；数字孪生概念最早是美国国家航空航天局和空军研究实验室为提升飞行器机体结构寿命管理而提出的。我国也是如此，和谐号、蛟龙号、长征火箭等高端装备都有航空技术的大力支持，因此向智能制造转型既有强烈需求牵引，也有前沿技术推动。然而，我国航空制造业也亟须改变组织管理模式和流程，才能实现真正的转型，其中，线性的研发流程和刚性的生产体系就是需要变革的。

从技术角度讲，航空制造业以往建立类似于智能制造的数字化、自动化制造系统时，可能出现几个问题：一是重硬件轻软件建设，投入重金在高端设备采购上，但是对驱动它们高效生产的软件条件（包括模型和数据方面）考虑不足，设备利用率和综合效率不高；二是重功能轻接口优化，拥有不少先进的生产单元，但是单元内部要素之间以及单元之间的接口关系（特别是人）并未梳理清楚，也没有设计妥当，整个系统运行充满了瓶颈；三是重结果轻过程控制，生产线产能高并不意味着过程能力（如一般称为工序能力指数的 CPK）的优秀，当前很多质量、进度和成本问题归根结底还是过程控制不到位的结果。在航空智能制造转型中，有三个支撑系统的建设可以帮助我们弥补这些不足——数字工程生态系统、赛博物理生产系统、智能人工增强系统。这三者大致可以归入数字虚体、物理实体和意识人体的范畴，下文会具体介绍。

在此之前，我们先来看几个经常能看到的概念——Digital/Intelligent/Smart Manufacturing，这三者用来描述智能制造其实都不全面，但是各有侧重。Digital，即数字化，是从使能角度描述，强调了软件、数据、模型的全生命、全领域、全过程应用，强调了工业 4.0 时代的"新兴"资产；Intelligent，即智能化，是从功能角度描述，重在集成各类智能化的感知、分析、决策、执行关键技术，形成系统层级的部署；Smart，就是聪明，《机·智》一书中赋义为"智巧化"，是从运行角度描述，重在实现精益、高效、降本、节能目标，基于数字化和智能化实现。所以，航空智能制造应该在数字化制造使能基础上，以智能化制造系统实现制造的智巧化。

智能制造里的基本元素，物理实体是最重要的，包括人、机、物，智能制造要实现三者的自我状态感知以及三者之间（包括机-机之间等）的互联，这是基础，然后再向"数据—信息—知识—智慧"这个过程的自组织、自优化前进。数字虚体、物理实体和意识人体的"三体"智能理论，智能制造要创造并用好三者之间互动的接口，实现各层级智能制造系统运行的最佳涌现性。

　　对于航空制造业来说，我们一直强调观察美欧航空航天与国防工业，因为这个行业总是能够催生前沿技术和模式变革，包括数控机床、虚拟现实/增强现实、3D 打印、基于模型的系统工程。特别是美军，美军实际上是世界上最有钱的客户，每年有几千亿美元的预算投入技术研发与装备采办中，它的需求和它的做法，实际上推动和引领了复杂系统智能制造的发展。美军对武器装备的需求是一贯明确的——以"更少"（时间和成本）实现"更好"（性能和质量）。为此，以美军为首，伴随着 20 世纪的第三次工业革命，传统的建模与仿真、基于仿真的采办和基于模型的系统工程（Model-Based Systems Engineering，MBSE）陆续提出并得到广泛应用。到了21 世纪，美军自己认为的第四次工业革命，核心是数字工程，这让数字化以新姿态登上舞台。美军版工业 4.0 有几大特征，包括全面实施的以模型为中心的技术和管理流程，从需求论证到保障退役（从摇篮到摇篮）的数据无缝双向传递，制造系统中泛在的 C4ISR（Command，Control，Communications，Computers，Intelligence，Surveillance，Reconnaissance，即指挥、控制、通信、计算、情报、监视、侦察），柔性的自主化运行与有人/无人协同运行。总结起来就是：模型贯穿、数据驱动、网络中心、智能（机-机/人-机）协同。这些特征就像之前说的，将更复杂的作战运行理念引入制造运行中。受美军启发，航空智能制造应具备三类核心技术簇：跨生命周期的数字工程生态系统、赛博物理生产系统，以及不可或缺的智能人工增强系统。数字工程生态系统是美军 2018 年发布的《数字工程战略》中提出后为波音、洛克希德·马丁等军工巨头接受的概念，它建立、维护并使用装备系统的权威模型源和数据源，以在生命周期内可跨学科、跨领域连续传递的模型和数据，支撑系统从概念开发到报废处置的所有活动。它的核心是数字线索，一个软件使能、数据驱动、基于模型的全生命周期分析框架，无缝连接各阶段的"数据—信息—知识"系统，支撑最佳决策。赛博物理生产系统的概念已经随工业 4.0 为人熟知，它利用数字线索，支撑制造过程中的"动态感知—实时分析—自主（科学）决策—精准执行—学习提升"。智能人工增强系统由数字线索支撑，提升人类对复杂系统和过程的理解和洞察，利用知识发挥人类智慧实施创新，确保任务高效无误地执行。

先来看看第一个核心技术簇——数字工程生态系统（或称数字线索）（图 9-1）。洛克希德·马丁公司复杂的联合攻击战斗机 F-35 项目是美军历史上最大的采购项目，数千亿美元的总经费使其能够建立非常复杂的技术体系，并拥有庞大的管理系统，数字化技术在技术和管理流程中的使用就是它的一大特点，数字线索的概念最初也是从这个项目中提出来的。对于技术流程，F-35 在项目范围内实

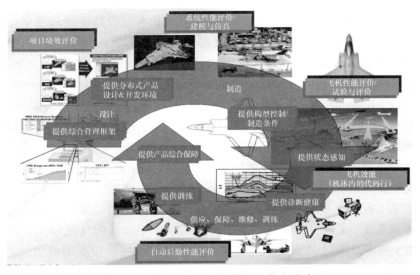

图 9-1　第一个核心技术簇——数字线索

（来源：洛克希德·马丁公司）

现了单一真相源和产品生命周期管理（PLM），建立了全面的数字样机和跨生命周期的数字线索，装备的设计、大量分析试验、制造和装配过程、工厂布局和运行规划、使用和保障过程等全面利用数字模型和实时数据，支撑了对性能和绩效的仿真。对于管理流程，设计时，数字工程生态系统提供了基于数据和模型的综合管理框架，建立分布式产品设计和开发环境，支撑了项目绩效评价和系统性能评价等；制造时，提供了构型控制和数字制造条件，支撑了飞机性能评价和试验与鉴定等；使用中，提供了状态感知信息技术，以及健康诊断信息技术，支撑了飞机效能评价等；后续供应、保障、维修、训练中，提供了训练能力和产品数字综合保障条件，支撑了自动后勤性能评价等。可以说，虽然投入不菲，而且也出现了不少问题，但 F-35 项目仍是航空智能制造的一个标杆。

　　这样一个数字工程生态系统，实际上就是为航空装备构建了一个数字替身，如果融合了物理世界的实时数据，就成为数字孪生，这些都属于数字虚体。数字工程生态系统需要高级建模仿真技术和平台的支撑（图 9-2）——从软件环境上，要能实现多尺度建模、多逼真度模型构建、多物理联合仿真、多专业集成优化；从硬件环境上，要能实现高性能计算。我们来看波音公司给出的一个多尺度建模的例子，从系统工程角度来讲，飞机设计可以从全尺寸水平的设计向下，层层分解到部组件设计，以及结构元件设计，甚至还有材料构型设计和材料组分设计，那么就涉及分子水平的设计。先进建模技术已经可以支撑从分子级模型到飞机全尺寸模型的建模。分子尺度建模用于材料开发和制备工艺开发；材料微观建模可以了解材料的可制造性、验收检验的接受和拒绝标准，以及无损测试的标准；通过元件建模可以计算材料的力学性质、结构发生破坏的环境，以及缺陷造成的影响，从而确定设计许用值；通过组件建模，可以利用设计值，以及耐久性与损伤容限（Durability and Damage Tolerance，DaDT）方法，对结构强度和失效模式进行分析验证；基于部件建模进行的计算，可以进一步获知结构性能和损伤容限，进行虚拟的静力和疲劳试验，以及相关分析验证；而利用全尺寸建模，能够完成整机级的静力、疲劳、地面振动和飞行的虚拟试验与仿真。

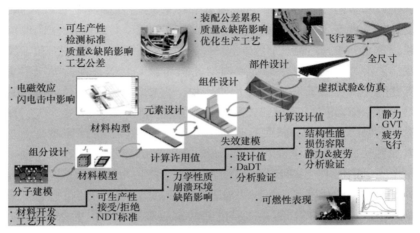

图 9-2　数字虚体——高级建模仿真"建造前飞行"

（来源：波音公司）

此外，这种连续的建模仿真还能够分析以下内容：材料的可燃性；结构的电磁效应，以及闪电击中的影响；设计的生产性、检测标准、成形和加工中出现质量和缺陷问题的影响，以及工艺设计的公差；装配公差的累积、装配质量和缺陷的影响。重要的是，这样的数字替身是一个连续传递的统一模型，对装备系统各层级的表达是多尺度的，动态收集的数据也可以融合在模型中，随系统工程流程无缝流动。这样的功能层层分解、设计，再将设计层层分析、验证，就能在数字空间完成大部分工程分析。再加上多逼真度建模能力、多物理量联合仿真能力、多专业集成优化能力，将真正构建装备系统的全面、完整的数字替身，替代或优化大多数物理试验，实现"建造前飞行"。数字工程生态系统，通过在数字空间提前解决大部分工程问题，并完成大部分生产规划，从而能够更快、更经济地探索实施方案，得到最优设计，更快更经济地完成系统综合和验证，真实制造，并交付上市。

　　美国空军和国家航空航天局（NASA）2009 年开始关注数字孪生概念；2011 年，NASA 和美国空军研究实验室（AFRL）联合启动了飞行器机体数字孪生研究计划，数字孪生在航空制造业正式登场；2013 年，美国空军发布《全球地平线》顶层科技规划文件，将数字孪生发展视为"改变游戏规则"的颠覆性机遇；2017 年，洛克希德·马丁公司将数字孪生技术列为 2018 年影响军工领域的六大顶尖技术之首；2018 年，美国国防部牵头成立的数字制造与设计创新机构将数字孪生列为年度战略投资重点之一，波音则在"全球产品数据互操作峰会"上提出了在数字孪生概念支撑下，将系统工程"V"字模型演进成基于模型的复杂组织体"钻石"模型。通过在航空装备或生产线的三维数字模型中导入实际制造、运行、使用和维修保障数据，这些数字替身模型就升级为数字孪生模型。以往航空装备和生产线的三维数字模型在制造完成之后可能就束之高阁了，然而，数字孪生则让这些闲置模型进一步发挥巨大的作用。从本质上讲，数字孪生模型是对真实世界的数字化镜像，利用它可以实时模拟和预测真实装备或生产线的行为，从而在装备质量管理、生产管理、健康管理、生命周期管理模式方面带来变革（图 9-3）。

　　自 2015 年起，空客公司为增加飞机生产速度、提升资产管理效率，在 A400M、A350XWB、A330neo 飞机工厂陆续部署了"智能空间"工业物联网平台，使实际生产活动与制造执行和规划系统相连接，以提前规划和调配制造资源。该平台通过实时采集生产线运行状态数据监测工厂空间中的交互，将数据映射到生产线三维模型上，构建其数字孪生模型，通过模型和数据将实际生产流程和移动的资产精准呈现。空客通过在关键工装、物料和零部件等感兴趣的位置上安装无线射频识别（Radio Frequency Identification，RFID）系统，采集相关数据，生成了生产线的数字孪生模型，通过三维模型的变化实时监测生产线运行，可比采用视频获取更多的信息，实现对数万平方米空间和数千个对象的实时精准跟踪、定位和监测，借助模型仿真优化运行绩效，并且支持远程故障诊断，从而能够让空客更好地管理工厂资产。2017 年 12 月，洛克希德·马丁公司也宣布在 F-35 战斗机沃斯堡工厂应用了同样的工业物联网平台，以全面优化生产过程，提高生产效率，有效控制成本，支撑 F-35 将生产周期从 22 个月缩短到 17 个月，以及将单机成本从 9460 万美元降低到 8500 万美元及以下。

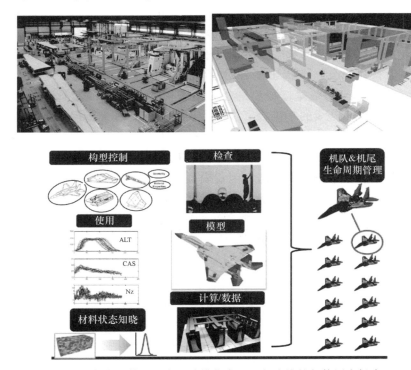

图 9-3　数字虚体——高级建模仿真"运行中维护与使用中保障"
（来源：空客公司，美国空军）

第二个核心技术簇是赛博物理生产系统（图 9-4），可以说是德国工业 4.0 计划智能工厂的核心建设目标之一。赛博世界和物理世界的界面在传感器和作动器，即通过通信实现感知和执行，分析和决策一般来说在赛博世界通过计算实现，而物理世界是赛博世界控制的对象。分析和决策是依靠数字工程生态系统，因此需要对原物理生产系统进行改造，集成传感器和作动器等硬件以实现赛博和物理世界的连接。我们还是来看 F-35 战斗机，基于双机器人协作的单元化装配是 F-35 机身装配的一大特色。长 2.745m、最宽仅 0.5m 的 S 形进气道的钻孔过程，综合使用了实时测量技术、自动定位技术以及机器人协作技术，在单元化钻孔系统中使用测量机器人实时、精确地调整钻孔机器人的位置。该系统有两台机器人，一台在一端钻孔，另一台在进气道的另一端测量其位置。测量机器人使用激光三角传感器的检测头在钻孔前，根据进气道的位置指导钻孔机器人，根据孔的位置调整钻头位置，钻孔之后测量孔的位置和尺寸。该系统可以引导机器人在 13.97μm 的绝对定位精度内自动完成一个进气道超过 800 次的钻孔操作，并实现 ±17.78μm 的重复定位精度。

图 9-4　第二个核心技术簇——赛博物理生产系统
(来源：诺斯罗普·格鲁曼公司)

F-35 机身装配线体现了"状态感知、实时分析、自主决策、精准执行"的智能制造特征，通过它就可以看到未来智能工厂的大致样貌，理解赛博物理生产系统的概念：1）单元化制造——装配线是完全的单元化生产线，通过精益设计优化布局，使部件运输和物料配给路线达到最合理；2）无人化运输——通过自动导引车（Automated Guided Vehicle，AGV），将部件甚至工装自主地从上游运到下游，然后通过柔性工装自动将部件精确定位；3）网络化协同——装配线遍布各类传感器，以及网络通信能力，AGV、工装、机器人，以及加工、测量、检测设备通过网络连接起来共同执行任务；4）自动化钻孔——对于复杂隐身结构的钻孔来说，人工操作的可达性和精度都无法满足要求，唯一可行的方法是可精准操作的机器人；5）在线化测量——无论是钻孔还是对接，都需要实时感知绝对位置，反馈给分析和决策系统，使执行端严格按工艺输入操作，原位、在线测量确保了这一点；6）智能化监测——除了传感器获取状态数据分析报警，以往负责钻孔的工人现在变成钻孔单元的管理员，通过各类可视化手段监测着单元内的一切活动，确保单元正常运行或出现故障时迅速分析、现场处理。

这里的重点就是物理实体，即如何打造智能装置、智能设备。第一个解决方案，就是"天眼"，由各类传感器网络组成的工厂级情报、监视、侦察（Intelligence，Surveillance and Reconnaissance，ISR）系统。美国空军 2012 年在其"未来工厂倡议"中提出了"天眼"一词，在《鹰眼》、《全民公敌》和《终结者》等影视作品中，都有类似的监控整个城市、国家甚至地球的网络化传感器系统。在未来工厂中，"天眼"可以洞察所有制造活动和制造资源，采集继而分析一切有用的数据，支撑后续的工厂级指挥、控制、通信（Command，Control，Communication，C3），实现赛博物理生产系统的功能。我们还可以看一下 GE 公司燃气轮机部门提出的"卓越工厂"计划（图 9-5），它贯彻了 GE 工业互联网的理念，提出利用类似"天眼"的手段监控工艺过程和生产运行，实现能量管理、耗材管理、工艺优化和设备健康管理。能量管理方面，遍布工厂的环境和安全等传感器可以支撑电力、工业废气、建筑物耗能、压缩气体等的管理；耗材管理方面，通过 RFID、数字化测量等技术可以支撑耐用品和刀具寿命等的管理；工艺优化方面，通过遍布机床的切削力等传感器可以支撑工艺数据分析、刀具磨损跟踪、全局设备效率提升等；设备健康管理方面，通过遍布生产线的传感器可以支撑生产维护计时器和车间仪表板的实时可视化。

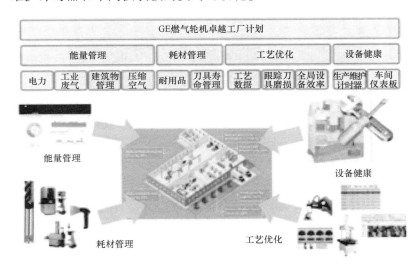

图 9-5　物理实体——智能装置/设备 GE "卓越工厂" 计划

（来源：通用电气）

第二个解决方案是 "神手"，即可以执行各类复杂操作的机械臂执行器（图 9-6）。航空制造正在推动新概念工业机器人的发展，这些机器人可以实现诸如柔性装夹、自动定位、实时检测、智能推理、自主学习等功能。航空制造的特点决定了必须针对特定部件和工艺定制开发制造机器人，当前还有一些领域亟待新型机器人解决方案以提升效率和精度，如狭小空间装配、极端尺寸装配；同时，还存在一些不能完全由机器人替代人类完成的任务，需要人类和机器人在同一区域共同工作。美国国防部认为下一代机器人就是自主式协作机器人，主要包括固定位置协作机器人和自由移动协作机器人，能像工友一样与其他机器人或人类在一起工作，无需围栏的防护。更先进的自主式协作机器人还可以通过观察操作演示来学习并调整其功能，敏捷地变换用途。任务适应性的提升将使航空制造商以高生产率的柔性机器人系统，应对多品种、小批量生产。

图 9-6　物理实体——智能装备/设备"神手"

（来源：美国空军，空客公司）

2015 年，达索系统公司与美国威奇托州立大学国家航空研究院共同建立了 3D 体验中心，在一个长方体空间内设置了由 9 台 ABB 机器人组成的多机器人先进制造协作示范线。其中，4 台机器人安装在空间两侧的地面轨道上，2 台机器人安装在其中一侧的龙门轨道上，还有 3 台在空间外部，可以 3D 打印短切纤维复合材料，还可以执行铣削、扫描，以及其他多种操作，加速生产，减少零件数量并消除制造浪费。2016 年，波音 787 后机身 47 和 48 段装配开始使用 QuadBots 多机器人协同装配系统，系统由 4 台装配机器人组成并且采用防撞功能支撑协作，每个机器人都可以钻孔、锪孔、检测孔质量、涂覆密封剂和安装紧固件，可将装配效率提升 30%。2020 年，类似的单台机器人也部署在洛克希德·马丁公司大名鼎鼎的臭鼬工厂，进行 NASA X-59 超声速飞机验证机的机身装配任务。

　　库卡公司的智能工业作业辅助轻量化机器人（LBR iiwa）由德国航空航天中心（DLR）机器人与机电一体化研究所于 1995 年开发并用于人机协作研究，之后联合库卡于 2004 年将其推向市场，并且获得 2016 年红点设计奖，DLR 将其用于 A350 客机热塑性复合材料构件的制造研究。库卡公司自 2008 年起开始推广其 omniRob 移动机器人，机器人在类似 AVG 的灵巧平台上集成了 LBR iiwa，DLR 的自主工业移动机械手（AIMM）对 omniRob 进行了优化，安装了集成立体摄像头的倾转盘单元和图案投影仪、基于 FPGA 的立体视觉处理器，能够在未知地形工作并且响应多种任务，实现自主化运行。2016 年，英国 GKN 航宇旗下福克航空结构和起落架业务部分别基于 omniRob 开展了人机协作研究，航空结构部针对 A350 外襟翼，让机器人拾起自动钻孔单元，并将其插入钻孔夹具，将员工从这类简单任务中解放出来从事更加复杂的任务；起落架部利用机器人在套管上均匀涂覆无泡沫的密封剂滴，减少操作时间并提升可重复性。2020 年，德国宝尔捷自动化公司展示了面向航空制造的自由移动人机协作机器人系统，包含自主研发的协作机器人和全向移动平台，可以通过模块化的末端执行机构，完成钻孔、打磨、密封等多种任务。同时，该系统还集成了数字孪生仿真功能，提供基于增强现实的人机交互手段。

　　第三个核心技术簇是智能人工增强系统（图 9-7），这可能是经常容易被忽视的智能制造要素，增强的操作员和与人的连接分别是工业 4.0 与工业互联网的三大特征之一。将人类连接到智能制造环境中来，利用丰富的信息来增强操作员的能力，是航空智能制造转型的重要方向。首先，我们来看智能机床，除了本身具备许多闭环的感知、分析、决策和执行功能，它还能增强机床操作员获取实时状态信息并确保加工工艺最优化的能力。一是人机交互支持辅助系统，工艺数据被实时采集，机床进行工艺监测、异常情况识别、异常情况分析，并将结果可视化提供给操作员；二是基于规则与经验的智能支持应用程序，将以往只有入门级载荷显示、没有工艺相关信息的显示屏，变为拥有工艺相关的力与扭矩等的用户界面，显示来自传感器信号的切削力、来自模型的切削力，以及模型比较，这些工艺相关的刀具载荷说明将为机床操作员构建优化加工工艺的知识。然后，我们再来看虚拟现实（VR）与增强现实（AR），这毋庸置疑是智能人工增强系统的重要组成部分，已经广为航空智能制造应用。其实，VR 和 AR 技术已经在航空制造业中应用超过几十年，随着技术进步和成本下降，这些技术将越来越多地应用在工程设计、制造生产、维护保障中。

图 9-7　第三个核心技术簇——智能人工增强系统
（来源：弗劳恩霍夫协会，洛克希德·马丁公司）

这里的重点就是意识人体，它实际上将人连接到了智能制造环境，以及知识管理系统，这样就能够给人类操作员提供更加丰富的数据信息辅助决策乃至经验技巧辅助执行（图 9-8）。航空工业需要大量的技巧型知识，并且非常依赖基于人的工艺。随着航空系统日渐复杂，设计和培训过程变得越来越短。在这个竞争激烈的环境中，利用一切可用的数据信息实现更简便、更快速和更安全的操作，从而节省时间、成本和能耗，将是一个关键的制胜因素。对于需要最高质量标准的航空产品制造和维护来说，便携、轻量、廉价的 VR/AR 技术是少数能够开启业界新视角的解决方案之一。连接到智能制造环境，可以提升操作员的状态感知能力，提升对任务的快速理解能力，提升宝贵的"虚拟"经验；而连接到知识管理系统，可以提升企业的知识重用水平，提升操作员的复杂操作能力，提升分析判断能力。下面以 AR 为例进行说明。

图 9-8　意识人体——虚拟/增强现实

（来源：空客公司，洛克希德·马丁公司）

一是基于 AR 的设计开发。在飞机座舱开发过程中，使用 AR
技术在通用的设计样机/销售样机上叠加虚拟的设计概念或用户配
置，能够迅速让设计人员和用户体验到最终效果，减少昂贵和刚性
的原型制作成本。空客联合戴姆勒公司开发了一套 AR 系统，能够
利用来自各类仿真软件的计算流体力学（Computational Fluid Dynam-
ics，CFD）、温度等数据输入，实现座椅空间气流、温度的可视化，
辅助设计人员进行座舱开发。二是基于 AR 的安装组装。飞机中的
复杂管路和长达数百千米的电线安装，以及连接器插装，是目前
AR 技术应用的主力战场，AR 系统通过强大的用户界面显示，能够
一步步地指导工人如何安装水管、如何布线、在哪里连接电缆。比
如，空客 A400M 的机体布线采用了空客自己开发的 AR 系统，使用
来自飞机数字样机的三维信息生成装配指令，以智能平板为界面指
导工人进行布线操作；空客 A330 客舱团队使用 AR 系统，帮助操作
人员降低装配客舱座椅的复杂度，节省完成任务的时间。三是基于
AR 的质量管理。一架 A350 上有 6 万个托架用于定位超过 500km 的
电线，另外还有数十个管路和液压管线，它们需要连接到复合材料
机身段上，检查它们的安装质量是个让人头疼的问题。空客开发了
"混合增强现实"（Mixed Augmented Reality，MAR）解决方案，让

工人可以访问飞机三维模型并将操作和安装结果与它们的原始数字设计进行对比，以检查是否有缺失、错误定位或托架损坏，极大减少了检查时间并降低了漏检率。

航空制造业一直在引领创新，但也迫切需要改变现状，加强软件建设、重视接口优化、做好过程控制，是航空智能制造转型的重要方向。现在，我们有了数字虚体、物理实体和意识人体智能理论的支撑，也有了数字工程生态系统、赛博物理生产系统、智能人工增强系统三个核心技术簇。接下来，就要更好地规划它们将支持什么业务、谁来使用它们、如何管理它们，将利益相关方和流程理顺，更好地利用它们实现智能制造转型。

三、航空工业转型实践

世界航空工业的智能制造转型使我国面临着不小的挑战，同时也带来了难得的机遇。我国航空工业发展参差不齐，从数字化、信息化的角度来说，飞机强于航电、强于发动机、强于机电，主机厂所强于系统厂所、强于成附件厂所。航空制造工艺也水平不一，从自动化、网络化的角度来说，强弱排序大体是装配、机械加工、钣金、复合材料、焊接、锻铸、特种加工、热处理及表面处理。因此，航空工业在实践转型时必须首先考虑三个问题：一是要不要搞"精装修"，各种软硬件、基础条件一步建设到位？二是要不要造"聚宝盆"，各类模型都建起来，各种数据都采集到？三是要不要用"全自动"，涌现一批无人工厂？我的看法有如下三点：一是采用系统工程方法，做好转型的需求论证工作，特别是优良的架构设计；二是贯彻经济可承受性思想，不仅关注功能、性能、效能，也要注重全生命周期成本，做好费效权衡；三是重视人与智能制造的关系，做好人-机等接口的融合，消除瓶颈，充分利用人类智慧创新和提升。

那么，目前航空工业在哪些重点领域应该走转型之路呢？应该说首推的就是数控加工。数控机床本身就是因冷战后飞机制造的需求而开发的。在智能制造转型中，数控工艺将得到深度优化，并且实现全自动化。智能制造的"动态感知—实时分析—自主决策—精准执行"的特征就是从欧盟智能机床的定义引申出来的。智能机床既具备感知、分析、决策、执行功能，在加工过程中可以采集力、加速度、声、温度、尺寸等各类数据，并可经由现场总线内部执行高性能计算，通过人机界面显示；机床采用开放式控制架构，能够进行实时通信和原位仿真，同时还具有学习功能，包括工艺控制、质量分析、故障诊断等。也就是说，未来智能数控加工的一个重要特征就是基于泛在感知的分析，这是可以即插即用改造提升的。

智能机床是典型的赛博物理生产系统组成部分，其背后的数字工程生态系统可以由高逼真度的物理特性模型来支撑。比如，对一个数控磨削工艺，现在可以对磨粒的形状和数量、尺寸和外形分布、粘结材料等进行建模，形成精确的磨轮形貌，构建高逼真度的磨削运动学模型，更好地仿真加工过程和结果。同时，采集实际的磨料规格、磨粒结构、磨轮形貌、磨削过程和结果等数据，进行虚实对比，可以不断修正模型，优化整个磨削工艺设计。切削工艺也是如此，现在波音、普·惠等企业都在利用面向对象的数控编程数据接口标准（STEP-NC），尝试直接将包含零件完整信息的三维数模包输入给机床读取零件特征，由机床自动进行数控编程从而完成切削工艺设计，然后根据传感器实时采集到的切削力等数据，不断分析优化加工模型形成最优工艺参数，甚至可以通过联网让不同机床相互学习，建立可跨企业分享的知识库。

然后，就是装配环节，这是航空制造中占据几乎50%时间和成本的漫长而复杂的过程，同时又要求在大尺寸、大质量下保持高精度、高效率，典型的就比如进行上百万次的钻孔和紧固，对接数十米长、数十吨重的机翼、机身部件，安装数百千米长、总数达十几万个之多的线束和零件。异种尺寸部件制孔方面，空客的"脉冲制造线"概念，通过精益布局、两台铆接机器人和一个"万能数控程序"，使不同大小的部件在同一移动生产线上智能完成装配。这个程序可以理解为一个智能目录，将部分指令片段提取出来配置到一个新的指令，专用于工作区内的特定位置。以 A350 机身壁板装配为例，7 个不同大小的壁板在脉冲装配线中顺序排列，壁板每执行一次自动脉冲移动，万能数控程序将赋予工作区的机器人新的指令，让它们完成不同脉冲批次的装配任务。极端尺寸部件对接方面，在波音 787 机翼与机身的对接中，通过托架式起重运输系统，工装中的 14 个自动定位系统的定位器组件分别被移动到各个部件托车附近，然后按照预定方案举起和移动部件，一旦这些工装系统被刚性地连接到一起，遍布于工厂顶棚和墙壁的室内定位测量系统就会定位飞机部件；根据测量数据，系统计算出飞机各部件需要移动的距离，以确保相邻部件的准确对接装配；利用这一整套自动化技术，787 机翼与机身的对接装配只需要几个小时。

狭小空间制孔方面，F-35 进气道制孔的例子已经充分说明了智能制造转型的成功。狭小空间布线方面，波音从 20 多年前就在研究 777 这样的双通道飞机布线，并发明了现在流行的经典 AR 系统构型。波音曾进行过一项研究，将实习生分为三组进行电线安装，一组配有台式机和 PDF 版本的作业指导书，一组配有平板和 PDF，另一组则采用显示在平板上的 AR 动画作业指导书。结果显示，AR 组在首次尝试电线安装时就比其他组快了 30%，且精准度要高 90%。波音还开发了基于谷歌眼镜的 AR 系统，对工人进行布线培训研究。目前，空客 A400M 的机身布线采用了空客开发的"月亮"（以装配为导向授权增强现实）系统，使用来自数字样机的三维信息生成装配指令，以智能平板为界面指导工人进行布线操作。空客自身开发的 MIRA 系统进一步支撑了布线的质量管理。

航空工厂每时每刻都产生海量数据，随着工厂要素通过泛在传感器和通信网络越来越多地连接到一起，这些数据的价值将得以体现，GE 公司提出的工业互联网概念就是最佳诠释。GE 航空正在飞机发动机上增强"智能"这个概念。发动机上的数千个传感器会收集发动机在空中飞行时的各种数据，这些数据传输到地面，经过智能软件系统分析，可以精确地检测发动机运行状况，甚至预测故障，提示进行预先维修等，以提升飞行安全性以及延长发动机使用寿命。工业互联网概念正通过物联网技术向航空制造中渗透，让手工操作变得更加智能。比如，空客公司正在打造的制造系统物联网，在飞机装配中将测量装置、铆接装置和上紧装置等智能设备无线连接到中央控制台以及工厂数据库，通过定位信息自动部署任务程序，通过位置和测量数据的实时分析与操作控制确保作业质量。进一步地，通过工业互联网，将发动机状态数据或工厂运行数据实时回传到发动机或工厂模型中，将模型与数据融合，就可以建立它们的数字孪生模型。

数字线索和数字孪生的价值已经越来越多地得到重视，它可以让虚拟模型与现实数据完美结合，让模型发挥更大价值。普·惠公司仅在两个发动机组件制造中使用数字线索，通过量化不确定性和面向波动的设计实现基于性能的产品定义，减少了废品和返工，每年预计可以节省高达 4200 万美元的成本。诺斯罗普·格鲁曼公司在 F-35 机身生产中建立了一个数字线索基础设施来支撑物料评审委员会（MRB）进行劣品处理决策，通过进气道数字孪生改进了多个工程流程：自动采集数据并实时验证劣品标签，将数据（图像、工艺和修理数据）精准映射到计算机辅助设计模型，使其能够在三维环境下可视化、被搜索并展示趋势。通过在三维环境中实现快速和精确的自动分析缩短处理时间，并通过制造工艺或组件设计的更改减少处理频率。通过流程改进，该公司处理 F-35 进气道加工缺陷的决策时间缩短了 33%。美国国防高级研究计划局（DARPA）设立的与数字孪生相关的前沿技术探索项目也已孵化成功为虚拟生命周期管理软件，能够通过使用数据预测零部件结构的裂纹增长，从而服务于产品健康管理。

工业互联网与人的连接，可以将人的知识和智慧导入数字线索，更好地服务于智能制造。当然要达到这一点，还需要软件、硬件与人的完美契合，比如 VR/AR 技术不仅仅是一个眼镜或者屏幕，其背后是由一个强大的计算与通信系统，以及数字线索支撑的。比如，洛克希德·马丁首先将 VR 技术用于 F-22 和 F-35 项目，仅沉浸式工程就为 F-35 项目节省超过 1 亿美元，投资回报率达 15 倍，在太空项目生产上每年节省 1000 万美元。而通过 AR 技术，空客正在研究让工人钻孔这个过程更加智能的工具，整套系统由 AR 设备以及钻孔、测量、上紧和质量验证四个工具组成。AR 设备的核心部分包括嵌入操作工人眼镜的高清摄像头、嵌入操作工人衣服的处理器，以及嵌入式图像处理软件。整套系统建立在具备视觉算法的工艺环境之上，每个工具都具备一系列功能，并且能够自动检查和校正，相关信息都将通过 AR 设备使工人能够知晓，以做出最佳的后续行动。人是智能制造系统的有机组成部分和智能制造转型之路的核心资产，VR/AR 技术也将是未来航空制造业提质增效的一个必然选择，作为核心技术支撑航空智能制造转型。

　　未来航空制造将处理虚拟与现实、模型与数据、人与"人"等各种复杂关系。航空制造中的大量环节都更多地在虚拟空间中解决问题、基于模型策划执行、在现实世界中感知一切、利用数据持续优化、充分发挥人和机器人的优势并且协作互补。在航空制造中，加工（如切割、切削、表面精整、喷丸等）、连接（摩擦焊、激光焊、钻孔、铆接等）、成形（编制、铺丝、增材制造、检测等）、装配（测量、辅助定位、密封、喷涂等），以及更多（搬运、检查、维护、处置危险）过程都基本可以用机器人来完成，模型和数据可以充分发挥作用，不过其中仍需要人类的大量参与，实现人机完美协作。根据上面所讲的技术和应用，未来，航空制造的典型场景可能包括：基于大数据的自适应加工、精益化导向的自主化装配、基于数字孪生的质量和生产管控、基于灵巧机器人的人机协作、以人为本的智能人工增强等，更多场景值得我们探索和验证。

　　在人与机器人自动化的关系上，波音就有深刻的教训。波音希望 777 飞机机身中段的紧固件安装工作由机器人代替人类来完成，因此自 2013 年起耗时 6 年投入研发了钻铆一体化双机器人装配系统。不过 2019 年 11 月，波音宣布放弃这一系统，不再进行全自动钻孔-紧固工作，而是改回之前采用的"柔性导轨钻孔"系统进行自动钻孔-人工紧固工作。也就是说项目失败并终止，波音又重新用回工人，其中，多自由度机械臂的误差累积以及靠近机身区域的减速控制不力就是其失败的关键原因。尽管智能制造的趋势是大量的"机器换人"，但是大型工业机器人和复杂的自动化手段不是万能的，在执行人类能够顺利完成的操作上还存在许多挑战，必须更审慎地权衡自动和人工，更全面地设计自动化的流程、方法和工具。即使需要自动化手段，也要权衡大型机器人和更灵巧设备的使用。

当然，这些智能转型之路和场景实践，不是有什么先进技术都往里装，而是必须按"需"，做到具有针对性、经济性和涌现性。用系统工程方法做需求论证，有针对性地建立可解决当前问题、有合理能力余量、未来可升级的方案，先进软件和设备不求一步到位，而是要在架构设计上预留接口；考虑经济可承受性，做费效权衡，在做出各种投入决策之前充分论证项目的经济性，避免浪费资源造成不可挽回的损失；理顺人与智能制造的关系，通过完善融合的人机接口和流程，实现整个系统的最佳涌现性，不断向性能、质量、精益、效率和客户满意度的高峰攀登。

10

第10讲

特高压领域的制造之美

朱桂萍⊖   余占清⊖

电力系统历经一个多世纪的发展，规模和性能不断提升。智能化是目前电力系统的核心特征之一，我国在智能电网方面技术优势突出，电网制造领域的代表性成果就是特高压技术及相关设备制造

⊖ 朱桂萍，清华大学电机系教授、系副主任、博士。主要研究方向为电力系统储能及其相关技术，长期从事"电路原理"课程教学工作。承担和参与了包括国家重点研发计划、国家自然科学基金在内的30多项科研项目，发表论文40余篇。先后获得清华大学青年教师教学优秀奖、清华大学青年教师教学基本功一等奖、北京市青年教师教学基本功一等奖、北京市教育创新标兵、宝钢优秀教师奖等。2016年获"清华大学教学成果特等奖"（2/5），2017年获"第4届大中华区MOOC研讨会"金奖（"课程应用与推广"类），2017年获得"北京市教学成果一等奖"（2/5）。

⊖ 余占清，清华大学电机系副教授、博士生导师，清华大学能源互联网研究院直流研究中心副主任。清华大学电机系学士、博士。主要从事高电压技术、电网装备等领域研究和教学工作。近期研究重点包括直流电网拓扑及分析、直流断路器、交直流系统电磁暂态与电磁环境、能源信息传感等。曾参与我国也是世界首个实用化特高压交流工程和特高压直流工程科研工作，参与了多个电压等级超特高压直流工程的技术研究和设计，以及多个高压多端直流系统和柔性直流配电网示范工程的关键装备研发。近年来主持和参与自然科学基金、973、863、国家重点研发计划课题多项。已发表学术论文140余篇，其中SCI收录论文40余篇，获授权发明专利50余项，获省部级科技奖多项。

技术。在当前能源变革的前提下，智能电网将向升级形态——能源互联网发展，需要从能源物理网络层、信息网络层和应用交易层推动产业发展，其中直流电网及其装备制造、电力电子器件制造和能源信息传感技术是技术瓶颈和产业关键。

一、电力系统智能化历程：从智能电网到能源互联网

1. 电力装备智能化需求及发展历史

电力作为现代社会重要的公用性资源，是国家和地区经济社会发展的基本物质保障。电网是能源输送的主要网络之一，是电力"发、输、配、用"的输送载体，起着连接电源和终端用户，为经济生产和人民生活提供电力服务的重要作用。

从世界范围的电力工业史来看，电网发展经历了三个阶段：

第一代电网以集中供电为特征。19 世纪末电网诞生，到 20 世纪中叶，发电机组容量小，电网规模比较小，电网互联性不充分，电压等级不超过 220kV，以孤立电网、城市电网为主。这一阶段的电网还不是真正的互联电网，只是以城市为中心的独立供电系统。

第二代电网以规模化和互联化为特征，是电网发展的现代化工业阶段。随着电力需求日益旺盛，装备制造技术大幅提升，从 20 世纪 60 年代后期开始以大机组、大电网、超高压为特征的第二代电网逐步形成。从第一代电网发展到第二代电网，其中的关键技术包括面向电网互联的运行、控制、仿真技术及大容量、高电压电力装备，核心成果包括超高压交流输电技术，1000kV 交流特高压输电技术，特高压直流输电技术，以及大容量变压器、紧凑型/同塔双回线路、大截面耐热导线、串联补偿技术等电网先进实用技术等。

第三代电网以清洁化、智能化、信息物理高度融合为特征，该阶段电网进入可持续发展阶段。近年来，第二代电网发展遇到两个突出的问题：严重依赖化石能源、气候变化对碳排放的限制。尤其是前一个问题，决定了第二代电网发展模式的不可持续性。与第二

代电网相比，第三代电网突出的特征包括：1）清洁化，即清洁能源的大规模利用，包括集中式、分布式等不同的开发模式。真正的第三代电网，清洁能源比例应超过 50%，是不再依赖于化石能源、低碳环保的可持续发展的能源网络。2）智能化，从电网的结构模式到输变电、配用电设备，以及控制策略都充分实现智能化。3）物理信息融合，第三代电网将成为新的信息载体，在提供能量的同时为用户提供信息服务。在此前提下，能源互联网应运而生，第三代电网将成为能源互联网的核心组成部分，其关键推动力就是装备的智能化和智能制造。

电力装备智能制造是我国智能制造战略的重要组成部分，主要目标包括：推动大型高效超净排放煤电机组产业化和示范应用，进一步提高超大容量水电机组、核电机组、重型燃气轮机制造水平；推进新能源和可再生能源装备、先进储能装置、智能电网用输变电及用户端设备发展；突破大功率电力电子器件、高温超导材料等关键元器件和材料的制造及应用技术，形成产业化能力。这意味着我国电力工业的发展进入了一个新的历史时期。

2. 电力装备的现状和趋势

近年来，我国电力装备制造业发展迅猛，成绩斐然。在我国电力系统性能升级的推动下，电力装备制造业形成了产品类型齐全、技术水平高、规模效应突出的产业体系，我国已成为电力装备制造大国。在大型发电成套装备、特高压输变电成套装备、智能电网成套装备等领域掌握了自主知识产权，电力装备制造已经达到国际领先水平，其中特高压制造技术是最具代表性的成果。我国已掌握 1000kV 特高压交流输电和 ±800kV 特高压直流输电的成套设计和核心设备制造技术，在智能化输变电设备方面取得突破。

在电网大规模建设发展阶段，我国坚持"产、学、研、用"相结合的自主化发展策略，通过引进技术消化吸收再创新，成功研制出一批适合我国国情、国际领先的电力装备，并已先后应用于晋东南—南阳—荆门 1000kV 特高压交流输电工程、云南—广东 ±800kV 特高压直流输电工程、向家坝—上海 ±800kV 特高压直流输电工程等一批国家重大工程建设，有力地确保了国家"西电东送"能源战略的顺利实施和电网的智能化提升。

在我国产业全面转型升级的大环境中，电网装备制造行业显现出如下转型趋势：

1）电力装备制造业由粗犷式经营向高附加值的智能化、精细化方向发展，向质量效益型转变。电力装备制造业需要完成由低成本竞争优势向质量效益竞争优势转变。坚持以质量和效益为中心，避免重复建设和同质化、低水平扩张，化解淘汰过剩及落后产能，推进提质增效。新一轮的科技革命与产业变革正在蓄势待发，智能制造日益成为生产方式转变的重要方向。德国发布"工业 4.0"计划，将通过互联网、高科技、大数据、虚拟制造信息技术与实体制造技术融合，实现智能制造。

2）电力装备制造将更加强调绿色环保。过去 40 年，我国经济为保持高速增长付出了高污染、高能耗的代价。未来能源生产和消费必须走绿色低碳路线。为解决京津冀、长三角、珠三角等地区日益严重的雾霾问题，2014 年 5 月国家能源局下发的《关于加快推进大气污染防治行动计划 12 条重点输电通道建设的通知》中明确表示，将推动重点地区 12 条能源输电通道建设。近 10 年里，中央预算内投资规模增加，涉及电力、清洁能源等领域一批重大工程项目。为重点解决清洁能源电力输送，国家电网公司筹建了一批特高压交直流工程和新一代智能化变电站。

3）电力装备制造业将由跟随学习向创新引领转换。我国电力装备制造业正处在由制造大国向制造强国迈进阶段，核心问题是低端产能过剩，高端产能不足，优质增量缺乏。要瞄准国际创新趋势、重点进行自主创新；将优势资源整合聚集到战略目标上，力求在重点领域、关键技术上取得重大突破；加快国家重点实验室、研发中心建设，发挥其在行业技术创新中的作用；加强新兴领域标准体系建设，争取国际标准话语权；加快创新人才和技能人才培养，推进管理创新，提升竞争软实力。

4）电力装备制造业必须由内向型经营向外向型转变。经过多年发展，电力装备制造业已形成相对完整的产业链，加工制造能力强，价格优势明显。我国已经在特高压输变电设备领域取得重大突破，发电、输变电设备的技术水平与国际水平相差无几，部分产品已经达到或超过国际领先水平。外向型战略将为电力装备制造业提供很大的机遇和市场空间，同时也是化解国内电力装备制造业产能过剩的有效途径。

3. 电力系统升级形态——能源互联网

能源互联网作为能源技术和互联网技术与思维的深度融合，是我国能源技术革命的具体体现，为能源环境的可持续发展与经济健康增长提供有效支撑，并将助力中国引领第三次工业革命。

为推进能源互联网发展，根据国发〔2015〕40号文《国务院关于积极推进"互联网＋"行动的指导意见》的要求，2016年国家发改委和能源局发布发改能源〔2016〕392号文《关于推进"互联网＋"智慧能源发展的指导意见》。

能源互联网是一种互联网与能源生产、传输、存储、消费以及能源市场深度融合的能源产业发展新形态，具有设备智能、多能协同、信息对称、供需分散、系统扁平、交易开放等主要特征。在全球新一轮科技革命和产业变革中，互联网理念、先进信息技术与能源产业深度融合，正在推动能源互联网新技术、新模式和新业态的兴起。能源互联网是推动我国能源革命的重要战略支撑，对提高可再生能源比重，促进化石能源清洁高效利用，提升能源综合效率，推动能源市场开放和产业升级，形成新的经济增长点，提升能源国际合作水平具有重要意义。

能源互联网可纵向分为三个层级：物理基础层、信息应用层、市场交易层，如图10-1所示。互联网技术为能源行业的互联网化革命以及能源物理系统与信息系统的紧密融合提供了先进的技术基础。

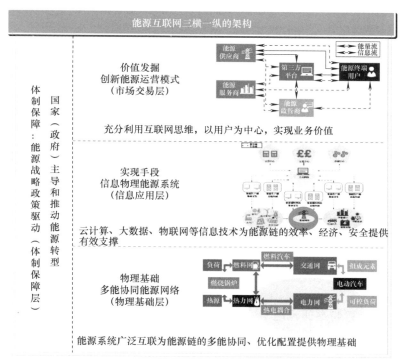

图 10-1　能源互联网体系架构

在管理互动方面，社交网络、电子支付、现代物流等互联网应用技术以及可靠的电力电子技术与先进储能技术等，为能源互联网提供了有效的管控手段和商业运营模式，为满足不同用户的差异化需求提供了技术和应用模式支撑。

在信息数据方面，物联网技术与 4G/5G 移动互联技术为能源互联网提供了对能源全生命周期信息进行实时采集与实时处理的可能；能量信息化、信息物理系统（Cyber Physics System，CPS）、软件定义网络（Software Defined Network，SDN）、大数据与云计算等互联网技术为更好地实现信息流与能量流的紧密融合奠定了技术基础。能量信息融合技术是能源互联网提高能效、实现多能协同互补利用的核心技术，能量存储与控制技术的长足发展为能量的信息化和互联网化管控技术的发展奠定了基础。

在能源网络方面，能源互联网对现有多个领域的相关技术提出了更高要求，从硬件到软件，从组件技术到系统技术的长足发展为能源互联网的发展奠定了基础。电力电子技术、电力电子芯片与材料技术及电力智能硬件技术近年来的发展非常迅猛，尽管这些技术目前仍有关键技术难题待攻克，但是为能源互联网的发展奠定了技术基础。能源互联网作为一种新型能源系统，其自身是一项复杂庞大的系统工程，需要我们从材料、元器件、系统和应用等方面统筹规划，做好顶层设计，避免以往单点技术先进、系统能力落后的问题。

二、智能电网的巅峰：特高压技术

（一）特高压输电

1. 特高压输电技术

我国能源分布与负荷分布极不匹配，煤炭、水能、风能多分布于西北和西南地区，而负荷中心集中在京津唐、长三角、珠三角等经济发达地区。随着未来我国经济的持续发展、人民生活水平稳步提高，我国的电力需求仍将迅速增长，远距离输电是解决能源平衡的主要途径。目前我国能源流动方向相对固定，西电东送、南北互供的电网发展策略使先进输电技术的重要性凸显，并使其成为能源可靠、经济、环保供给的关键影响因素。

随着智能电网的完善，未来输变电网络将越来越智能化，将形成一个以先进的传感测量技术、通信技术、信息技术、计算机技术和控制技术与物理电网高度集成的新型电网，具有坚强、自愈、兼容、经济、集成、优化等特征。以大容量、远距离、节约走廊、降低损耗、保护环境、智能化为核心目标的输电技术将是未来发展的重点，而提高输电电压等级是实现前四个目标的关键技术。

输电电压等级一般分为高压、超高压和特高压。国际上，高压通常指 35～220kV 的电压，超高压则指 330kV 及以上、1000kV 以下的电压，而特高压则是 1000kV 及以上的电压。具体地，特高压输电技术又分为特高压交流输电（不低于 1000kV）和特高压直流输电（不低于 ±800kV），其中特高压直流输电以其更适合长距离点对点输电成为各国竞相发展的前沿技术。

2. 特高压交流输电

常规 500kV 超高压输电线路的输电距离基本在 500km 以内，我国西电东送远距离输电距离在 2000km 左右，甚至达到 4000km（新疆送出），输电能力的根本提高最终还是需要提高电压等级，因此，特高压输电技术的出现成为历史发展的必然。

特高压交流输电相较于超高压输电方式，主要具有输电能力强、输电损耗低、节约输电走廊占地面积等特点，在大容量、远距离输电上具有明显的经济优势；此外，特高压交流输电方式可实现大规模跨区域的电网互联。

经过各国的研究、试验表明，技术问题已不再是限制特高压输电发展的主要因素，特高压电网出现和发展的进程是由各国大容量输电需求所决定的。2009 年 1 月，国家电网公司晋东南—南阳—荆门特高压交流试验示范工程投产，实现华北电网和华中电网的水火调剂、优势互补，具有错峰、调峰和跨流域补偿等综合社会效益和经济效益。线路全长 650km，采用 8 × 500mm² 导线，当功率为 5000MW 时，线路损耗率为 2.6%，每百千米线路损耗率 0.4%（刘振亚，2005 年）。

经过多年的快速发展，我国交流输变电设备经历了从 220kV 到 500kV（330kV）、750kV、1000kV 的发展历程，目前已经全面掌握了超特高压交流输变电技术，500kV 电网已成为目前我国的主干电网，750kV 电网在我国西北地区已初具规模，即将成为西北地区的主干电网。500kV 可控串补和可控电抗器已得到示范应用。1000kV 特高压交流试验示范工程 2009 年已成功建成投运。成功实现了各电压等级输变电设备的国产化。

3. 特高压直流输电

与特高压交流比较，特高压直流输电具有线路造价低、损耗小、输送距离远、输送容量大、无稳定性问题等优势。发展 ±800kV 特高压直流输电技术，符合科学发展的要求，符合我国国情。特高压直流输电突出特点包括：

1）更适合大功率、远距离输电；

2）系统中间无落点，可点对点、大功率、远距离直接将电力送往负荷中心；

3）可以减少或避免大量过网潮流，可按照送受两端运行方式的变化改变潮流；

4）在交直流并联输电的情况下，通过调节直流有功功率，可以有效抑制与其并联的交流线路的功率振荡，包括区域性低频振荡，明显提高交流系统的暂态、动态稳定性能。

经过 30 多年的发展，我国在常规高电压直流输电领域取得了长足的进步，在电压等级、输送容量、输送距离方面都有了显著的提高，与此同时，设备和工程的国产化程度也有突飞猛进的进展。

从 1987 年依靠自己的力量建设第一项 ±100kV 舟山直流输电工程开始，我国已完成葛沪（葛洲坝—上海）等 7 个 ±500kV 高压直流输电工程和灵宝背靠背直流工程，输送容量达 18560MW，居世界第一，已成为名副其实的直流输电大国。目前，我国已全面掌握了 ±500kV 直流输电系统成套技术。±800kV 特高压直流输电工程的投运，标志着我国也已全面掌握特高压直流输电技术，并已在我国率先进入实用阶段；同时，通过提高核心器件的通流水平，我国已具备容量7000MW以上的电能输送能力。

纵观我国已经建成的高电压直流工程，电压等级高且多、容量跨度大、输电长度分布广。电压等级横跨±400kV（格尔木—拉萨高压直流输电工程）到±1100kV（昌吉—古泉特高压直流输电工程）；容量从600MW（格尔木—拉萨高压直流输电工程）到12000MW（昌吉—古泉特高压直流输电工程）不等；输电长度在890km（三峡—常州高压直流输电工程）至3324km（昌吉—古泉特高压直流输电工程）之间。

根据国家能源局和中国电力企业联合会在2018年5月发布的《2017年全国电力可靠性年度报告》，关于直流部分，针对不同的输电系统（包括15个点对点超高压、7个点对点特高压以及3个背靠背）进行分别统计，其能量可用率均达到了90%以上，证明此技术在我国工程实践当中的成熟性和可用性。

到2020年，我国常规高电压直流输电会基本保持这个水平，并在今后更长的时间里达到更高的电压等级、更大的传输容量、更长的传输距离，以及更低的单位建设成本。

（二）特高压设备

1. 变压器类设备

当前变压器的发展趋势受其应用影响，正朝着高可靠性、环保安全（难燃、低噪声）、低损耗、智能化及紧凑化方向发展，并随着新材料和新技术的发展产生变革。先进的变压器现场组装技术也将成为一项技术热点。

换流变压器是整个直流输电系统的心脏。换流变压器的作用是将送端交流系统的电功率传送至整流器，或从逆变器接受电功率传送至受端交流系统。它利用两侧绕组的磁耦合传送电功率，同时实现了交流部分和直流部分的电绝缘和隔离，从而避免了交流电力网的中性点接地和直流部分的接地可能造成的某些元件的短路。

目前，我国已经能够自主研发 ±800kV 特高压直流换流变压器，创造了世界单体容量最大（493.1MVA）、技术难度最高、产出时间最短的世界纪录，突破了变压器的绝缘、散热、噪声等技术难题。

2. 断路器类设备

断路器将向三个方面发展：更高工作电压和更大开断电流，满足电力系统更高系统电压和更大系统容量的要求；智能控制，选相分合闸，高速驱动，满足高操作性能、低操作过电压、高可靠性等要求；环境友好。在绝缘和开断性能优良的 SF6 替代气体出现之前，SF6 断路器应进一步加强气体管理，避免气体排放。真空断路器会继续向高电压发展。固态断路器和机械断路器组合使用将发挥它们各自的优点，获得更高的性能。需要发展结构简单、体积小、安全性高、价格低廉、运行维护费用低的限流器。

3. 互感器类设备

电子式互感器技术规范化、智能化是研究和关注重点，包括电子式互感器本身技术规范、外围相关技术及电子式互感器功能的拓展是工作重点。此外，新型光学互感器也是互感器发展的重要趋势。

在线监测及故障诊断技术将全面采用智能传感技术和自动实时的预警机制，以期大幅度减小检修工作量，包括先进传感技术、智能诊断技术、综合监测预警系统的开发，完善在线监测标准和检定规范。

4. 换流阀类设备

换流阀是特高压直流输电的核心装备，也是复杂度和成本最高的电力装备，基于电力半导体器件的换流阀可实现换流器电压、电流及功率的控制与调节，其核心技术包括电力电子器件、控制保护装置及多模块换流阀过电压与绝缘、电磁暂态和电磁环境分析、设计和控制技术等。我国已掌握了电压高达 ±1100kV 的超特高压常规换流阀设计和制造技术，并实现了技术和装备出口，承建巴西美丽山特高压输电项目。

三、未来能源网络骨干：直流电网

（一）直流输电技术的发展趋势

由于在远距离输电领域，高压直流输电相比于高压交流有明显优势，发展区域性、全国性高压直流输电（High Voltage Direct Current，HVDC）网络成为趋势和必然。

直流输电技术可以分为以下两种：

1）常规直流技术（LCC-HVDC）。

2）柔性/混合直流技术（VSC-HVDC/Hybrid-HVDC）。

在柔性直流输电和混合直流输电领域，我国已经取得了令人瞩目的成绩，已建成了南汇（±30kV，18MW，2011年）、南澳（±160kV，200MW，2013年）、舟山五端（±200kV，400MW，2014年）、厦门柔性直流（±320kV，1000MW，2015年）工程。这些工程的稳定运行为我国积累了丰富的施工、运行经验。张北直流电网（±500kV，3000MW）是迄今为止世界上电压等级最高、传输容量最大的多端柔性直流输电网络；乌东德混合直流电网（±800kV，5000MW）的设计指标也迈上了新的台阶。

目前，超特高压传统直流技术仍是远距离大容量输电和电网互联的主要手段。但是，多回晶闸管直流输电密集接入，面临换相失败风险，给送受端电网安全稳定带来较大影响。柔性直流、混合直流、多电压等级直流电网等新技术将会在多个示范工程中得到应用，实现基于柔性直流的异/同步互联，VSC-HVDC 快速控制加上广域动态安全监测（WAMS）可从根本上解决常规直流晶闸管换流阀换相失败的问题，从而克服晶闸管直流输电的技术瓶颈，并在网络互联和输电系统受端电网安全稳定运行方面发挥更大作用。

到 2035 年，特高压传统直流输电技术的工程可靠性将大幅提高，换相失败等问题将完全解决。柔性高压直流输电、混合直流和多电压等级直流等技术的成熟度显著提高，灵活可扩展的直流电网架构得到快速发展，控制保护技术、高可靠低成本的电压源换流器、直流断路器、高压大容量直流变压器等设备的成熟度显著提高，多级直流电网的网架逐步成型，初步实现分布式、高效、绿色电能生产、输送和使用。

（二）直流配电网技术需求

传统交流电网系统面对新型电力需求，面临严峻挑战：

1）新能源和电动汽车呈现显著波动性和随机性，给平衡、同步传输的传统交流电力系统带来巨大挑战；

2）直流驱动的负载比重越来越大，目前均通过变换环节间接使用交流能量，交流电网中交直转换带来的能耗、可靠性问题凸显；

3）众多高新行业对电能直流要求提高，对于半导体、数据信息、多媒体等，电压波动、闪络冲击、频率变化等均可能对产品质量造成较大影响；

4）在电力市场改革和用户用能质量需求提升的背景下，未来电力系统迫切需要提供双向互动、高质低损的用能服务。

因此，亟须研究新型直流电网系统，满足储能的高效、灵活、双向接入需求。直流电网技术是能源互联网的关键支撑技术，也是实现多能互联的核心技术，能够提高配电的效率、可靠性和灵活性。

直流配电网支撑技术可以减少配用电过程中转化的中间环节，提高配用电的效率、可靠性和灵活性，妥善解决分布式新能源和储能系统接入以后的系统稳定问题，是国际配用电研究领域的重要发展方向，其突出特点为可控性强、供电可靠性高、电能质量高、供电容量大和节能降耗。

（三）直流电网核心装备

直流电网核心装备包括换流器、直流断路器、直流变压器、直流电缆、直流量测和计量设备等。柔性直流电网的电力电子相关设备已经取得重大突破，相关设备如模块化多电平换流器、直流断路器和直流变压器等的性能都有了大幅度提升，也逐渐实现了国产化。

直流电网核心装备的核心技术介绍如下：

1. 换流器

直流电网用换流器一般为电压源（VSC）型，采用电压源换流技术和全控电力电子器件，用于实现交流与直流的能量转换，实现交流与直流网络连接。换流器的研究目标包括提高输送能量密度、提高电压等级、提高效率、提高控制性能等。按照电压等级不同可采用两电平、级联多电平和模块化多电平换流器（Modular Multilevel Converter，MMC）等拓扑结构，采用碳化硅（Silicon Carbide，SiC）、集成门极换流可关断晶闸管（Integrated Gate-Commutated Thyristor，IGCT）等电力电子器件实现换流是重要的研究方向。

目前我国已在新一代换流技术方面取得突破，张北高压柔直网络多电平电力电子变换器指标达到 500kV/3000MW。已成功研制并投运世界首个特高压柔性直流换流阀，实现了开关器件、电容部件集成的功率模块单元，构成了 800kV 换流阀塔。乌东德送电广东广西直流输电工程，电压等级提高到 ±800kV。这一特高压柔性直流换流阀的成功研制，意味着我国在国际上首次将柔性直流技术推广到 ±800kV 特高压等级，送电容量提升至 5000MW，打破了国外企业对这一技术的垄断。

2. 直流断路器

直流断路器可实现故障电流分断、故障隔离和接线方式带载转换，是直流电网的核心技术之一，也是目前研究的热点。目前主要有机械式、电力电子式和混合式等三种技术类型。混合式断路器结合了电力电子器件的高可控性和机械开关的低损耗特性，具有技术优势，随着电力电子器件的进一步发展，混合式和电力电子式将成为主流。用于高压、中压和低压的直流断路器均处于研发阶段，核心目标是提高可靠性、提高开断容量、提高速度和降低损耗。

2016 年投运的舟山五端柔性直流网络中的直流断路器性能达到 200kV/15kA/2.64ms，2020 年建成投运的张北四端柔性直流网络断路器的性能则达到了突破性的 500kV/26kA/2.64ms，其多电平电力电子变换器也创下了新的世界纪录 500kV/3000MW。

3. 直流变压器

直流变压器用于实现直流电压的变换，基于高频变压器的电力电子变压器是目前的研究热点。目前的重点研发工作包括适用于直流电网络的不同电压等级的直流电能变换装置、新能源接入装置、储能和电动汽车接入装置等。具备能量和信息融合功能的能量路由器是直流变压器的一个创新方向。

4. 直流电缆

直流电缆线路输送容量大、损耗小。同样规格的电缆耐受直流电压的能力比耐受交流电压约高 3 倍以上，因此直流电缆比交流电缆输送能力大得多。直流电缆的损耗主要是电阻损耗，而交流电缆还有介质损耗和磁感应损耗。直流电缆无电容电流，输送距离不受容性电流限制。但直流电缆运行中会出现介质电荷，特定条件下将造成电缆的绝缘破坏。直流电缆的电荷控制、击穿和老化机理、材料和工艺是目前的研究重点。

5. 控制保护系统

在直流电网需求下，控制保护系统的核心技术与常规直流存在显著不同，尚有以下关键技术需要突破：研究直流电网各节点间协调控制技术和控制设备；研究直流电网能量管理技术和系统，实现能量的高效可靠传输；研究直流系统的故障机理及相应的保护方式；研发主动和被动的直流系统保护设备；考虑包括直流断路器在内的新型直流开断设备与系统保护的协调配合，在现有保护策略和保护装置的基础上配合直流断路器的应用进行适应性改造，实现故障阶段快速隔离故障线路，减少故障停电时间和频率，在联络线间快速转移负载，实现用户不间断供电。

6. 智能终端

用电侧智能化是直流电网的重要发展目标，核心任务是研发符合智能化直流输电技术标准的直流智能电表、电压电流传感器、用户电源适配器和智能插座等相关用电设备，实现电网与用电侧的能量和信息双向互动，实现电能的准确计量和综合信息传感。

四、未来电网的核心单元：电力电子器件

（一）电力电子器件的产业需求

电力电子器件是直流输电技术和直流电网的核心单元，是换流阀、断路器等关键装备的核心部件，也是目前严重制约我国直流产业升级的瓶颈。

随着经济社会的发展，在环境友好型社会的大环境下，以化石能源为核心的传统能源消费模型将逐渐被以电力系统为核心、多种分布式能源和分布式储能系统相结合的能源互联网所取代。而构建能源互联网，需要借助以智能电网技术和新型电力设备为核心的关键技术，以适应集中式、分布式电源和储能系统的利用，实现大规模风能、太阳能等可再生能源的并网和传输。

新型电力设备以电力电子装置为代表。电力电子装置根据其功能可分为功率传输装置、调节装置、开关类装置。其中，功率传输装置主要包括基于全控型电力电子器件的柔性直流输电装置、分布式能源接入用电力电子变换器等；调节装置主要包括静止无功补偿器、有源电力滤波器、统一电能质量调节器、动态电压恢复器等；开关类型装置主要用于适用于能源互联网的直流输配电网络，包括基于电力电子器件的混合式直流断路器和全固态开关等。

我国在柔性直流技术和直流电网所需的全控型器件的研发和制造方面存在明显的短板。为了适应高电压等级、大容量的柔性直流

输电工程的发展，急需提高器件的容量、电压等级以及可靠性；与此同时大大降低成本，为直流电网的大规模建设和既有直流电网的维护改造奠定基础。

（二）电力电子器件的发展趋势

在常规直流方面，我国已掌握了核心零部件制造技术，5in 7200V/3000A、6in 8500V/4000～4750A 电控晶闸管、5in 7500V/3125A 光控晶闸管、±800kV 及以下电压等级直流输电换流阀等都已能够实现规模化生产。

电力系统中应用的电力电子装置以高压、大功率电力电子器件为主，不同类型的电力电子装置对于器件提出了不同的性能要求。

一些典型的电力电子装置对器件的特性要求见表 10-1。

表 10-1　典型电力电子装置对器件的特性要求

装置类型	典型装置	对器件特性要求	典型应用的全控器件
功率传输装置	模块化多电平变换器	压接型封装，利于器件可靠性； 低通态压降； 提高二极管浪涌电流能力	IGBT IGCT
调节装置	静止无功补偿器	低通态压降； 高关断电流能力； 高耐压能力	IGBT IGCT GTO
开关类装置	混合式直流断路器	高关断电流能力； 高可靠性； 高耐压能力	IGBT IGCT

可以看出，全控型电力电子器件，包括 IGBT（Insulated Gate Bipolar Transistor，绝缘栅双极晶体管）和 IGCT，是多种主要电力电子装置的基础。研发高性能、大容量、高可靠性的 IGBT 和 IGCT，是实现未来能源互联、推动电网智能化建设的关键环节。

从可控性角度来分，除了全控型电力电子器件，高压大功率电力电子器件还包括不可控器件和半控器件。不可控器件主要包括二极管等，半控器件主要包括晶闸管（SCR），全控器件主要包括门极可关断晶闸管（GTO）、集成门极换流可关断晶闸管（IGCT）、绝缘栅双极晶体管（IGBT）等。几种常用的电力电子器件的电压、电流等级如图 10-2 所示。

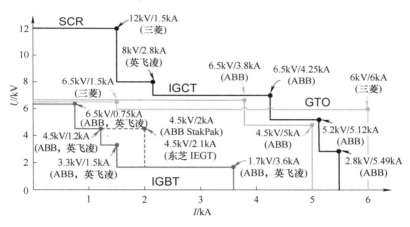

图 10-2　不同电力电子器件电压、电流等级示意图

对于全控型器件，IGBT 具有驱动功率小且驱动电路简单、开关速度快且开关损耗小、饱和压降低、耐压高、瞬时关断电流大等优点，在柔性直流电网中得到了广泛的应用，尤其是现有的中高压大容量交直流转换器和直流断路器等大多采用 IGBT 开关器件进行设计。

门极换流晶闸管（Gate Commutated Thyristor，GCT）由门极可关断晶闸管发展和演变而来，最早于 1997 年由 ABB 公司和三菱公司提出原型概念。GCT 芯片与外围电路一起封装后就形成了 IGCT。IGCT 实物图和 GCT 芯片实物图如图 10-3 所示。

相比于 IGBT，IGCT 在高频下的驱动功率较高且驱动电路复杂，单次瞬时关断能力较低，这在一定程度上限制了 IGCT 在高频（＞500Hz）操作下的应用以及开断瞬态故障电流。但 IGCT 具有以下优势：

a) 封装后IGCT实物图　　　　　　　　　　b) GCT芯片实物图

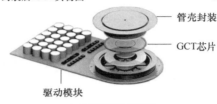

管壳封装

GCT芯片

驱动模块

c) IGCT封装示意图

图 10-3　IGCT 和 GCT

1）更低的通态压降、更强的浪涌电流承受能力。这是双极性器件的固有优势。IGCT 导通时，由于擎住效应，其通态压降和浪涌电流承受能力均超过 IGBT。

2）更高的可靠性。由于 IGCT 采用压装型封装和整晶片的设计，更利于压接的均匀性和抗热疲劳性。

3）易于实现更高的额定电压电流。IGCT 的整晶片制作工艺，使其容易实现更高的额定电压电流。

4）鲁棒性好。由于 IGCT 拥有类似于晶闸管的掺杂结构，因此，关断时能够吸收部分电路杂散参数的能量，具备较高的可靠性。

5）低频情况下，单个器件功率水平更高，功耗更小。

为了满足大容量的需求，逐渐实现从 IGBT 模块封装、压接式 IGBT 到压接式 IGCT 的跨越，新结构更能满足高可靠性的要求。材料上，引入新型宽禁带半导体材料砷化镓、碳化硅以实现更大的单个半导体开关元器件容量。在高电压、大容量器件发展方面的努力会大大推进电力电子设备性能的突破。

到 2050 年，直流系统的核心电力电子器件技术将显著提升，高压大容量 IGBT、IGCT、IETO（Integrated Emitter Turn-off Thyristor，集成发射极关断晶闸管）等全控型器件国产化水平明显提升，容量继续增大、成本显著下降、可靠性大幅提高，MMC、直流断路器和直流变压器等柔性直流电网核心设备的实用化水平大幅提高，柔性高压直流输电的技术经济性有望超过传统高压直流输电，成为远距离大容量输电和电网互联的主要手段。电力电子和柔性输配电技术将对电网格局产生明显影响，电网将具有明显的交直流混合、电能多向传输特征，分布式电源和储能比重显著提高，区域电网能量自给率将进一步提高，电网备用容量可大幅度降低。

五、电网的末端神经：能源信息传感芯片

（一）能源传感芯片的产业需求

2015 年 7 月初，为促进智能电网发展，国家发展改革委、国家能源局联合发布《关于促进智能电网发展的指导意见》，要求"提高电网智能化水平，确保电网安全、可靠、经济运行"。先进传感技术是智能电网的标志性特征，构建可实现多节点、多参数、宽频带的先进传感网络，可为智能输电网部署"末端神经系统"。

智能化电网应实现从基于互感器的状态监控管理，向稳态、暂态和电磁暂态宽频带运行状况全程监控管理逐渐转变，掌握系统全时域、全频域运行全貌。在故障前和故障过程中，电网会出现特定模式的快速宽频电磁过程，该过程会以接近光速的速度以高频电磁波的方式在线路中传播，通过电磁波的模式识别可实现故障识别，甚至通过故障前兆实现快速预警。

将传感器技术应用在电网监测中，能够不分地域及气候获取高质量的有用信息，为数据处理和诊断决策提供坚实的依据。但传感

器技术的实现需要在输电线不同位置加装传感器，特别是为保证精度，则需要在每条线路上都安装大量的传感器，这在一定程度上提高了输电成本，同时也加重了输电线的负担；其次，鉴于安全生产的要求，电网中传感器的安装数量及位置是受控的，导致此类方法的精度要求受到限制；最后，系统需要将由传感器得到的诸多数据信息传输到监控中心，这就给通信传输提出了较高要求。鉴于电网所处工作环境复杂，传统的传感器技术的许多优势功能无法体现，该技术还无法得到真正意义上的普及。因此，研制微型化、芯片化和集成化的传感器对于推动在线监测技术的发展和大规模应用具有重要的意义。

目前我国针对电网电量参数和环境参数在线监测的研究已经取得了一定的成果，但还存在诸多问题。一方面，大部分研究成果都是针对某一项或某几项参数进行的，均为单一功能监测项目，缺乏具有多项功能的电网综合在线监测系统；而且，各模块功能尚不稳定，需要采集的参数较多，导致设备过于复杂，任何微小的误差都会对计算结果造成很大的影响，因此需要实现监测设备的微型化和集成化。另一方面，通信技术是影响在线监测技术水平的重要因素，如何根据实际情况选择合适的通信模式是关键问题。

(二) 集成多参数传感器发展趋势

1. 基于光电传感技术的电压传感器

新型电压传感器是提高电网稳定性、实现电网智能化的迫切需要。新型电压传感器主要有两种：采用分压原理的电子式电压互感器 (Electronic Voltage Transformer，EVT) 和基于光学效应原理的光学电压互感器 (Optical Voltage Transducer，OVT)。

按传感原理的不同，光学电压互感器又可分为四类：①利用克尔 (Kerr) 效应测量的光学电压互感器；②利用逆压电效应测量的光学电压互感器；③利用泡克耳斯（Pockels）效应测量的面调制型光学电压互感器，即集成光学电压互感器；④利用泡克耳斯效应测量的体调制型光学电压互感器。其中，前三种光学电压互感器的研究主要还处于实验室阶段，而基于电光晶体的 Pockels 效应制成的光学电压互感器已经趋于成熟。

目前国外已研制出 72.5~765kV 的系列光学电压互感器，我国也已研制出 110~500kV 的光学电压互感器样机。这些光学电压互感器基本原理都是基于电光晶体的 Pockels 效应，信号处理部分也基本一样，不同之处主要是由高压绝缘部件与光学电压传感器构成的一次部分。根据光学电压互感器一次部分的结构不同，依次出现了四种类型的光学电压互感器，它们分别是电容分压型 OVT、全电压型OVT、叠层介质分压型 OVT 和分布式 OVT。

2. 基于磁性传感技术的电流传感器

电流传感器种类主要包括：电流互感器、罗科夫斯基线圈、分流电阻、磁光电流传感器、磁通门电流传感器、霍尔传感器和巨磁阻传感器。

磁光电流传感器运用磁光效应中法拉第效应或克尔磁光效应等通过对经过磁场的光的相位、偏振面的检测来检测磁场，信号通过光纤传输实现隔离，从而提高了能够测量的电流等级，简化了绝缘问题，能够极大限度地保证所测信号不失真传输，但设备复杂、体积庞大，且价格昂贵。

霍尔传感器基于霍尔效应，由于技术成熟、结构简单、价格低廉，而被广泛地应用于对精度要求不是很高的场合，但其易受外界磁场和被测电流方位影响、温漂大、精度低。

相较于其他传感器，GMR（Giant Magneto Resistance，巨磁阻）传感器有着高可集成度、高灵敏度、小体积、廉价、小温漂、很宽的测量范围等综合优势，因而适合用于智能电网，有望成为未来电网电流监测的有效工具。

3. 硅基多参数传感技术

复杂功能系统可以集成多种执行器、传感器、信号处理电路、存储器、处理器、数据收发模块等。集成传感器可以在实现多种参数传感的前提下最大程度降低传感器的体积、功耗，大幅提高传感器系统的性能和可靠性。随着无线传感器网络的发展，近年来网络节点无线通信技术得到快速发展。

多功能微型传感器国外研究起步较早。这种多功能的微型传感器系统在战场侦察、生化武器预警、远程健康监控等方面有极为广泛的应用。2008 年以前，基于微机电系统（Micro-Electro-Mechanical Systems，MEMS）技术的研发产品大多集中在汽车电子中的安全气囊压力传感器、医疗电子领域中的智能胶囊和办公自动化中的识别打卡系统等。而近年来，MEMS 技术的主要需求来自于手机、计算机等消费电子领域。

将 MEMS 技术引入能源系统，可以实现对电力系统电压、电流、电场、磁场、速度、位置、温度、湿度、气体成分离子浓度的测量。构建可实现多节点、多参数、宽频带的先进传感网络，为智能输电网部署"末端神经系统"，可实现电网电磁过程、暂态过程电压电流在线实时监测技术；实现电网状态评估和全线路关键节点电气参量和环境参量在线实时准确监测技术；实现基于多节点传感器的电力系统力学性能传感器网络技术，为极端条件电力系统防灾预警提供技术支撑，如图 10-4 所示。

MEMS 的工艺很大部分上是与 IC 工艺兼容的，例如光刻、薄膜淀积、刻蚀等表面加工工艺，但是 MEMS 通常是三维元件，如图 10-5所示，对一些特殊的工艺有所需求，例如体硅腐蚀、LIGA 技术等。这些包括 IC 工艺在内的各种微细加工方法使得机械部件与功能强大的信号处理电路的有机结合成为可能，造就了 MEMS 的多样性和巨大的应用潜力。

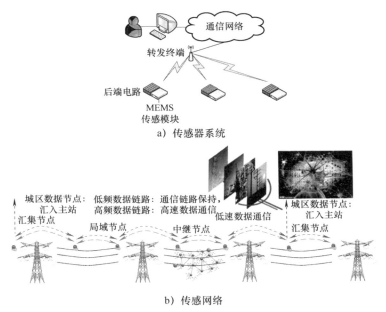

a）传感器系统

b）传感网络

图 10-4　面向电力系统的分布式传感网络

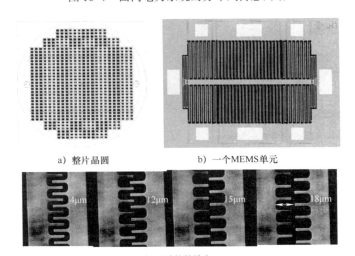

a）整片晶圆　　　　　b）一个MEMS单元

c）驱动结构放大

图 10-5　MEMS 成品图

　　MEMS 系统可分为传感器、执行器，以及同时集成传感器和执行器的器件。传感器根据应用领域和检测对象来分，又包括温度传感器、压力传感器、加速度传感器、气体传感器和电场、磁场传感器等。利用 MEMS 传感器，可以实现用不同的原理对同种物理量进行检测。

　　MEMS 系统的技术优势主要体现在：

　　1）微型：MEMS 系统核心部件只有几百微米到几毫米，大多基于微米纳米制造设备和工艺设计和制造，体积小、功耗低、惯性小、谐振频率高、响应时间短、空间分辨率高，可以采用多测点布局，满足全空间场域的测量需求。

　　2）集成度高：基于 MEMS 技术，不同功能的感应器和执行器可以集成在一个芯片系统上，成为传感网络的一个高可靠性、高稳定性的智能节点。同时，MEMS 传感器的前端传感芯片可以与后端处理电路利用 CMOS-MEMS 技术进行一体化设计，降低外界干扰，提高微系统抗扰性、硬件匹配性和易用度。

11

第11讲
智能制造与机器人

王宏玉[⊖]

一、行业的理解

(一) 制造业进入智能制造新时代

全球的制造业经历了工业1.0/2.0/3.0/4.0四个发展阶段，现在已经进入工业4.0时代，工业4.0最大的标志就是智能化和万物互联。之所以进入智能时代，是由于以下几个因素：首先是技术的支撑作用，包括移动互联网、知识工作自动化、物联网、云、先进

⊖ 王宏玉，曾任新松公司高级副总裁、旷世科技高级副总裁，现任苏州新施诺半导体设备有限公司执行董事。研究生学历，研究员。清华大学电子系1984级本科，1989年毕业于清华大学无线电系半导体器件与物理专业，其后在沈阳自动化研究所攻读硕士学位。1992年沈阳自动化所毕业后留所从事移动机器人（AGV）系统的研究与开发，现为机械工业物流仓储设备标准化技术委员会委员。曾荣获中国科学院科技进步二等奖，中国机械工业联合会科技进步三等奖，辽宁省科技进步一等奖二项、二等奖一项，辽宁省优秀软件奖一项，辽宁省优秀新产品一等奖一项。中国物流装备产业模范人物，中国物流装备产业二十年特殊贡献人物。2007年，因其对沈阳市经济发展做出的贡献被评为"沈阳市领军人才"，所带领团队被评为"沈阳市领军人才创新团队"。

机器人、自动驾驶技术、下一代的基因组学、储能技术、3D 打印、先进油气勘探及开采、先进材料及可再生能源等，这些颠覆性技术的发展为智能制造的发展提供了强大的技术支撑，使智能制造变得可以实现；其次是市场因素，全球的产能过剩、需求的个性化以及产品的快速更新等，倒逼企业向智能化转型；然后是社会要素，劳动力成本的上升、疫情影响、环境因素等，加速了企业智能化转型的进程。

（二）智能制造的定义

《智能制造发展规划（2016—2020 年)》对智能制造的定义是：基于新一代信息通信技术与先进制造技术深度融合，贯穿于设计、生产、管理、服务等制造活动的各个环节，具有自感知、自学习、自决策、自执行、自适应等功能的新型生产方式。《智能制造发展规划（2016—2020 年)》规定了共性技术、关键技术和行业应用三大部分，智能制造的系统架构见图 11-1，其中智能制造的关键技术包括：智能装备、智慧工厂、智能服务、智能赋能技术和工业网络。

（三）智能制造中的机器人

图 11-2 所示为工业机器人在智能制造系统架构中的位置，从生命周期、系统层级和智能特征三个维度描述了机器人所处的位置。在生命周期的维度处于生产和物流环节；在系统层级的维度处于设备层级和单元层级；在智能特征的维度处于资源要素层级。

（四）机器人

机器人是自动执行工作的机器装置。它既可以接受人类指挥，又可以运行预先编排的程序，也可以根据以人工智能技术制定的原则纲领行动。它的任务是协助或取代人类的工作，例如生产业、建筑业，或是危险的工作。

从应用环境出发，机器人可以分为：工业机器人、服务机器人、特种机器人。

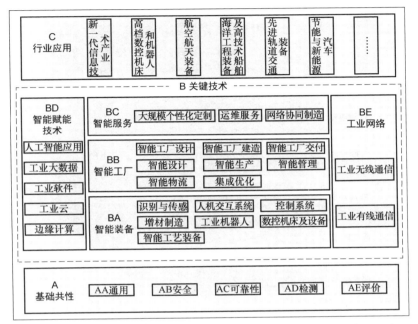

图 11-1　智能制造的系统架构（节选自《国家智能制造标准体系建设指南》）

美国机器人协会对工业机器人的定义：一种用于移动各种材料、零件、工具或专用装置的，通过可编程序动作来执行种种任务的，并具有编程能力的多功能机械手。

服务机器人分为专业领域服务机器人和个人/家庭服务机器人，服务机器人的应用范围很广，主要从事维护保养、修理、运输、清洗、保安、救援、监护等工作。

特种机器人是除工业机器人之外的、用于非制造业并服务于人类的各种机器人的总称，如民用的家务机器人、医用机器人、娱乐机器人、机器人化机器等，以及军用的排爆机器人、侦察机器人、战场机器人、扫雷机器人、空中机器人等。

服务机器人和特种机器人的定义有交叉，有时不容易划清界限。

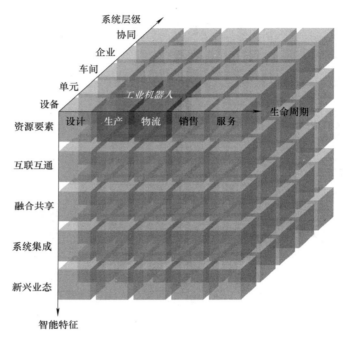

图 11-2　工业机器人在智能制造系统架构中的位置
（节选自《国家智能制造标准体系建设指南》）

关于制造业的发展规划，各国都纷纷出台了对应的国策，如美国的再工业化、德国的"工业 4.0"、日本的"日本复兴战略"和我国的"中国制造 2025"。每个国策里面基本都提到了机器人，机器人对各国制造业的战略起到一个支撑的作用，如图 11-3 所示。

（五）我国制造业发展的相关政策与规划

我国从 2010 年以后陆续出台了关于智能制造的相关政策与规划，为我国智能制造的发展明确了方向和任务，包括《中国制造 2025》《智能制造发展规划（2016—2020 年）》《机器人产业发展规划（2016—2020 年）》《新一代人工智能发展规划》等，下面分别进行简单介绍。

图 11-3 制造业各国战略规划 (节选自新松机器人的报告)

《中国制造 2025》是一个纲领性的文件，其他都是围绕落实这个文件的一个子系统。制造业是国民经济的主体，是立国之本、兴国之器、强国之基。18 世纪中叶开启工业文明以来，世界强国的兴衰史和中华民族的奋斗史一再证明，没有强大的制造业，就没有国家和民族的强盛。打造具有国际竞争力的制造业，是我国提升综合国力、保障国家安全、建设世界强国的必由之路。

新中国成立后，尤其是改革开放以来，我国制造业持续快速发展，建成了门类齐全、独立完整的产业体系，有力推动了工业化和现代化进程，显著增强了综合国力，支持我国作为世界大国的地位。然而，与世界先进水平相比，中国制造业仍然大而不强，在自主创新能力、资源利用效率、产业结构水平、信息化程度、质量效益等方面差距明显，转型升级和跨越发展的任务紧迫而艰巨。

《中国制造 2025》由百余名院士专家着手制定，为中国制造业未来 10 年设计顶层规划和路线图，通过努力实现中国制造向中国创造、中国速度向中国质量、中国产品向中国品牌三大转变，推动中国到 2025 年基本实现工业化，迈入制造强国行列。

《中国制造 2025》涉及的十大领域为：

1）新一代信息技术产业：集成电路及专用装备/信息通信设备/操作系统及工业软件。

2）高档数控机床和机器人：围绕汽车、机械、电子、危险品制造、国防军工、化工、轻工等工业机器人、特种机器人，以及医疗健康、家庭服务、教育娱乐等服务机器人应用需求，积极研发新产品，促进机器人标准化、模块化发展，扩大市场应用。突破机器人本体、减速器、伺服电机、控制器、传感器与驱动器等关键零部件及系统集成设计制造等技术瓶颈。

3）航空航天装备。

4）海洋工程装备及高技术船舶。

5）先进轨道交通装备。

6）节能与新能源汽车。

7）电力装备。

8）农机装备。

9）新材料。

10）生物医药及高性能医疗器械。

《智能制造发展规划（2016—2020年）》的十大重点任务为：

1）加快智能制造装备发展，攻克关键技术装备，提高质量和可靠性，推进在重点领域的集成应用。

2）加强关键共性技术创新，突破一批关键共性技术，布局和积累一批核心知识产权。

3）建设智能制造标准体系，开展标准研究与试验验证，加快标准制修订和推广应用。

4）构筑工业互联网基础，研发新型工业网络设备与系统、信息安全软硬件产品，构建试验验证平台，建立健全风险评估、检查和信息共享机制。

5）加大智能制造试点示范推广力度，开展智能制造新模式试点示范，遴选智能制造标杆企业，不断总结经验和模式，在相关行业移植、推广。

6）推动重点领域智能转型，在《中国制造 2025》十大重点领域试点建设数字化车间/智能工厂，在传统制造业推广应用数字化技术、系统集成技术、智能制造装备。

7）促进中小企业智能化改造，引导中小企业推进自动化改造，建设云制造平台和服务平台。

8）培育智能制造生态体系，加快培育一批系统解决方案供应商，大力发展龙头企业集团，做优做强一批"专精特"配套企业。

9）推进区域智能制造协同发展，推进智能制造装备产业集群建设，加强基于互联网的区域间智能制造资源协同。

10）打造智能制造人才队伍，健全人才培养计划，加强智能制造人才培训，建设智能制造实训基地，构建多层次的人才队伍。同时《规划》提出了加强统筹协调、完善创新体系、加大财税支持力度、创新金融扶持方式、发挥行业组织作用、深化国际合作交流等六个方面的保障措施。

《机器人产业发展规划（2016—2020 年)》的五大重点如下：

1. 推进重大标志性产品率先突破

（1）推进工业机器人向中高端迈进　面向《中国制造 2025》十大重点领域及其他国民经济重点行业的需求，聚焦智能生产、智能物流，攻克工业机器人关键技术，提升可操作性和可维护性，重点发展弧焊机器人、真空（洁净）机器人、全自主编程智能工业机器人、人机协作机器人、双臂机器人、重载 AGV 等六种标志性工业机器人产品，引导我国工业机器人向中高端发展。

（2）促进服务机器人向更广领域发展　围绕助老助残、家庭服务、医疗康复、救援救灾、能源安全、公共安全、重大科学研究等领域，培育智慧生活、现代服务、特殊作业等方面的需求，重点发展消防救援机器人、手术机器人、智能型公共服务机器人、智能护理机器人等四种标志性产品，推进专业服务机器人实现系列化，个人/家庭服务机器人实现商品化。

十大标志性产品：弧焊机器人、真空（洁净）机器人、全自主编程智能工业机器人、人机协作机器人、双臂机器人、重载 AGV、消防救援机器人、手术机器人、智能型公共服务机器人、智能护理机器人。

2. 大力发展机器人关键零部件

针对六自由度及以上工业机器人用关键零部件性能、可靠性差、使用寿命短等问题，从优化设计、材料优选、加工工艺、装配技术、专用制造装备、产业化能力等多方面入手，全面提升高精密减速器、高性能机器人专用伺服电机和驱动器、高速高性能控制器、传感器、末端执行器等五大关键零部件的质量稳定性和批量生产能力，突破技术壁垒，打破长期依赖进口的局面。

五大关键零部件：高精密减速器、高性能机器人专用伺服电机和驱动器、高速高性能控制器、传感器、末端执行器。

3. 强化产业创新能力

加强共性关键技术研究，建立健全机器人创新平台，加强机器人标准体系建设，建立机器人检测认证体系。基础能力建设重点为：机器人共性关键技术、机器人创新中心、机器人产业标准、国家机器人检测与评定中心。

4. 着力推进应用示范

为满足国家战略和民生重大需求，加强质量品牌建设，积极开展机器人的应用示范。围绕制造业重点领域，实施一批效果突出、带动性强、关联度高的典型行业应用示范工程，重点针对需求量大、环境要求高、劳动强度大的工业领域以及救灾救援、医疗康复等服务领域，分步骤、分层次开展细分行业的推广应用，培育重点领域机器人应用系统集成商及综合解决方案服务商，充分利用外包服务、新型租赁等模式，拓展工业机器人和服务机器人的市场空间。

5. 积极培育龙头企业

引导企业围绕细分市场向差异化方向发展，开展产业链横向和纵向整合，支持互联网企业与传统机器人企业的紧密结合，通过联合重组、合资合作及跨界融合，加快培育管理水平先进、创新能力强、效率高、效益好、市场竞争力强的龙头企业，打造知名度高、综合竞争力强、产品附加值高的机器人国际知名品牌。大力推进研究院所、大专院校与机器人产业紧密结合，充分发挥龙头企业带动作用，以龙头企业为引领形成良好的产业生态环境，带动中小企业向"专、精、特、新"方向发展，形成全产业链协同发展的局面。

《新一代人工智能发展规划（2016—2020 年)》立足国家发展全局，准确把握全球人工智能发展态势，找准突破口和主攻方向，全面增强科技创新基础能力，全面拓展重点领域应用深度广度，全面提升经济社会发展和国防应用智能化水平。

1. 构建开放协同的人工智能科技创新体系

围绕增加人工智能创新的源头供给，从前沿基础理论、关键共性技术、基础平台、人才队伍等方面强化部署，促进开源共享，系统提升持续创新能力，确保我国人工智能科技水平跻身世界前列，为世界人工智能发展做出更多贡献。

1）建立新一代人工智能基础理论体系。基础理论：大数据智能理论、跨媒体感知计算理论、混合增强智能理论、群体智能理论、自主协同控制与优化决策理论、高级机器学习理论、类脑智能计算理论、量子智能计算理论。

2）建立新一代人工智能关键共性技术体系。围绕提升我国人工智能国际竞争力的迫切需求，新一代人工智能关键共性技术的研发部署要以算法为核心，以数据和硬件为基础，以提升感知识别、知识计算、认知推理、运动执行、人机交互能力为重点，形成开放兼容、稳定成熟的技术体系，具体涉及以下技术：知识计算引擎与知识服务技术、跨媒体分析推理技术、群体智能关键技术、混合增强智能新架构和新技术、自主无人系统的智能技术、虚拟现实智能建模技术、智能计算芯片与系统、自然语言处理技术。

3）统筹布局人工智能创新平台。基础支撑平台：人工智能开源软硬件基础平台、群体智能服务平台、混合增强智能支撑平台、系统支撑平台、人工智能基础数据与安全检测平台。

4）加快培养聚集人工智能高端人才。

2. 培育高端高效的智能经济

1）大力发展人工智能新兴产业：智能软硬件、智能机器人、智能运载工具、虚拟现实与增强现实、智能终端、物联网基础器件。

2）加快推进产业智能化升级：智能制造、智能农业、智能物流、智能金融、智能商务、智能家居。

3）大力发展智能企业：大规模推动企业智能化升级、推广应用智能工厂、加快培育人工智能产业领军企业。

4）打造人工智能创新高地：开展人工智能创新应用试点示范、建设国家人工智能产业园、建设国家人工智能众创基地。

3. 建设安全便捷的智能社会

围绕提高人民生活水平和质量的目标，加快人工智能深度应用，形成无时不有、无处不在的智能化环境，全社会的智能化水平大幅提升。越来越多的简单性、重复性、危险性任务由人工智能完成，个体创造力得到极大发挥，形成更多高质量和高舒适度的就业岗位；精准化智能服务更加丰富多样，人们能够最大限度享受高质量服务和便捷生活；社会治理智能化水平大幅提升，社会运行更加安全高效。

1）发展便捷高效的智能服务：围绕教育、医疗、养老等迫切民生需求，加快人工智能创新应用，为公众提供个性化、多元化、高品质服务。

2）推进社会治理智能化：围绕行政管理、司法管理、城市管理、环境保护等社会治理的热点难点问题，促进人工智能技术应用，推动社会治理现代化。

3）利用人工智能提升公共安全保障能力。

4）促进社会交往共享互信。

4. 加强人工智能领域军民融合

5. 构建泛在安全高效的智能化基础设施体系

智能化基础设施：网络基础设施、大数据基础设施、高效能计算基础设施。

6. 前瞻布局新一代人工智能重大科技项目

针对我国人工智能发展的迫切需求和薄弱环节，设立新一代人工智能重大科技项目。加强整体统筹，明确任务边界和研发重点，形成以新一代人工智能重大科技项目为核心、现有研发布局为支撑的"1＋N"人工智能项目群。

（六）中国机器人的起步与发展

中国的机器人产业起步较晚，也是随着中国的改革开放才逐步发展起来，目前已是全球最大的机器人市场，但是核心技术和产品离国际先进国家和地区的差距还是很大的。我国机器人产业的发展大致分成四个阶段：

第一阶段（1980—1990 年）：1982 年，中国第一台工业机器人诞生。

第二阶段（1990—2000 年）：国产移动机器人应用于汽车总装线（1992 年）；国产工业机器人应用于汽车冲压线（1997 年）；国家成立 863 机器人产业化基地，机器人产业由学院派主导；中国机器人市场年销量达到 380 台，保有量 3500 台（2000 年）。

第三阶段（2000—2010 年）：国产移动机器人批量出口国际，具备全球竞争力（2007 年）；国产洁净机器人应用于半导体行业，打破国外垄断（2008 年）；国产服务机器人、军用机器人初步形成产业规模；中国机器人市场年销量 14978 台，保有量 5 万余台（2010 年）。

第四阶段（2010 年以后）：中国机器人历年装机量逐年上升；2013—2019 年，中国连续成为全球最大工业机器人市场；中国机器人产业链条日益完善。

下面分别介绍一下相关的研究机构和产业化公司：

1）中国科学院沈阳自动化研究所是中国机器人的摇篮，是我国第一台工业机器人、水下机器人的诞生地，拥有机器人学国家重点实验室（图 11-4）。

图 11-4　中国科学院沈阳自动化研究所

2）沈阳新松机器人自动化股份有限公司是中国机器人最大的产业化基地，也是我国机器人产品线最全的高科技机器人上市公司（图 11-5）。

图 11-5　沈阳新松机器人自动化股份有限公司

3）哈尔滨工业大学机器人研究所依托哈尔滨工业大学，在空间机器人、机器人灵巧手等研发创新与人才培养具有优势，拥有机器人技术与系统国家重点实验室。

4）哈尔滨博实自动化股份有限公司致力于为客户提供包括工业机器人、工业智能成套装备及系统解决方案。

5）深圳市大疆创新科技有限公司是全球领先的无人飞行器控制系统及无人机解决方案的研发和生产商，客户遍布全球 100 多个国家。

6）安徽埃夫特智能装备有限公司是一家专门从事工业机器人、大型物流储运设备及非标生产设备研发和制造的高新技术企业。

7）纳恩博科技有限公司（Ninebot）是国内首家集研发、生产、销售和服务于一体的智能短途代步设备运营商，公司成功晋升为行业内全球领导者。

8）科沃斯机器人有限公司致力于家庭服务机器人的研发、制造和销售。经过十多年的发展，公司现已成为世界知名的清洁机器人制造商之一。

9）北京康力优蓝机器人科技有限公司产品线覆盖类人型服务机器人、教育娱乐型机器人、智能家居型机器人等智能服务型机器人产品。

10）北京天智航医疗科技股份有限公司以计算机辅助手术导航和医疗机器人为核心，获得了我国第一个医疗机器人产品注册许可证，提供智能微创手术整体解决方案。

11）京东 X 事业部专注于"互联网 + 物流"，致力于打造着眼未来的智能仓储物流系统。目前正自主研发京东全自动物流中心、无人机、仓储机器人以及自动驾驶车辆送货等一系列尖端智能物流项目。

12）驭势科技（北京）有限公司是一家智能驾驶企业，立志于用人工智能和大数据重构人和物的交通，用无人驾驶解决十亿级别人群的交通和物流问题。

（七）中国机器人整体格局

中国机器人产业布局分成五大区域，分别是东北地区、京津冀地区、长三角地区、珠三角地区和西南地区，各个区域都有自己的特点（见表 11-1）。

表 11-1　中国机器人产业布局

区　域	代表性企业	研 究 机 构	特　　点
东北地区	沈阳新松、哈尔滨博实自动化	机器人学国家重点实验室、机器人技术与系统国家重点实验室、机器人创新中心、国家机器人检测与评定中心（分中心）	中国老工业基地，潜在需求量大
京津冀地区	纳恩博、百度等	中科院自动化所、清华大学、北京航空航天大学	互联网＋、智能硬件与服务机器人
长三角地区	ABB、南京埃斯顿、苏州科沃斯	上海交通大学、国家机器人检测与评定中心（总部）	系统集成商发达，市场优势明显
珠三角地区	广州数控、大疆	中科院先进技术研究院、香港研究院校、国家机器人检测与评定中心（分中心）	3C、卫浴等行业需求量大
西南地区	中外机器人公司区域总部或分公司	西安交通大学、中科院重庆绿色智能技术研究院	汽车及零部件等行业需求量大

二、智能制造详解

依据工业 4.0 的理念，将核心的系列机器人、智能装备和信息系统三者高度融合，实现产品设计、制造、服务全生命周期的智能化、数字化和无人化。

机器人的数字化设计如图 11-6 所示，可分成六个步骤：基于任务和全域性能指标的机构构型优化、多刚体及刚柔耦合动力学建模与仿真、基于运动误差最小化的精度优化设计、高精度高刚度传动系统及结构优化、弹性力学及有限元分析和基于半解析刚度模型的误差建模与精度补偿。这六个步骤不断迭代，发现问题就会修改前序的设计与分析，直至达到设计结果。

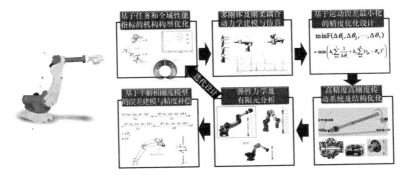

图 11-6　机器人的数字化设计（节选自新松机器人的报告）

工厂的数字化设计如图 11-7 所示。传统的工厂设计按照用户的工艺要求设计工厂厂房及产线，然后就开始实体工厂的建造，经常是边建造边修改。智能制造的设计是完成规划设计后，进行模型化设计和建模仿真，构建一个虚拟的工厂和产线，同时模拟运行，找出设计中的问题，并根据仿真结果修改原有的设计，仿真结果达到设计要求后，才开始建造实体工厂。

智能工厂具有互联、优化、透明、前瞻和敏捷五个特征，如图 11-8 所示。

所谓的智能服务，实际上是基于"物联网 +"的智能服务，包含数字孪生和大数据，有了数据之后才能进行相关的分析决策，才能提供服务，所以数据是基础，但是数据安全性与开放性又是目前的障碍。图 11-9 所示为智能服务与传统服务的差别。

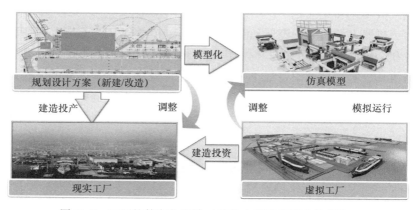

图 11-7　工厂的数字化设计（节选自新松机器人的报告）

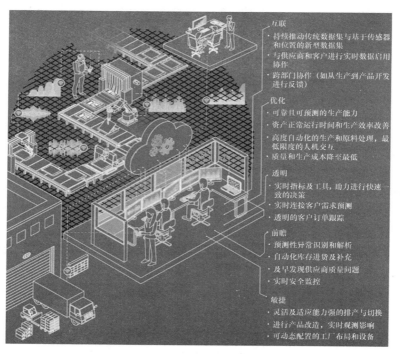

图 11-8　智能工厂的五个特征（节选自德勤的报告）

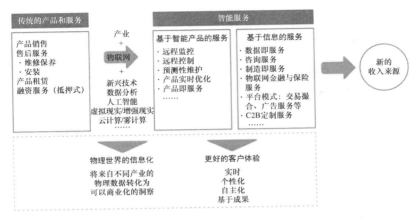

图 11-9　智能服务与传统服务的差别（节选自埃森哲的报告）

三、国内有代表性的企业在智能制造领域的实践

（一）沈阳新松机器人自动化股份有限公司

新松的发展大致分成三个阶段：第一阶段，是牛刀小试露锋芒，还在沈阳自动化所的时候，在蒋新松院士的倡导下就开始工业机器人和移动机器人的相关研发和集成应用，并取得了国产工业机器人和移动机器人的技术与应用的突破。第二阶段，是 2000 年正式成立新松公司，开始独立化的公司运营，形成了三个业务方向：机器人工程、装配与检测自动化、物流与仓储自动化。这一阶段新松深耕主营业务，开发了多款机器人产品及完成多项集成解决方案，开始布局民生、半导体业务、智能交通业务和特种机器人业务，并开始开拓国际市场，实现了移动机器人的批量出口，打破了机器人"只有进口没有出口"的先河。2009 年公司在创业板上市，开启了高速发展的赛道，新松的战略目标是以先进制造技术为核心，发展具有国际竞争力的国际化高科技产业集团。第三阶段，是 2010 年上

市以后，完善机器人的全产品线布局，建立智能制造系统解决方案体系，为用户提供智能制造的定制化解决方案，如图 11-10 所示。

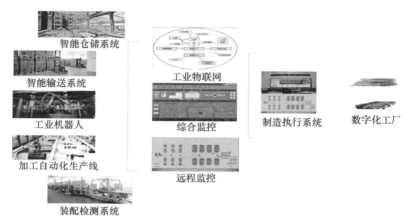

图 11-10　新松的解决方案

与此同时，新松开始搭建平台，建立机器人与智能制造生态圈，并展开资本运作；也打造新松的品牌影响力，参与国家的重大活动：2018 年代表国家参加了平昌冬奥会的《北京 8 分钟》表演，开始创办星创师大赛，开启创新创业，拥抱全球资源。

（二）配天机器人技术有限公司

配天机器人的典型客户是 3C 行业。该公司专注于工业机器人、核心零部件及系统集成解决方案，总部位于安徽省蚌埠市高新区，高技术研发总部位于北京市中关村软件园。公司业务包括工业机器人、伺服系统、数控系统、机器视觉等产品的研发、生产、销售、维修服务、技术支持和培训，同时提供机器人控制系统解决方案、成套柔性制造设备及系统、机器人应用行业自动化解决方案。经过多年的技术积累，配天机器人目前持有 700 余项专利（含 300 余项发明专利）及 40 余项软件著作权，目前参与制定的国家标准有 30 余项（图 11-11）。

图 11-11　配天公司照片

配天机器人的业务领域有八个方向，当然最大的还是工业机器人及行业应用解决方案（图 11-12）。

工业机器人

机器人控制系统

伺服驱动器

伺服电机

行业应用解决方案

产品定制方案

数控系统

机器视觉

图 11-12　配天机器人的业务领域

配天的优势可见图 11-13。

潜心研发工业机器人 10 年
完全掌握软、硬件核心技术。

核心部件自主化程度高
除减速器外的核心零部件全部实现自主化。

机器人相关技术专利 700 余项
包含 300 余项发明专利及 300 余项 PCT 国际专利。

同时进入符合工信部《工业机器人行业规范条件》的企业名单，产品质量、安全性、可靠性获国家行业认可。

获行业大奖 30 余项
截至 2019 年已连续五年蝉联行业权威奖项"高工金球奖"。

研发团队硕士以上学历占 80%
研发团队实力雄厚，核心人员都是拥有 10 年及以上行业经验的专业人士。

工业机器人累计销售近 4000 台
超过 300 家的客户及 200 多家集成商鉴定并长期支持。

通过 ISO9001 认证
能够持续稳定地向客户提供高标准高质量的工业机器人产品。

图 11-13　配天的优势

配天的机器人开发出许多单机的高级功能（图 11-14～图 11-18）：

高绝对定位精度

最优节拍轨迹规划技术

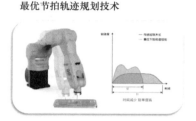

腕部奇异点避让

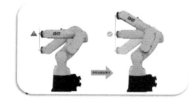

多机器人联动

图 11-14　配天的高级功能（1）

1）最优节拍轨迹规划：优化加速度，实现更短节拍。

2）腕部奇异点避让：解决在腕奇异点周围产生的关节运动速度过大问题。

3）多机器人联动：一个控制器操作多台机器人，实现协同运动、节约硬件成本。

4）碰撞检测：采用电机电流或反馈力矩检测碰撞，保证人机安全。

5）拖动示教：手动牵引机器人到达指定位姿或沿特定轨迹移动完成示教。

6）轨迹记忆：记录 TCP（Tool Center Point，工具中心点）走过的轨迹，解决机器人暂停再次起动时偏离原始示教路径运行的问题。

7）速度前瞻控制：提前发现轨迹拐点并进行速度规划，实现高速下平滑过渡。

碰撞检测

拖动示教

轨迹记忆

速度前瞻控制

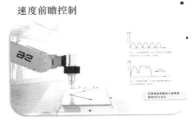

图 11-15　配天的高级功能（2）

螺旋线插补

外部轴联动

传送带动态跟踪

安全区域

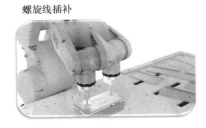

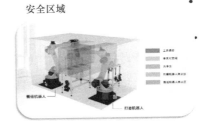

图 11-16　配天的高级功能（3）

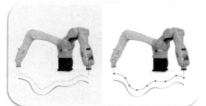
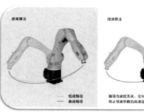

图 11-17　配天的高级功能（4）

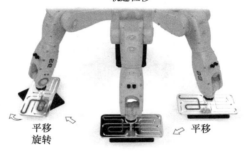

图 11-18　配天的高级功能（5）

8）螺旋线插补：通过转动次数、旋向、螺距、速度等参数设置，轻松完成螺旋线轨迹示教，操作简单，节省40%以上的示教编程时间。

9）外部轴联动：通过变位机、导轨等装备与机器人协同运动达到所要求的位姿。

10）传送带动态跟踪：机器人对传送带上运动的目标工件进行动态跟踪抓取。

11）安全区域控制：对 TCP 运动区域进行限制，避免多台机器人共同工作发生干涉。

12）B 样条轨迹：解决了使用直线和圆弧来拟合各种形状曲线存在的工作量大、拟合精度低的问题。

13）绝对路径保持：防止低速示教后高速运行时路径变化导致碰撞。

14）轨迹位移：通过轨迹平行位移、旋转等得到新轨迹，减少示教工作量。

配天机器人的软件含有两部分：底层的控制软件、工艺软件包。前面介绍的是单机性能，工艺软件包更能体现一个机器人公司的经验和从事的行业领域。下面介绍一下配天的工艺软件包所具备的功能：

1）多种复杂垛型码垛功能：重叠式、压缝式、纵横交错、正反交错、旋转交错等。

2）钣金折弯跟随：机器人按运动指令跟随钣金同步运动，实现自动化作业。

3）压铸机下料软浮动：可实现一个方向或同时几个方向的外力牵引浮动功能。

4）各种摆动轨迹：丰富的摆动功能，满足弧焊、打磨工艺需求。

5）多层多道焊：焊接 20mm 以上厚板时，快速编排焊接顺序，实现多层多道焊。

6）摆动电弧焊缝跟踪：焊枪做正弦摆运动，利用电弧检测焊缝轨迹变化，补偿上下左右偏差。

7）低电压寻位：利用低电压确定直线和曲线焊缝的起始点、中间点和结束点。

（三）北京旷视机器人科技有限公司

北京旷视机器人科技有限公司是北京旷视科技的子公司，主要从事物流系统集成和机器人产品的研发生产，属于 AI 公司里面擅长物流和机器人的企业。未来 AI + 机器人的结合可能会产生出新的物种，它的目标客户群体是医药物流和商业物流，逐渐拓展制造业的物流系统。

旷视科技长期践行 "1 + 3" 战略，"1" 代表旷视的新一代人工智能生产力平台，俗称算法的制造工场；"3"代表三个产业方向：个人物联网、城市物联网、供应链物联网。这三个产业方向都是基于旷视的算法平台在不同产业方向上的落地应用。供应链物联网就是 AI + 智慧物流的应用，其中的核心是旷视河图。

传统的物流项目往往经过几个过程：项目需求沟通、方案设计、仿真测算、招投标过程、方案的工程设计、设备制造和软件开发、部署实施、现场调试、试运行、正式上线、项目验收等过程，项目的链条长，实施的周期长、环节多（图 11-19）。

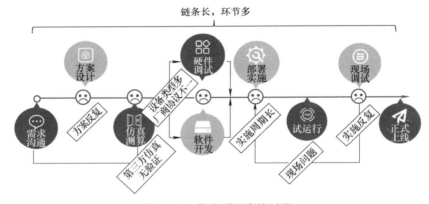

图 11-19　物流项目实施过程

为解决以上问题，旷视提出了河图的理念，如图 11-20 所示。

河图提供一站式的解决方案，主要如下：

1）客户的需求输入：简单布局、客单结构、效率要求、设备清单等。

2）利用河图的工具进行规划和设计。

3）通过河图自定义脚本，对设计进行仿真，查看仿真的结果是否达到设计要求，未达要求对方案进行更新，再重复步骤 1）、2）、3）直至达到设计要求或客户要求。

一站式服务

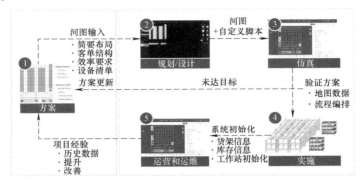

图 11-20　河图的一站式解决方案

4）验证好的方案落地实施，实现同构的仿真和代码实现。

5）系统经过初始化后，进入运营和运维状态，通过运营，搜集数据再对原有方案进行软的方面的优化，达到系统最优。

同时，项目的经验包括历史数据进入河图系统，对河图进行提升和完善，河图系统也不断迭代优化，通过自学习得到提升。

旷视河图是基于 AI 技术构建亿级连接的机器人操作系统，实现系统的生态连接、协同智能和数字孪生。图 11-21 所示为河图连接的设备与系统。

图 11-21　河图连接的设备与系统

河图连接的不仅是旷视自己的设备，也可以连接其他合作伙伴的设备，一同构成庞大的物流系统解决方案。系统越复杂，河图的优势越明显。图 11-22 是河图的一个驾驶舱画面，显示系统的状态和各种统计数据报表。

图 11-22　河图驾驶舱

四、工业机器人智能化的新进展

（一）机器人的发展方向

如图 11-23 所示，工业机器人的发展可分为四个阶段：传统工业机器人是示教再现的模式；智能机器人是基于各种传感器和网络的优化模式；下一代的机器人主要是人机协作的模式；未来机器人是基于工业物联网、AI 和大数据的模式。机器人朝着智能性、易用性、安全性和交互性的方向发展，越来越会成为人类的朋友。

（二）机器人的技术进展

（1）机器人边缘控制器　如图 11-24 和图 11-25 所示，未来的机器人是端边云结合的智能系统，而且是分布式的智能，根据需要和性能要求分布在端边云，完成不同的智能工作。

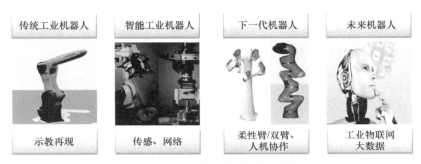

图 11-23 工业机器人发展的方向

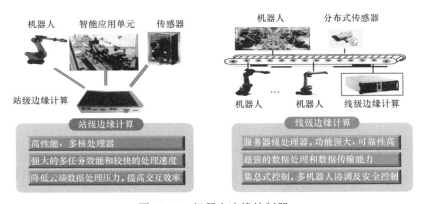

图 11-24 机器人边缘控制器

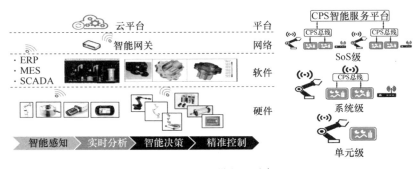

图 11-25 机器人云平台

（2）离线编程 机器人的应用场景越来越复杂，传统的示教再现方式已经无法实现，这就需要通过建立工件和机器人系统的模型，实现在虚拟空间的连续编程（图 11-26）。

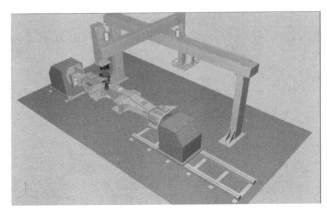

图 11-26 离线编程

1）位置规划：场地可视化布置，动作可达性验证。

2）路径规划：虚拟空间测量，测量数据的曲面重建。

3）过程规划：基于模型的加工规划，实现间接示教及快速编程，直观观察编程结果。

（3）视觉技术 随着计算机视觉技术的发展和 AI 技术的落地实施，大量的机器人应用会采用视觉技术，该技术具有如下的特点：

1）自感知，识别、定位、测量、检验。

2）高度匹配，适应不同的目标。

3）柔性灵活，适应不同的视觉类型。

（4）力控制技术 力控技术也是一种机器人的感知技术，有了力的控制，机器人就会变得很柔顺，它具有如下特点：

1）工具位置实时可知。

2）复杂曲面自主跟随。

3）间隙装配/磨抛力精确控制。

（5）移动机器人的定位与导航　如图 11-27 所示，目前的技术基本是基于固定路径的导航，未来的发展趋势是基于自然环境的理解，更像人的视觉感知和逻辑思维。

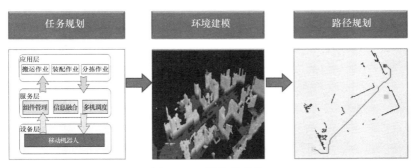

图 11-27　导航的趋势

（6）跨界融合　如图 11-28 所示，未来随着大数据、AI、物联网和云计算技术的发展，机器人产业会不断融入新的技术和模式，可预测未来颠覆机器人产业的绝不是机器人产业本身，而是其他产业或技术。

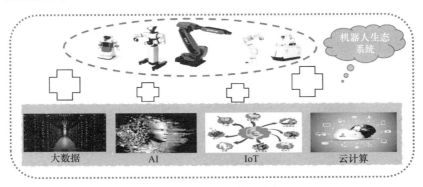

图 11-28　机器人跨界融合

12

第 12 讲

工业智能与工业互联网

史　喆⊖

　　作为国家新基建当中的一部分，近年来工业互联网的建设和发展迎来了关键性的历史机遇，成为学界与业界热议和高度关注的话题。工业智能作为工业互联网中最有价值的部分，更成为政府、企业、投资者关注的焦点。但工业智能在制造业的落地应用也遭受到了不少的阻力。笔者将从个人从业的角度解读工业互联网、工业智能以及它们与智能制造的关系，并对相关产业的竞争格局和未来发展做出一些研读。

⊖ 史喆，美国辛辛那提大学（University of Cincinnati）智能维护系统中心（Center for Intelligent Maintenance Systems）机械工程博士。现任富士康科技集团首席数字官及工业互联网办公室主任，主要负责集团数字化转型战略规划和智能制造实施落地。在加入集团之前，作为北京天泽智云科技有限公司的联合创始人，负责解决方案及战略大客户。博士期间主要研究方向：故障预测与健康管理（Prognostics and Health Management，PHM）以及PHM在各个工程领域的实践。主要研究兴趣包括半监督式学习、集成学习、多变量状态监控，以及与PHM相关的分析算法的应用。对于工业大数据应用的深刻理解来自于工业界的不断实践，参与了轨道交通、风力发电、制造业、船舶运输等行业项目研发与智能化系统开发。目前主要致力于电子制造业的数字化转型及智能制造项目落地，所涉及范围包括模具加工、大规模机械加工、PCBA以及大规模组装等。

一、工业智能在做什么

（一）电力装备智能化需求及发展历史

伴随着数字化转型，工业 4.0、智能制造等热门方向不断升温，工业智能也变得异常火爆。我们回溯历史，工业 1.0、2.0、3.0 都是在变革发生之后，大家普遍认同并总结提出的（图 12-1）。但这次工业 4.0 则是尚未发生，社会就对它的到来达成了共识。到底是什么样的因素促使主要的工业国家都普遍认为本世纪会出现跟之前三次同等量级的工业变革？我认为其原因是传感器、物联网、云计算、人工智能等技术的进步，以及工业应用中系统整合和融合能力的大幅提升将很多新兴技术的整合变得简单，这就更容易形成一个新的技术生态，这个技术生态就是本次工业革命的基础。

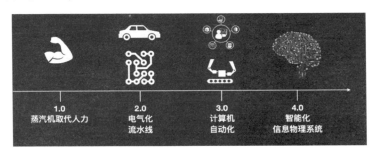

1.0 蒸汽机取代人力	**2.0** 电气化 流水线	**3.0** 计算机 自动化	**4.0** 智能化 信息物理系统

图 12-1　工业的演进

对于工业 4.0 的定义，仁者见仁，智者见智。在我看来，本次工业革命最重要的特征是智能化的落地和信息物理系统的建立（图 12-2）。新技术的成功导入最终会将瞬态整体优化的能力注入各行各业，使已有运营模式、管理方法以及很多其他生产制造的环节发生根本性的改变。这种瞬态整体优化的案例在互联网行业已经不少见，例如滴滴打车、美团外卖，在订单发生变化、专车和骑手位置发生变化时可以根据实际的情况做出全面的优化。但是目前在工业制造领域还是停留在关注单一设备、单一工位的运行优化上。那么，随着新技术的导入会发生哪些变化呢？

图 12-2　工业 4.0 最重要的特征

首先，从控制优化的层面来讲，几次工业革命使优化的能力从静态变成了动态，很快将变成瞬态。5G 与智能制造结合将会产生巨大的威力，其原因就是它可以把动态变成瞬态，做到瞬态优化及反馈，构建一个更好的管理系统。

其次，是优化所面向的对象。最早是面向单一设备，保证单一的设备运行正常即可，出现问题后，修理再使用。随着同类型设备大规模的使用，管理的对象慢慢变成集群，集群就是指在相同环境下运行的同一类设备。比如同一个风场的风力发电机集群，针对它们提供统一的管理系统。但是这样还不够，还需要把设备本体的运营和经营管理，以及周边环境等信息匹配起来才能管理得更好。互联网就是要把信息的壁垒打掉，连通各个系统，提供一个更为整体的系统，为全局优化夯实基础。就目前可以提供的算力和算法来看，管理系统能够面向的范围越广，协同优化的空间也就越大，产生的效果肯定就越好，这样就实现了整体的瞬态优化。比如，一个风场有一百台风力发电机，要保证同一个风场的发电输出，系统完全可以给每台风机分配不同的瞬时发电量，其中就有了很多可调控的空间。在构建了这样的系统之后，我们就可以把智能化的方法更全面地导入工业领域，包括设备健康管理、预防性维护等，为整个行业带来新的技术突破、新商业模式创新或者管理模式创新。

工业智能的落地给了大家很大的想象空间，包括自感知、自学

习、自决策等能力，导致 2019 年很多热门话题同时迸发，包括产业
互联网、工业互联网、智能制造、信息物理系统、工业大数据、工
业智能/人工智能、5G、物联网、边缘计算、云计算……这些技术
就是针对核心系统，做到感知、传输、存储、分析、反馈和交互的
全面升级。这些技术是怎么为工业生产中的核心业务服务的？首先
是先进传感，以前只能通过间接测量的方式去监控测量不了的参
数，现在就更有可能直接监测；第二是传输，现在可以更快速地传
输更多的数据，支持后端的分析；第三是数据的存储以及先进的建
模，即对监控数据处理后的反馈问题，需要考虑能否把结果直接反
馈回控制器或者操作者；最后是人机交互，比如将 AR、VR 等方法
应用于传统的领域，提升工作效率。

　　工业智能在落地过程中也遇到很多挑战。第一点，普遍需求的
自学习和自适应能力在目前的应用当中很难实现（图 12-3）。工业
场景中有着太多的不确定性和未观测因素，所以目前主流的智能化
应用都是解决已经观测过和已经发生的问题。在开发新的工业智能
应用时，对于算法输入和输出的不确定性管理是重中之重。这里所
说的不确定性包括了监测信号的扰动，外部的不确定因素的冲击
等。其次是要保证系统的实时性。第二点显而易见，如果不能实时
做出判断并给出有效的指导信息，智能化系统的作用就会大打折

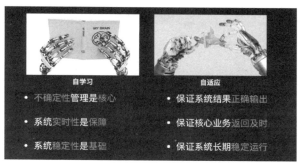

图 12-3　工业智能的挑战

扣，这就要求数据传输、处理，以及算法和算力层面一同优化，保证在规定的时间内返回正确的信息。最后一点是系统的稳定性，因为工业系统部署之后往往使用很久而不更新，要确保软件系统的稳定可靠才能支持大规模的现场部署，否则运维的成本会无法估计。

为了更加全面和规模化地解决问题，体系架构不可或缺。目前得到普遍认可的体系架构当中，信息物理系统（Cyber-Physical Systems，CPS）被认为是工业互联网的指导架构（图 12-4）。在众多 CPS 的定义中，我认为较为合理的是"信息物理系统"或"网络实体系统"，即：从实体空间的对象、环境、活动中进行大数据的采集、存储、建模、分析、挖掘、评估、预测、优化、协同，并与对象的设计、测试和运行性能表征相结合，产生与实体空间深度融合、实时交互、互相耦合、互相更新的网络空间（包括机理空间、环境空间与群体空间的结合）；进而，通过自感知、自记忆、自认知、自决策、自重构和智能支持促进工业资产的全面智能化。CPS 实质上是一种多维度的智能技术体系，以大数据、网络与海量计算为依托，通过核心的智能感知、分析、挖掘、评估、预测、优化、协同等技术手段，使计算、通信、控制（Computing、Communication、Control，C3）实现有机融合与深度协作，做到涉及对象机理、环境、群体的网络空间与实体空间的深度融合。

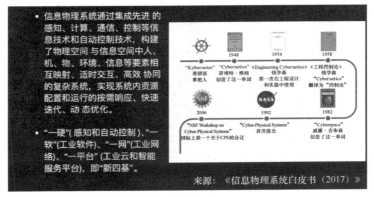

图 12-4　信息物理系统历史

从技术层面来看，CPS 可以划分为五层，每一层都包含核心的技术和应用（图 12-5）：

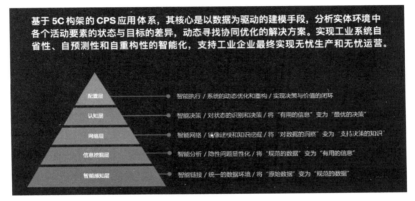

图 12-5　信息物理系统架构

1. Smart Connection Level——智能感知层

在万物互联的背景下，第一件事是如何以高效、稳定、准确的方式获取关键数据。近年来长足发展的传感器和 IoT 技术给智能感知层打下了坚实的基础。经过多年的发展，我们可以用商业可接受的成本获取尽可能多的关键数据用于远程的计算和决策，这样的事情在十年前是难以想象的。在移动互联网时代，数据的传输方式越来越多，成本越来越低，速度越来越快。可以想象，在不远的将来，全量的数据收集和传输就会成为可能，而最大的瓶颈就是感知和实时的数据分析。

2. Data-to-information Conversion Level——数据到信息转换层，也就是信息挖掘层

在生产制造当中，数据可能来自不同的设备或者系统，包括控制器、传感器、制造系统（ERP、MES、SCM 和 CRM 系统）、维修记录等。这些数据或信号代表所监测机器的系统状况、生产运行情况等。但是，该数据必须被转换成一个应用程序或对用户有意义并

反映实际情况的信息，包括健康状态、控制阈值等，才有可能为更高层的决策提供依据。目前大多数的工业智能应用都停留在这一层面，包括推行很广的缺陷检测、故障诊断等。

3. Cyber Level——网络层，即网络化的内容管理

一旦我们能够从设备或者系统获取有效实时信息，如何有效地利用它就成为下一个挑战。从被监控的系统中提取的信息可表示在该时间点的系统条件。如果它能够与其他类似的机器或在不同的时间历程进行比较，用户就能够更深入地获得对系统的变化信息和任务状态的预测。这就是所谓的网络层。网络层中各个系统的横向、纵向连通尤为重要，这是下一个决策层实现协同优化的系统基础。

4. Cognition Level——认知层，也就是识别与决策层

CPS 认知层将机器信号转换为健康信息，并且与其他信息进行比较。在认知层面上，机器本身应该利用这种在线监测系统的优势，提前确诊潜在的故障，并给出可能的解决方式。根据健康评估的历史性分析，系统利用特定的算法预测潜在的故障，并评测到达故障程度的时间。再通过整体的运行需求，找到维修维护、运行管理最优的方案。

5. Configuration Level——配置层，也就是执行层

由于可以追踪机器的健康状况，CPS 可以提供早期故障检测，并将检测的健康信息反馈给业务管理系统，使操作员和工厂管理人员可以基于以上信息做出正确的决定。同时，可以减少机器故障、降低损失，并最终实现利用系统弹性调整机器工作负荷或生产计划时间表。

在这个架构中，CPS 从最底层的物理连接到数据至信息的转化，通过增加先进的分析和弹性调整功能，最终实现被管理系统的自我配置、自我调整和自我优化的能力。

（二）案例：基于 CPS 的智慧风场设计与应用

中国的风电行业在过去十几年中飞速发展，目前已经成为风电行业装机规模和增长速度最快的国家。根据全球风能协会（GWEC）数据，我国风电累计装机容量占全球比重从 2000 年的 2.0% 增长至 2018 年的 35.4%。

但是风电行业在蓬勃发展的背后也存在着非常大的隐患，主要在于风电的成本高昂，对国家补贴的依赖度较大。高昂的成本背后，运维成本和管理成本占了非常大的比例。在计算风电的经济效益时，业界常用的两个指标是"平均化能源成本"和"能效因数"。前者衡量的是每一度电的成本，后者则是通过实际发电量与最大发电量之间的百分比来衡量能源效率。因此，在对风机进行智能管理和使用时，都需要以改善这两个指标作为最终目的。降低成本的两个最主要途径，一是降低制造成本，二是降低运维成本。

在过去十几年的竞争中，OEM 在降低生产成本方面做了大量的努力，继续降低成本的空间已经不大。但是风机在使用阶段的运维管理依然是比较粗犷的模式，对风机健康管理一直比较忽视，对运维策略和计划缺少精细的管理，现场值守和维保服务的操作缺乏规范，这些都为通过风机智能化应用降低运维成本提供了很大的空间。而能效因数的提升也与智能应用有直接的关系，一方面可以通过缩短风机的停机时间减少停机功率损失，另一方面可以通过优化风机的控制和调度策略增加风机对风能的捕获效率。

风场智能运维的核心是在对设备状态精确评估、环境状态精确预测和任务状态精确推演的基础上，对风机运维的调度、排程和执行进行管理决策的优化。风机的运维是复杂的任务，尤其是建设在海上的风场，维护需要调用船舶、直升机、海工船等特殊设备，成本更加高昂，且维修周期更长。由于风机运行环境较恶劣、核心零部件较多、风资源的随机性，以及风场多地处偏远地区等客观因素，实行人工的状态监控和维护排程难以实现风能利用的最大效率。如何根据风机的健康状态、风资源预测结果、维护资源的可用性、海上天气状况等综合因素，以实现最低的成本为目的，对风场的维护维修任务进行最优化的排程，依然是业界普遍面临的难题。因此，基于 CPS 架构开发智慧风场解决方案能够较好地化解这一难题（图 12-6）。

图 12-6　智慧风场的 CPS 架构

风场的数据环境是非常典型的多源异构数据类型，主要的数据源包括 SCADA（Supervisory Control And Data Acquisition，数据采集与监控系统）以及 CMS（Condition Monitoring System，状态监测系统）系统。SCADA 所采集的数据包括风机的工况信息、控制参数、环境参数和状态参数等，数据维度非常广，但是采样频率较低。而 CMS 则是从风机关键零部件（如齿轮箱、轴承等）上采集振动数据，采样频率在数千赫兹以上。

除此以外，风场的数据源还包括电网的调度信息、工单系统、人员管理、维护资源状态等信息。在对风机进行精确的状态评估，以及对风场的运维和使用进行智能化管理时，需要综合分析和应用以上的信息。这里从部件级、设备级和系统级等不同应用层面进行阐述。

1. 部件级：以风机自身的历史数据为基础的状态评估

基于实体系统中不同的数据来源的比较是数据驱动的风机状态精确管理的实现手段。前文中我们介绍了不同的数据源对应的不同比较维度，包括在时间维度上比较自身状态的变化，以及在集群维度上比较与其他个体的差异性。

叶片是风机捕获风能的核心部件，如果无法及时识别故障并修复，便会破坏叶片气动外形甚至造成重大结构性损伤，导致叶片大修、断裂更换，甚至风机倒塔等严重后果。我们可以使用针对叶片自身的历史数据为数据源在时间维度上比较自身状态变化的方法。针对风机叶片的健康状态实时监测，天泽智云公司开发了一款软硬件一体的产品"叶片卫士"，可以通过不直接接触叶片的声音传感器实时采集叶片运行过程中的音频数据，结合内置的智能算法，实时监测识别叶片运行的异常。

此外，SCADA 数据中有很丰富的环境参数和状态参数，这些参数之间有很强的空间分布模式相关性，这种相关性是非线性的，且某一参数变化时其他参数的变化响应速度也不同（例如转速上升时，振动最先变大，而温度的上升则很慢）。因此，用传统的物理建模手段很难进行精确的管理。应当利用固定时间窗口内数据建立的模型进行差异对比，通过对差异性的量化评估和管理达到对风机部件健康管理和故障预测的目的（图 12-7）。

2. 设备级：以集群数据为基础的状态评估

以自身历史数据为基础的状态评估方法需要充分的历史数据建立设备状态的基线模型，但是，基线模型在建立过程中会受到数据样本是否充分、工况是否完全、数据质量是否良好等许多因素的影响。

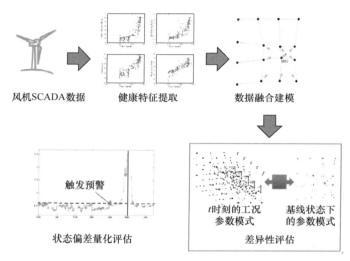

图 12-7 以风机历史数据为基础的状态评估方法

然而，由于风场大多数风机的地理位置相近，环境状况也十分相似，可以比较风机集群运行特征的分布，找到与大多数风机特征分布偏差较大的风机，从而补偿单机状态评估模型的准确率。

3. 系统级：基于结果推演的决策优化

在对风机的状态进行精确评估的基础上，如何综合状态信息、环境信息和维护资源等信息，对维护计划的决策进行优化，也是智能管理和使用的重要方面。如果依赖传统的人工进行状态监控和维护排程，复杂的海上风场运维工作任务无法实现最优的效率。

海上风场的运维策略和排程的优化需要综合考虑许多因素，包括风机的当前健康状态、维护时间窗口、对未来几天内风资源的预测、维护资源的可用性、维护人员的数量和技能、船舶的路径和成本、海上天气状况等多个维度的关键因素。在对风资源的精确预测基础上结合维护需求信息，在风资源较弱的时刻进行维护，而在风资源好的情况下尽可能运转发电。针对每个维修任务，可以由多个可用的维修团队选择乘坐多个可用的维修船只进行维修，这增加了系统维修排程安排的灵活性，有利于降低成本。但同时也扩大了搜索和推演范围，使问题变得更加复杂。

基于 CPS 架构开发面向海上风场中短期运维计划排程的解决方案，采用了多层次化的决策体系，针对海上风场维修任务的特点，充分考虑船只、天气、维修人员、维修次序、风机健康状况、航行费用等因素，建立了海上风场维护排程优化的推演和决策环境。将叶片等核心部件的监测结果作为智能运维排程系统的输入，也能进一步提升运维效率，优化运维成本。简而言之，即能够灵活适应安排 M 个维修船只和 N 个维修团队去完成 P 个不同的维修任务。通过维修排程优化，使整个维修过程中由于风功率损失和资源使用造成的成本达到最小。以某海上风场中对 17 个维护任务进行排程优化为例，优化后的排程计划在执行推演中预测的成本，比没有进行优化的维护计划成本降低了 30% 以上（图 12-8）。

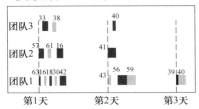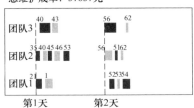

图 12-8　无策略排程与优化策略对比

除此以外，基于整个风场的历史数据统计和维护成本分析，还可以为决策者提供有针对性的改善建议。比如当出现某个零部件的故障发生频率高、平均故障时间长的情况，可以反馈到供应商，以对产品的可靠性进行改善，从而优化风电行业产业链的价值。

落地工业智能的过程中，四项技术以及相关人才是一定要具备的，包括：数据技术（Data Technology，DT）、分析技术（Analytic Technology，AT）、平台技术（Platform Technology，PT）和运营技术（Operation Technology，OT）。

数据技术通过识别获取有用数据的适当设备和机制成为 CPS 架构中"智能连接层"这一步骤的共同促成者。数据技术的另一个方面是数据通信。智能制造领域的通信并不仅仅是把获取的数据由源头直接传送到分析，它还涉及：1）物理空间中制造资源之间的相互协作；2）将计算机和工厂车间的数据传输和存储到云端；3）从物理空间到网络空间的通信；4）从网络空间到物理空间的通信。

此外，数据技术还需要考虑数据系统的 3B 问题，即 Broken（数据碎片化）、Bad（数据质量差）、Background（数据背景性强），对应信息物理系统架构中的智能感知层。除了实现异源数据的统一采集之外，还需要做到对有效数据的自动提炼，提升建模数据采集的标准化程度。在对数据进行管理时，还需注重解决数据语境的同步问题（Data Synchronization）。例如，在一条流程性制造产线中，末端产品质量的数据需要能够与这个产品在上游工序加工时的设备参数对应起来。所以，必须强化数据的全面性和代表性。

分析技术将关键组件通过传感器所采集到的数据转换为有用的信息，对应的是 CPS 架构中的智能分析层、网络层和认知层。数据分析的流程可以简单概括为三步：数据清洗、特征提取、建模分析。分析的主要场所包括在边缘端的管线式分析和在云端的高阶分析。边缘端虽然贴近工业现场、分析的实时性高，但是对数据进行处理和存储的能力有限，难以实现集中式的模型训练和预测。因此，针对边缘计算的特点，需探索流式推理技术的突破，使用小数据量的实时数据流迭代式地提炼数据中的关联性，做到模型的自优化。对于云端分析来说，跨场域、跨系统的数据融合分析，需建立预测结果的不确定性管理体系，做到对预测偏差的控制和解释。同时，针对工业小样本数据的特点，需要探索新的建模分析方法，例如半监督学习、基于时间切片（Time-machine）的状态建模、基于集群对标的建模学习（Peer-to-Peer Learning）、自适应学习（Adaptive Learning）和迁移学习（Transfer Learning）等。数据驱动的建模揭示了来自制造系统的隐藏模式、未知的相互关联性及其他有用信息，比如可用于资产健康状况预测的健康值或剩余寿命值，可用于机器诊断预测和健康管理。

这里需要提示的是，企业要构建向工业 4.0 发展的工业智能系统，除了以建模为目的的数据融合与管理，在数据分析的同时还需要考虑数据治理，形成业务数据模型，以支持业务系统的数据调用和更多的业务服务，通过信息与其他技术和系统的整合将能够极大地提高生产力和创新力。

平台技术支撑的是 CPS 架构中从智能感知层、智能分析层到网络层、认知层的功能。平台技术包括将制造数据存储、分析和反馈的硬件架构和软件架构。用于分析数据的兼容平台架构是实现敏捷性、复杂事件处理等智能制造特质的主要决定因素。针对边缘端计算平台，一方面需要通过硬件技术的突破来提升信号采集和计算能力，另一方面也需要拓展边缘端平台的协同控制能力，支撑设备集群和产线的自组织（Self-Organize）和自配置（Self-Configure）。另外，随着边缘端与云端的广泛互联，其网络安全性愈发重要，尤其是在边缘计算端平台的反馈控制实现后，需要通过硬件架构和相应的软件机制确保被接入制造系统的安全。对于云端平台，则需注重搭建模型全生命周期管理的组件，辅助模型的不确定性管理和工业智能系统的持续自学习。

运营技术通过 CPS 架构中的智能决策层和配置层实现，在于运营管理方法的升级，即将预测模型得到的知识切实转化为运维、管理决策，实现从经验驱动生产向数据驱动生产的转变。运营技术是指根据由数据中提取的信息所做出的一系列决策和行动。向操作人员提供机器和过程健康信息是有一定价值的，但工业 4.0 工厂将超越这一范畴，使机器能够根据运营技术所提供的洞察力进行沟通和决策。这种机器与机器之间的协作可以在同一车间的两台机器之间，也可以在两个相隔很远的厂区的机器之间发生。它们可以互相分享经验如何去调整特定参数以达到最优性能，并根据其他机器的可用性调整其排程。在工业 4.0 工厂中，运营技术是通向自感知、自预测、自配置、自比较等四项能力的最后一步。

需要强调的是，这些技术要素不会是孤立的存在，而是需要整合为一个系统才能发挥各自的真正作用。这也意味着未来工业智能技术的研发道路仍然会是一个跨学科、需要多领域知识（Domain Know-how）结合，并且不断在具体实践中检验的过程。工业智能体系这四大核心技术中，能够与业务价值深度融合的分析技术是目前最缺乏的，是工业智能化的灵魂。而数据技术和平台技术是工业智能化落地的必要条件，是智能化的载体，因为高效的数据连接和成熟的平台技术是智能系统部署和落地的前提，是工业人工智能技术体系中不可分割的一环。最后，运营技术是价值创造的关键，运营技术以智能分析技术的结果为依据，通过优化计算为用户提供决策建议和行为推荐，因而也是人工智能体系中的重要组成部分。

二、对工业互联网的不同解读

为了更大规模地支撑工业智能的落地，工业互联网是大家普遍认可的载体，其重要性不可忽视。官方对于工业互联网的定义为：工业互联网是连接工业全系统、全产业链、全价值链，支撑工业智能化发展的关键基础设施，是新一代信息技术与制造业深度融合所形成的新兴业态和应用模式，是互联网从消费领域向生产领域、从虚拟经济向实体经济拓展的核心载体。同时还有一些公司和研究机构更加扩大了工业互联网的范围，提出了产业互联网。产业互联网和工业互联网的区别，从工业和能源的角度来说，工业互联网旨在使用新技术解决大量的未解决的遗留问题，新技术是解决这些问题的工具，而非创造一些全新的需求。比如说在工业互联网范畴的智能工厂里面，大家始终关注提质、增效、降本、减存，这些需求一直存在，原来可能用一些很简单的方法和手段管理库存、人员，现在我们可以用更高效的方法，使得库存变少、人员效率更高，这就是用新的方法更好地解决已有的问题。而产业互联网可能更多地关注引导需求，或用新技术创造新需求，从而再去创造出一片新市场，比如共享出行（图 12-9）。

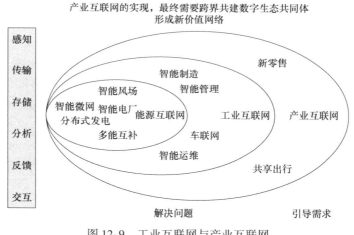

图 12-9 工业互联网与产业互联网

可以看到，之前介绍的 CPS 框架跟工业互联网在技术应用层面有很强的相关性。目前普遍认为，国家在大力推动的工业互联网就是 CPS 很多落地实践中的一种最主要的平台。GE（美国通用电气公司）在 2012 年提出工业互联网，并同时对外宣称从此以后再也不是一家设备制造公司，而是一家数字化及智能服务公司，因为他们通过评估得出，GE 所有设备中产生的这些数据以及基于数据所能做的服务在未来有巨大的价值，工业互联网也就是从这个时候开始成为一个热门词汇进入大众视野。通过近几年的实践和探索，不同的国家、不同的公司以及不同的行业从业者都对它慢慢有了更多的认识，也有了更多不同的解读和实践。

其中一种解读为工业互联网是"工业 + 互联网"，这一类厂商主要包括软件公司、互联网公司以及一些以软件为主的创业公司，其中的服务主要集中在 CRM、供应链金融、企业信息化系统建设、

B2B 采购等。主要工作就是给传统的工业行业加上"网",让原本工业企业的内外部交易变到线上,形成规模化的服务。还有一个"互联网 + 工业"的说法,就是把互联网上已经存在的一些服务和工业企业的需求结合起来,形成针对行业的新的应用和解决方案,例如智能派单、现场维护的管理服务等。在推行工业互联网的过程当中,国家推行的方向也在实践当中慢慢调整,已经从最开始的"互联网 +"、设备上云转变到"智能 +"、工业互联网和新基建。可以看到其目标更加明确,推行工业互联网最终是想把智能化的方法用在工业里。除了前面两种解读之外,现在欧美更多的企业还会提"工业互联 + 网",这可能是更为前沿的一个方向——就是企业之间打破技术壁垒,合作完成一个项目,并共同占领未来的市场。从 SAP(思爱普公司)和西门子的合作、微软和 PTC(美国参数技术公司)的合作等都能看出未来强强联合的趋势。

这几个解读就是目前工业互联网应用落地的主流方向,但现在最被认可的还是 GE 所提到的:提供智能服务——把设备、人员进行连接,得到数据后做远程的监控和诊断,然后再通过现场反馈的信息改进产品设计、改进运维维护服务,这就是智能服务的最主要内容。很多人说 GE 的 Predix 已经失败了,但是我不这么认为,GE 只是在调整 Predix 的定位和发展方式。早期成立 Predix 时,GE 其实考虑得非常全面,所提出的服务都是针对自己所拥有的工业门类的产品,针对性地设计出了几个大的服务内容,包括物流(这是跟生产最直接相关并能产生效益的门类)、物联产品、智能环境、服务团队管理,还有设备性能管理和运营优化,这些服务其实都是有跨行业共性需求的。GE 首先将这些服务推广到它自身的原有业务当中,包括航空、轨道交通、发电、水务等。也就是因为这些行业都有这样共性的需求,所以 GE 才设计出工业互联网,要发展互联网平台中的模块化应用,期望服务更多的相关企业,最终达到规模化效应,抢占市场。可是比较可惜的是,最初 GE 选择了较为领先的公有云技术,建立了 playground(应用开发环境)供大家在上面开发 App，同时还为之构建了业务生态，收购了一些与智能服务相关的公司（servicemax、wiso. io 等）。但是目前来看，Predix 还没有达到预期的效果，这不是因为这个架构设计不好，也不是因为这个业务没有价值，有可能是这个过于传统的市场在适应新技术时的惯性太大，还需要耐心并坚持。

但这样的商业模式和技术架构影响了很多公司，在世界范围内出现了很多提供工业互联网服务的公司。传统的提供 2B（to business，商家对商家）服务的大公司，如国外的 PTC（美国参数技术公司）、施耐德，国内的三一、徐工，都在布局相关业务。最主要的原因是数字化和智能化已经形成了公认的趋势，大家都在担心会错过一个时代，担心失去面向未来的竞争力。虽然很多企业在这个方向上的探索还没有能够实现盈利，但是国家在这个方向上也不遗余力地投入，通过各种方式对智能化相关的项目给予补助，目的是希望能帮助企业度过这个阶段，跨越鸿沟，让部分企业带动更多产业链上下游的中小企业发展。从这一点上看对数字化和智能化未来技术的布局，是大企业不容忽视的战略，也是国家在产业升级转型阶段重要的抓手。

我个人认为，未来工业互联网服务的竞争一定是行业服务深度下沉，在工业互联网做大量的工业智能应用，提供深度服务的竞争。工业互联网会成为跟现在手机网络一样的基础设施，只有能够为企业提供高价值应用的厂商才能更具竞争优势。那什么样的应用才是有价值和有竞争力的？我想一定是要用技术手段解决一些原本不能解决或者容易被忽视的问题的产品，最终从优化设备运行、提升生产效率、加强产品竞争力几个方面创造价值。

原本不能解决的问题包括：难以监测、数据无法获取、模型不够准确、产业链上下游未打通无法协调等。诸如此类的问题都会在上下游全量数据被接入工业互联网之后，被相应的工业智能应用所解决，并提供最优化的现场操作执行方案。容易忽视的问题就更好理解：现在的生产运行管理无法做到 24 小时全天候全量监测，一旦在成本可控范围内做到统一平台的全量监测，就会发现很多不合理的部分，再通过系统的方法和数据的方式逐一解决，这也会衍生出很多通用型的工业智能应用。

三、关于平台商的生态建设

腾讯云、阿里云等企业是做产业互联网，三一、富士康等很多大型企业都是想做整个平台的服务商。他们主要的目的就是希望发展尽可能多的技术服务公司在自己的平台之上为自己和其他客户服务，并从中抽取平台使用的费用。在我看来，关于平台商的生态建设，有三点值得关注。

首先，发展并依靠生态合作伙伴共同服务客户，已经是产业共识。平台商提供一个平台，技术服务公司在上面做应用，平台商再给大企业客户提供整体服务。平台商不会在已有的平台之上做很多定制化的服务，这样的成本压力过大，很难形成规模效应。对于平台商而言，"平台+应用"战略更是体现了对于时间、资金和信任投入的重视。开发产业需要有行业纵深的应用，需要时间和经验的积累，同时也需要客户的信任支持，不可能一蹴而就。想做到跨行业跨领域赋能，平台商就只能选择让专业的人做专业的事，最大化利用已有资源，提供最优质的服务。总而言之，平台商所需要做的，就是为专业的人提供发挥专业优势的舞台。

其次，也是在商业上很重要的一部分，就是要设计合理的分润模式。这个分润模式是建立在技术可以匹配、业务有能力对接的基础之上。如果一家公司是腾讯云的技术合作方，腾讯云要求跟该公司进行产品的合作研发，才可以对外服务。也就是说，如果这家公司原来用其他的 IoT 套件来研发他们的产品，现在就需要把这部分去掉，用腾讯云的 IoT 套件，那么在分润时也按产品的比例来分成，这就是按照技术合作的方式去分润。还可以按调用计算资源的多少（云服务）或者人工成本（外包开发）来分润。只要有了合理的分润模式支撑，技术服务公司才可以更明确地跟平台商结合，每一个付出都可以用之后的项目合作计算 ROI（Return of Investment，投资回报率），平台商因此才有一个稳固的对外服务生态。目前市面上很多工业互联网企业还都难以提出明确的分润模式，主要是因为现在的工业互联网建设还处于早期，很多落地合作都是项目制，还没有进入依靠运营赚取利润的阶段。我想，未来随着更多的业务落地，更多的工业互联网应用和服务进入运营收益期，有吸引力的分润模式一定是各家竞争的重点。

另外，平台公司要提供不可替代的底层技术，才能建成牢固可靠的生态。具体来说，竞争优势具体体现在三个方面：第一是提供平台来降低技术服务公司的开发门槛和成本；第二是降低商务成本和难度；第三是降低技术服务公司管理成本。如果没有不可替代的优势，很难强迫生态当中的技术服务公司，即本地合作企业采取"平台＋应用"的方案来开展项目合作。如果这样，平台厂商就陷于被动，在合作中处于弱势。

工业互联网吸收了互联网的优点和特质，但又与互联网的业务发展模式很不相同。互联网业务发展要接入尽可能少的数据，来实现短时间低成本的大规模用户增长。但是，自身运营管理的数据量又很大，从而提供更加有针对性的服务。比如滴滴，需要接入的数据包括司机在哪里、乘客在哪里、乘客希望去哪里，就可提供打车服务。但是，为了更好地提供服务，滴滴还要接入很多第三方信息，比如路况等。反观工业互联网，要接入准确重要的数据以保证应用效果，所以需要从用户侧接入的数据量比较大，反而对于平台本身和运营能力的要求不高。主要的原因在于工业互联网目前面向业务提供解决方案，因此整体而言轻运营、重实施。目前工业互联网解决方案有逐步深入行业、构筑行业壁垒应用的趋势，但是要注意，深度的行业应用可能不是工业互联网平台公司要关注的重点，却是技术服务公司的使命。

从目前来看，工业互联网的发展重点参与者包括四类：平台商、技术服务公司、工具产品公司和 OEM（Original Equipment Manufacturer，原始设备生产商）。它们有各自的长处和劣势，如何相互合作，共同前进是未来很重要的议题。其各自发展的重点方向如下：

- 工业互联网平台商：生态建设、设备接入（IoT）、模型管理和优化（OSL）、可信可靠的标准化数据集
- 技术服务公司：有业务深度的产品化解决方案、有完整业务闭环的场景化解决方案
- 工具产品公司：数据接入门槛低的 BI（商业智能）、模型运行管理工具
- OEM：行业化控制/运行/管理经验固化、与业务相关数据集/先进传感器

四、工业智能与智能制造

在未来的智能服务中，我们最关注的一定是智能应用的落地。在推进工业智能时，我们主要关注两个方面：一个是在产出不变的情况下降低成本，比如自动化、信息化的升级；另一个则是在成本不变情况下提升价值及竞争力，比如智能产品。以特斯拉为例，虽然特斯拉是一个汽车制造企业，但大家都认为它是一个智能化的出行服务平台，所以它的市盈率要远高于传统的汽车制造企业。目前很多企业也正往这个方向靠拢，例如三一重工原来的业务是生产大型工程机械，现在它也把工程机械的数据都开放出来，并提供远程运维保养服务，同时也把这部分能力再赋能给其他厂商，比如缝纫机、机床制造企业等，这就是他们未来的盈利策略。

智能制造目前也是工业智能很重要的落地领域。智能制造主要涵盖两个部分：第一个是智能的生产，在生产部分用智能化手段替代人，效率更高，比如黑灯生产、无人工厂；第二个是智能的产品，在产品里面加入数据采集、传输、分析的模块，可以为更多新的应用提供基础支撑。这就对应了工业智能在智能制造当中两个主

要应用阶段：生产制造环节与售后服务环节。

在目前众多的智能制造项目中，投入资金也可分为两大类：效益可计算、效益难估计。效益可计算就是加上智能应用后所节省的人力、所提高的执行效率，都是可以通过固有的财务模型计算出来的。而效益难估计部分是由于开放了很多的数据接口和计算能力，使得未来可以支撑更多的新型业务，有更多的生态可以建设，故而这一种类型的投入效益很难估计。后者甚至决定着一些大型公司未来的生死，所以能看到几乎都是大型企业才在这一部分大量投入。

其实，智能制造所涵盖的内容不仅仅是上面提到的信息化、智能化服务，还涉及很多专业领域，也就是我们所说的平台 + 应用。例如生产管理系统、智能物流、人员管理、自动化和机器人，整体的智能制造方案不是单独信息化或智能化公司就能做到的，而是需要与传统厂商结合起来，最终才能为客户达到提质、增效、降本、减存的效果。

新业态的建设是一个技术融合新商业模式的过程，技术进步引领产业链条变革。以前是设备厂商为产线提供设备，产线供给 OEM，OEM 生产后将产品就卖给客户，围绕客户可能还有一些运营服务商。这是一个包裹式的生态，各环节之间不存在合作与共赢，主要是因为信息不通畅，它们之前所提供的服务没有共同的平台。而有了产业互联网和工业互联网这些应用之后，以生产设备为核心，就可能有一些设备产线、OEM、用户、运营商之间的新的业务合作，比如现在有的机床厂商还提供加工工艺服务、备品备件供应以及设备租赁的服务等。在这一变革中，互联互通及实时的服务反馈是打破产业链条的包裹形式、产生新的生态和新的业务模式的核心力量。

设备厂商希望通过工业互联网占领服务市场，主要包括设备预防性维护、备品备件管理、耗材管理，但是这些并非制造的核心。制造的核心还是在制造者手上，可是目前看来传统的制造者对互联网、对服务盈利的认可度还不够。对平台厂商而言，从设备接入到数据管理，再到模型管理、知识管理、体系建设、能力交付、生态建设，最终达到占领市场，服务能力是在不断变革提升的。我们可以设想，在未来的生产组织当中，只要明确想生产的东西，机床就会自动加工，而生产厂并不需要知道加工工艺的细节，工厂的生产组织会变得越来越简单。未来商业模式慢慢都会朝这个方向发展，是因为这是双方互赢的局面。

　　工业智能在工业中的应用还处于探索期，仍然面临诸多挑战，智能化辅助决策仍是目前最有效的工业智能落地方式。要实现工业智能的更大规模落地，一定需要与传统行业相结合。同时，工业智能的落地也不是一蹴而就的事情，而是一个持续改善、不断精进的过程，只有日复一日地持续努力，才能让我国的制造业转型升级，立于世界前列。

13

第13讲
视觉感知如何赋能供应链

陈宝华○

本文探索了视觉感知技术在供应链优化方面的作用，包括感知控制质量、感知支持交接、感知支持优化等，阐述了这些场景的需求痛点、解决方案和应用价值。

一、概述：现状、痛点与发展需求

供应链是一个从原料到产品再到用户的完整过程，其中重要的环节包括生产、运输、仓储、销售等多个环节。在我国人口结构和生活方式产生重大变化的今天，依赖于人口红利的传统供应链模式面临重大挑战，形成了一系列难以解决的问题。

○ 陈宝华，清华大学计算机视觉博士毕业，现任教于清华大学自动化系。主要研究方向：计算机视觉感知、视觉导航与视觉引导交互，以及上述技术在物流领域的应用。在视觉领域国际会议和重要刊物上发表论文多篇，并负责多项重点产业研发项目，在人工智能技术产业落地方面具有丰富的经验。

（一）现状与痛点

1. 人们逐渐不愿从事 4D 工作

所谓 4D（图 13-1）工作是指枯燥（Dull）、危险（Dangerous）、污染（Dirty）和专深精（Deep）的工作，这些工作包括对身体有害的焊接、油漆等工作，枯燥而长时间的质检工作，高温低温环境中的工作，脏污的垃圾分类工作，以及需要长时间练习的低价值、低迁移性工作等。人们逐渐不愿继续从事 4D 工作，这种择业倾向通常出现在长期富裕的发达国家，但在刚刚脱离贫困不久，还没有全面实现富裕的我国，这一问题已经相当突出。

图 13-1　4D 类型的工作

（来源：清瞳时代）

人们已经开始不愿从事简单重复的 4D 劳动，导致人力资源供给出现较大缺口。一个典型的例子是北京附近的一家传统机电设备工厂，每年约有 30 亿元人民币的订单，但是 2018 年春节过后，原有的 3000 名电焊工人返厂工作的只有 2100 人，约 900 人不想再从事这个枯燥艰苦的重复性工作，导致其当年的订单完成率只有原来的 2/3，约 10 亿元订单流失。

2. 传统企业薪酬缺乏竞争力

各个行业间对于人力资源的争夺日趋显著，供应链中的传统行业薪酬竞争力不足。

传统行业中如机械制造、纺织、仓储运营等场景，其薪酬与新兴的快递、外卖、送餐、网店等职业相比收入水平偏低，且天花板明显，缺少竞争力。从工资水平看，2020 年深圳快递员平均工资7900 元/月，其中 8000 ~ 10000 元/月的比例占 44.4%。尽管工作强度较大，受访者主体仍对收入水平感到满意。

3. 人工管理服务模式能力不足

随着当前整体社会对服务水平的需求不断提升，传统以人工为主的管理与服务模式，越来越难以满足实际要求。消费者对于产品质量和服务水平等提出了较高的要求，且随着互联网的普及，一旦产生问题被投诉后的网络影响会很大，要求企业必须能够进行快速处置，如迅速召回某一批次的商品等。但当前的供应链管理和服务水平并不能实现精细到单一商品级别的追踪，往往只能对客户进行高额赔偿。举例而言，某国内大型物流企业每年用于赔付错发错配的金额达到 2.6 亿元人民币。

（二）共性发展需求

供应链的整体优化是关系到国计民生的大问题，其中的一些共性的问题需要被关注。

1. 4D 工作呼唤自动化

供应链中的 4D 工作是影响巨大的因素。如将 4D 工作视为一个黑盒系统，4D 工作需要稳定的输入和输出流：输入流是生产者、生产工具和生产原料，输出流通常为产品。4D 工作因为其危险、枯燥等特性，导致生产者供给不足，引起了输入流的不稳定。其输出流在不同操作水平的人员中，也容易出现质量的波动。这些场景需求的共同指向是具有自主操作能力的无人化装备，如应用于危险工作场景的搬运机器人，或者长时间持续高强度工作的自动检测设备。这些无人化设备，要么能够替代或部分替代生产者，要么能够在产品的输出质量上进行有效的把控。在人力资源日益紧张的我国，这种需求日益强烈。

2. 供应链上下游需要可控数据源

一个完整的供应链，通常包含上下游的多家企业，如生产企业、流通企业和销售企业等。关于商品的自身信息和其所在的时空位置等附加信息，是供应链各个环节进行自身管理和协调运作的必要条件，是其管理和优化的基础。但这些数据在供应链上往往是割断的，鉴于安全保密等诸多原因，多数企业难以从上下游获得必要的数据。但由于物质流的畅通，可以探索从物质流获取信息流的方法。在数字化成为企业降本提质增效的重要方向的时期，探索稳定可靠的数据获取来源成为各个企业建设的共同需求（图 13-2）。

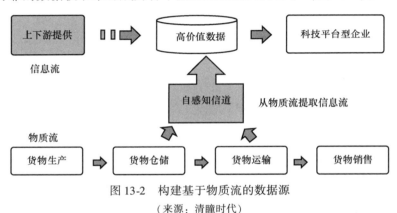

图 13-2　构建基于物质流的数据源

（来源：清瞳时代）

3. 供应链各场景需要优化工具

在拥有数据的情况下，供应链上的各个场景可以进行自己的业务优化。传统上这种优化由调度人员完成，但在复杂度、数据量、时效性要求都大大提升的今天，传统的人工规划方式已经难以满足现实要求。在较大型、较复杂的场景中进行时效性高的资源调度、空间优化、时间优化等任务，是供应链中比较旺盛的需求。

4. 供应链交接环节需要证信

供应链由多个主体组成，在两个以上的主体进行交易时，必然涉及商品交接，交接过程形成的核验信息，是付款、交接、抵押、贷款等金融行为的必要性信息。交接过程中，关于商品质量、数量、品规、生产日期等重要信息的判断，需要客观公正的核验者。

核验者可以由双方的派出人员组成，也可以由自动化检测设备来充当。在当前人力资源背景下，自动化检测设备来充当核验者的必要性日益凸显，市场需求具有准确判断能力的自动检测设备来替换双方的大量核验人员，并形成具有证信力的资料，如每一件货物的全景图像等。

（三）感知是智能化和无人化的起点

1. 为什么感知是起点

感知系统是基于各种感知技术和传感器，获取对象及环境状态信息的系统。眼睛、耳朵、鼻子、味蕾和触觉系统，就是最直观的感知系统。在供应链中也需要类似的感知系统，如视觉感知系统、声波或超声波感知系统等。感知可以为更高级的系统提供输入参数、必要数据和自适应手段。更高级的系统可以是优化系统、无人设备或其他智能化系统。感知系统可以观察供应链中所有物质流，识别重要目标并获取属性信息，判断其所在空间位置和运行轨迹，形成基于物质流的稳定的数据来源，并支持优化系统进行各种优化，形成决策。感知系统可以安装在无人设备前端，确定自身位置，引导无人设备安全稳定地前行，并引导无人设备进行货物的抓取分拣。感知系统自身是智能系统，其获取的各种信息也可以被其他的智能系统所用，可以支持多智能体协同工作的应用方式。

2. 常见的感知手段

供应链领域典型的感知识别技术可以粗略归纳为如下几类：①对包装作业单元标签进行识别的条形码、二维码、射频识别

（RFID）技术；②对作业人员、具体物流对象身份特征进行识别的视频识别、人脸识别、指纹识别等；③对地理空间进行识别的全球定位系统、地理信息系统、激光定位系统、视觉定位系统等；④对环境信息进行识别的识别系统、温度传感器、光传感器等。随着技术发展，各种新型传感器和感知技术还在不断地增加，如气味嗅探器等。

3. 视觉感知的潜力巨大

这些感知手段各有特点，可以在不同的场景中根据特性来使用。但在所有感知方式中，有一种潜力十分巨大，这就是视觉感知。这是因为，在所有的感知方式中，视觉感知所获得的数据是最丰富的，应用场景也最广泛，如人类获取的 80% 的信息都来源于视觉系统，在任何新的环境中，视觉系统都能够提供较为充分的信息。

但视觉系统中输入的信息通常都是非结构化的，数据量又非常巨大，需要强大的信息处理能力，包括强大的运算力量和识别能力强的算法。这些年，随着以深度学习为代表的、基于数据驱动的人工智能方法的快速普及以及算力的进步，视觉感知方式有了越来越好的落地性和应用条件，在多个领域中获得了良好的发展态势。如在质量检验领域，良好的视觉感知方式可以长时间工作，避免人类的疲劳和检测水平的波动；在供应链的交接环节，视觉感知系统可以对货物的外观属性进行详细检测，与数据库中的信息进行校验，并将货物全景图像和身份特征存入证信云中；在优化和辅助决策领域，良好的视觉感知方式可以提供前所未有的充足的数据，支持优化系统和辅助决策系统进行正确快速有效的决策；在设备无人化领域，感知可以为其提供充分的环境和障碍物信息，并支持其完成自身定位，引导分拣和抓取等；在安全领域，视觉感知可以通过各种监控摄像机完成，对工作场景进行全程监控、行为识别、目标跟踪等。

通过视觉感知所获得的信息，可以重构供应链中各环节的业务模式，重塑工作流程，提高供应链的整体反馈速度，提高供应链的整体水平和稳定性，在质量、效率、成本、安全等维度获得巨大收益。

限于篇幅，本文将重点阐述视觉感知对质量检验、货物交接和空间优化的支撑和促进作用。

二、感知控制质量：质量检验

在生产的过程中，质量检验是一个重要的环节，包含来料质量检测、成品质量检测，以及加工工序中的半成品质量检测等。产品质量检测是控制产品质量、保证稳定服务水平的重要步骤。在以往的产品质量检测中，多数使用人工的检测方法，这种方法稳定性差且难以持续。随着时代的发展，一些国外大型公司提出基于机器视觉的质量检测，能够部分解决这一问题，但也具有误杀率高等一系列问题。

（一）现实痛点

1. 质检工作量巨大

（1）检测对象多　正常而言，生产厂家对于其生产出的每一个产品都应该进行质量检测，但经常难以实现。以芯片封装厂家为例，一家芯片封装企业每天生产的芯片数量可达 2000 万件，而且在来料中间工序和产品各个环节都要进行检测，如果做到全部检测，其工作量可想而知。在没有足够人力时，只能用抽检的方式进行，这种方式使一些有缺陷的产品成为漏网之鱼。

（2）检测颗粒度细　一些生产厂家的产品检测颗粒度很细，以布匹质检为例，成品出厂时要对每一条经纱和每一条纬纱所能够形成的瑕疵全部检测，意味着分辨率达到经纬线的级别，也就是0.1mm 左右，这种级别的检测工作量是非常巨大的。一个小型的布匹生产厂大约就需要几百名质检工人，代价高昂。

2. 人工方式难以长期持续

（1）细小难以看清　由人工方式进行具有上述特点的检验时，如果被检测对象过于细小，需要使用非常精细的观察方式，对质检人员的眼力提出了特别高的要求。

（2）专业不易看懂　一些产品的瑕疵并非简单易懂，需要专业的深度知识才能够理解和判断意义及其所造成的影响，这种知识的学习过程通常较长。而质检人员工资水平相对较低，公司难以长期留住高水平的质检人员，导致流动性较大。如何完成培训并挽留质检工人长期工作，成为生产厂家关注的重要问题。

（3）注意力难以维持　在使用人工方式进行质检时，由于检测对象精细，要求注意力集中，并且能够全天保持在一个较高水平，这对质检人员提出了巨大的挑战。因为人体的生理结构和特性对此类工作并不适合，这一生理特性对质检工作的质量稳定性提出了较大的挑战。

（4）可能产生危险　某些产品的原料或中间产品有毒或者有辐射的危险，以电镀材料为例，生产过程中所需要的是氰化钾、氰化钠、氰化金、氰化亚铜等氰化物，通常几毫克就能致命。在这样的环境中进行人工质检，对质检人员的生命安全提出了很大的挑战。

3. 现有系统虚检率高

在人工质检方式遭遇较大挑战的背景下，国外的大型机器视觉厂家提出了基于传统机器视觉的质检方案，包括检测硬件和软件。以芯片封装行业为例，芯片封装后，需要进行严格的质量检测，当前国外大型企业使用传统的基于模板匹配和差异检测的方法，造成质检设备虚检率较高，一些疑似但可用的芯片会被大量弃用，导致封装企业利润严重损失。所以，这种工作方式难以被企业全盘接受。使用中通常使用大量人力进行二次筛查，挑出可用产品进行销售，这一方式费时费力、成本高昂。

（二）解决方案：基于表示学习的芯片封装检测

针对这一情况，一些新兴的计算机视觉公司与国内大型企业合作，利用以表示学习为主的方法，研发了基于计算机视觉的质量检测系统。相比于国外大型企业，这种方法可以达到不需人工复检的效果。此处以芯片封装检测为例，讨论基于表示学习的质量检测方法。其可根据瑕疵与背景关系、瑕疵形状、连通性等判断芯片是否可用，解决了芯片封装全自动质量检验的问题。

1. 基本瑕疵的识别

（1）点状瑕疵　点状瑕疵通常是面积较小的单点瑕疵，如芯片状况中的灰尘、异物所造成的较小面积的瑕疵，以及一些焊点缺失之类的瑕疵（图 13-3）。这类瑕疵的数量众多，在实际识别过程当中难度较大，但由于其危害通常有限，审核也比较宽松。检测这一类瑕疵需要高清相机，要有良好的检测识别算法。在拍摄清晰的条件下，使用机器学习中的常规检测和分割网络，即可以检测和识别。

（2）线状瑕疵　线状瑕疵可以由丝线、毛发、裂痕等形成，此类瑕疵通常需要考虑导电联通性造成的破坏（图 13-4），检测困难，且需要判断线条落在背景区域中的位置和相对关系，需要使用基于表示学习的方法，利用大量的数据学习线状瑕疵的独特特征，完成瑕疵检测，并需要依据瑕疵与背景的关系进行影响判断。

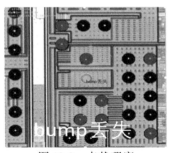

图 13-3　点状瑕疵

（来源：清瞳时代）

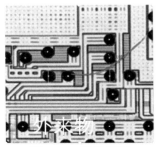

图 13-4　线状瑕疵

（来源：清瞳时代）

（3）面状瑕疵　面状瑕疵可以由水渍、渗漏、金属镀层不匀、大型异物吸附造成（图 13-5），影响有大有小：水渍等通常影响有限，但检测识别较为困难；大型异物等影响通常较大，但检测识别通常相对容易。

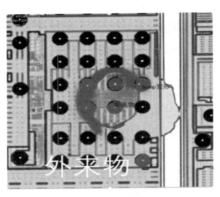

图 13-5　面状瑕疵

（来源：清瞳时代）

2. 瑕疵背景区域的分割

（1）导电区域　背景区域中大体可以分为导电区域和隔离区域，以及一些附属区域。导电区域通常由金属镀层构成，其内部通常具有丰富的纹理和色泽的变化。这会给精细分割带来巨大的挑战，需要使用良好的机器视觉算法。

（2）隔离区域　隔离区域通常由狭窄的线状目标组成，边界相对清晰，易于精细分割，但通常需要专业知识才能识别。

3. 判断好瑕疵影响大小

（1）根据瑕疵性质判断　对于影响比较大的瑕疵，如芯片封装中的焊点信息，一旦出现这种瑕疵，该芯片往往难以使用，其影响较大，可以直接拒绝。

（2）根据瑕疵规模判断　对于影响比较小的瑕疵，如异物、水渍等，需要根据其大小进行判断。如果瑕疵单个点的面积超过一定阈值，或者多个瑕疵点的面积之和超过一定的值，同样需要拒绝。

（3）根据瑕疵与背景区域的关系判断　瑕疵与背景区域的关系对于判断瑕疵影响价值很大。如果背景为面积较大的导电区域，出现个别的点状或者小的线状瑕疵，通常可以接受。对于一些跨越面积比较大的瑕疵，需要考虑其连通两个导电区域的可能性，如果连通两个区域，则通常会拒绝（图 13-6）。

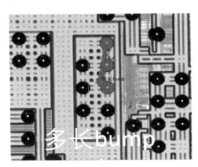

图 13-6　大面积的瑕疵需要考虑背景关系
（来源：清瞳时代）

（三）价值分析

1. 当检全检：提高检测覆盖率

在一个典型芯片封装厂中，一天的封装片数为 2000 万片，一年有 40 亿片。如果仅仅依赖有限的检测工人，则只能做到抽检。对于未检测样本中包含的有瑕疵芯片，存在较大的赔偿风险。而采用基于视觉的检测系统可以做到全检，不漏过任何一个芯片。

2. 节约人工：大量节约人工

使用机器可以更换大量的人工，对于检测工作尤其突出。我国当前人工已经不仅仅是成本问题，而是能否找到愿意做这类枯燥工作的人。

3. 增加收入：不被虚检，增加收益

传统的差异检测系统虚检率较高，导致大量合格产品被放弃。使用基于表示学习方法的设备可以做到精确检测，避免了虚检、漏检、错检所造成的直接损失和远期损失。

三、感知支持交接：数量管理

供应链领域的各个主体在进行货物交接过程中，都需要双方派出足够多的人员进行核验，确定品类、数量、批次、质量等重要信息，才能完成货物交接。视觉感知技术可以形成自动化的核验设备，自动识别货物属性信息，并完成数量校验，支持全自动的货物交接。此处以物流仓储场景的出入库货物交接为例，阐述交接的需求、挑战和解决方案。

（一）现实痛点

收发货环节是仓储业务的重要一环，经抽样统计，收发货环节在仓储作业中的人员工时占比约为 15% ~ 20%，有较大的人员成本降低及运作质量、效率提升空间。该环节的数字化程度对仓储作业的运营管控有重要影响。

1. 账实不符：人工统计数量错误

在仓储管理中，管理系统中记录的货物品规、数量等信息要与实际世界中的物品一一对应，称为账实相符。在实际运行过程中，想要达到账实相符的目标并非易事。传统上采用人工统计的方法来确保这一点，但随着电商等行业的快速发展，仓储规模越来越大，货物流通频率越来越高，人工方式实现账实相符的难度越来越大。特别是在环境恶劣的仓储环境中，如 40℃ 以上的夏季车厢，或者是0℃ 以下的冬季仓库门口，通过人工烦琐的操作来确保账实相符难度较大，品规和数量的统计经常出现较高的错误率。

2. 无法追溯：人工发货批次混淆

在供应链管理中，进行货物流通过程中的全程追溯一直是数字化供应链的追求目标。货物追溯的价值，可以通过一个例子来说明，如某一生产厂商因发现一批货物原材料出现问题，需要追回该批原料所生产的产品，就需要知道这一批货物都销售到了哪里。

这种分配信息应该是由仓库出库的配货过程予以确认。传统上配货过程中需要人工确定每一箱的批次，由于货物批次是精确到每一箱的，这样的区分度所需要的人工数量巨大，人们也往往不愿去实施，可能会用一批货中的某一箱的批次去代替其他货物，这样就带来了发货批次的混淆和错误，难以实现数字化供应链溯源每一箱货物的目标。

3. 格式多样：扫码系统难以覆盖

为解决账实相符和产品溯源的问题，一些科技公司提供了以扫码设备为主的解决方案，包括手持式扫描枪、射频识别电子标签等。但这些手持扫描设备通常只能识别条形码或方块码，对于使用喷涂装备喷涂的批次数字以及象征品规的品规号，不具备识别能力。基于现有扫码系统的方案，难以实现品规、数量和批次全面自动化识别的诉求。

（二）解决方案：视觉货物收发系统

1. 区分品类：货物表观识别

在仓储收发的过程中，确保所收货物品类无误是一项基本要求。货物品规的区分，通常可以使用条码或印刷的字符进行区分，可以使用的技术包括扫码枪和 OCR（Optical Character Recognition，光学字符识别）方法，这两种方法可以应对一些管理较为正规的情况。但在实际运行过程的一些特殊情况，经常导致扫码枪和 OCR 方法无法工作，如套码的情况，即同一品规码对应不同的品规。这种情况下，一种有效区分品规的方法是使用货物的表观信息进行区分。所谓货物的表观信息，是指覆盖货物的表面图像，它包含了条码和很多文字，以及印刷的货物图案，相当于所有信息的一个全集。以前缺少有效的方法利用这一全集，现在随着深度学习等人工智能技术方法的出现，可以有效综合利用这些信息。对货物的表观图像，提取金字塔结构的深度特征，深度特征既可以利用金字塔顶层的图像整体轮廓信息，也可以利用金字塔底层的细小的颜色信息。这种特征对于货物的不同品规具有较强烈的区分性，是一种较为有效的方法。

2. 清点数量：利用体积积分

在仓储收发交接的过程中，货物的数量信息是至关重要的信息，也是实现账实相符的重要考核指标。在一些大型的以传统人工方式为主的仓库中，在货物繁忙时期，出现货物数量差错通常难以避免。某大型物流厂家在数年内统计，平均每年因数量错误导致的货物赔付金额高达 2 亿～3 亿元人民币。为解决这一问题，需要有效的货物数量清点方法。一种有效且可以复用的货物数量清点方法，是根据体积来进行估计的方法。

对于收到的一种托盘货物，在预先已知单件货物体积的基础上，可以通过测量总体积来获得整托的货物数量。整托货物数量就等于整托体积与单件货物体积的比值。这种方法可操作性强，实施简便，虽然使用范围只能适用于同一品类的货物，但仍然可以有效降低人工清点导致的错误率。

货物体积测量本身就是物流中的一个重要工作。

在货物的各种信息里，体积信息常常是与价格相关的一种信息。对于轻抛货物情况，运输商需要使用体积来进行运输定价；对于仓储运营商，体积也是其限制仓储使用效率的重要因素。因此，一种有效地进行体积测量的方法，对于物流行业已经具有较大的价值。在体积测量的基础上，还能够衍生货物清点服务，体现了这一方法的复用价值。

3. 识别批次：复杂光照条件下的文字识别

在货物的各种信息里，批次信息是一类重要的信息。批次信息代表着产品的生产时间和流水线。在外形相同的货物中可以精确到秒的批次信息，一些情况下可以作为单箱货物的唯一 ID。这些批次信息通常以喷涂的方式印刷在纸箱上，其中可以包含字符，也可以包含二维码。如果具有识别批次的能力，就可以将产品溯源的分辨率达到单箱级别。但喷涂形成的字符和二维码的高度通常较小，常小于 0.5cm。其喷涂质量较差，字符经常出现歪斜和喷涂不清晰的情况，二维码的可读性也比较差。而且在半开放的仓库出入口，光照条件会随时间变化而变化，塑料缠膜反光等因素也会造成识别的困难（图 13-7）。

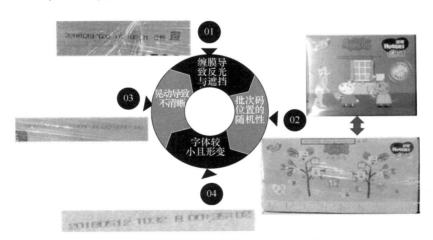

图 13-7　复杂光照条件下的文字识别

（来源：清瞳时代）

这种情况下需要一种适应复杂光照条件的、以 OCR 为主的批次识别方法，能够与条码识别进行相互补充，以适应物流场景中的批次识别要求。当前随着表示学习方法的发展，系统自动适应环境的能力大大提升，为解决这一问题提供了可能性，一些计算机视觉企业已经能够实现这一功能。

（三）价值分析

视觉感知设备可以用于仓储和其他货物交接场景。以仓储场景为例，中国现有仓储面积为 10.9 亿 m^2，具备货物感知能力的高标仓不足 5%，约 10 亿 m^2 的普通仓储面积中，针对货物的流入流出，只能采用人工管理或利用低水平设备（手持扫码设备）进行管理，导致管理效能低下，错发漏发情况普遍存在，难以满足用户日益精细的管理要求。

1. 流程优化

在视觉感知设备支持下，通过自动化、智能化的货物收发处理过程，对原有业务流程进行优化改造，可实现从单箱货物到整托货物的识别、测量和检查。通过视觉识别设备扫描货物表面，进行箱体分割以支持货物计数，并精准检测每箱上的标签，识别其上的文字和条码，一步完成并获得品规、批次、数量等货物信息，并直接提供给仓库管理系统，整体效率提升 2~3 倍。

以北京某仓储企业为例，原来每月 50 万件的收/发货量，需要 17 人处理，通过自动化识别设备的优化，实现了提升生产效率、节省人力成本、简化业务流程的效果，使仓储作业效率提升 40%~50%，整体识别准确率可达到 99%，目前只需 10 人处理，单托货 1min 即可完成识别处理，为一线操作人员大幅度地提高了效率并节省了重复劳动所消耗的时间。

2. 账实相符

通过使用以计算机视觉为主的技术，构建可以自动识别货物的品规数量和批次的视觉感知设备，实现账目数据与现实情况的逐一核验，确保账实相符。将这一设备架设在仓储的入口，可以实现收货数量与应收货物表单完全一致，确保不错收；将这一设备安放在仓库的出口，通过识别品类批次和数量，确保应发货物与货物账目的批次、数量完全一致，保证不错发；将这一设备安放在具有自主移动能力的车辆上，可以实现仓储内部的货物盘点，确保仓储库存情况与库存清单的信息一致，做到不错放。

3. 货物溯源

通过在供应链的各个关键节点上，如仓储收发、货物分拣、货物装载等环节，部署上述以计算机视觉技术为主的视觉感知设备，识别在供应链各个节点上的货物自身信息，以及其出现的时间、地点等信息，可以实现货物的全程追踪，知道每批货物都流向了哪个方向，支持货物全生命周期的精准溯源。

4. 通用信道

这种以计算机视觉为核心的技术路线，是一种难度较大，但适应性较宽的路线，可以将其视为一种通用化的信息感知手段。它可以适应多种光照条件，适应多种喷涂信息，适用不同的货物类型，可以作为从物质流中提取所需的信息流和数据流的安全稳定来源。

这种感知和认知能力，作为一种相对基础和通用的能力，预计将在物流数字化升级的大背景下发挥重要的数据源价值。

四、感知支持优化：空间优化

供应链的各个场景中，都存在优化空间，这些优化任务可以是运输路径优化、资源分配优化、任务调度优化等。优化任务中，一种重要任务是空间优化，此处以空间优化为例，阐述视觉感知对于优化系统的支撑作用。空间优化是指对于一批货物而言，在其运输、存储、分拣的过程中，形成并优化其摆放方案，以实现最优的空间利用效率。

（一） 现实痛点

以车辆装载优化为例，一种直观的优化方法，就是将所有货物按照其体积、重量等约束进行穿插组合，以达到同一车厢内运载更多货物的优化方案。在形成这一优化的过程中，有两个要素是影响这一优化方案能否成型的重要变量。第一个变量是货物的体积和三维轮廓能否被清晰准确地感知。这一变量是优化的前提和基础，而通常情况下，现有物流系统较难获得精准的货物体积和三维轮廓。第二个变量是寻找一种有效的优化方法，能够在满足现代供应链精细要求的条件下，提供较高的装载配载方案。这些要求包括配载方案的重心必须要小于安全阈值、货物的装载时间要短、卸载代价要小等。特别是在多用户货物混合拼箱的情况下，要确保各种代价都很小，并非易事。

1. 效率低下：手动量方操作烦琐

为实现货物的空间优化，首先需要解决精准量方和货物三维建模的问题。

在当前供应链系统中，经常使用的方式是手动量方。这种方式所带来的问题是效率低下、精确率低，并且由于需要人工反复烦琐操作，在缺少监督的情况下，这一操作能否被执行很值得商榷。尤其是在轻抛货物场景中，货物的体积实际上是成本的主要构成要素，而非重量。此时，如果工作人员因为量方烦琐而采用便于操作的称重计费方式，物流承运商将承受较大的损失。这种情况下，需要一种自动化程度较高的、测量精度较高的自动体积测量方法。

为解决这些问题，国内外的机器视觉企业，都尝试研发使用激光和 RGB-D（Red Green Blue Deep，彩色深度）相机等基于传感器能力的自动量方设备，取得了一定成果，可以在一定程度上解决自动量方问题。但也具有一些局限，比如：基于激光的自动量方设备通常要与流水线配合，从而完成体积扫描；对流水线的速度配合有要求；对于车辆输送的货物无法使用。基于 RGB-D 相机的测量方案通常比较适合于较小的物体。对于较大的物体，限于传感器的感知范围，通常难以覆盖，且 RGB-D 传感器的红外光源，在半开放的、受日光影响比较大的仓储入口会受到很大的影响，精度和测量范围下降。基于以上方法，对于形成货物的外包络计算和粗略的外包络体积是可行的，但对于精细三维建模还有难度，需要一种更为强大的、对光线不敏感的、能够测量较大体积的量方和三维建模工具。当前市面上一些高科技型企业和国际上的机器视觉巨头都在该领域进行布局，企业和用户也都在期待这种成果的早日出现。

2. 依赖经验：人工配载需要熟手

为实现货物的空间优化，需要有一个好的规划模块，用于将上文已经获得的货物体积和三维模型信息进行空间中的组合优化。在当前实际物流系统中，特别是对于一些大小货物混装的出口货物场景，这一规划工作由工作 5 年以上的叉车司机带领两名装车工人完成。熟练叉车司机基于前期积累的较多经验，对于复杂的货物类型和大小可以进行相对有效的合理安排。两名装载工人负责根据装载过程的细节情况进行微调。这种方式对司机的要求相对较高，形成了较大的人工成本压力和人员流动限制。在人力成本迅速上升的当前，对企业形成了较大的压力。

3. 重心超标：人工装车重心偏移

在人工规划方案时，对于体积等容易用肉眼观测的变量，尚可以给出一些相对较为合理的处置方案，但对于重量这种人体无法凭目测来获取的变量，其组合优化就非常不利，即使是成熟的装载工人也很难保证装载完成后，货物三个维度上的重心均能够满足安全运输的重心要求。

4. 无法预知：剩余空间难以提前出售

随着电商的发展，物流呈现"多批次、小批量、高时效"的发展趋势。拼车运输、拼集装箱进出口等情况，在运输业务中的占比越来越大。在这种情况下，提前预知车厢剩余体积并进行及时出售，成为物流运营商拼单运营的基础需求。这种需求在人工装车规划的条件下，无法提前给出，必须实际装车后才能给出。而装车后，已经来不及销售剩余空间了。市面现有装载规划算法通常都使用传统的数学规划方法，对于单一客户的货物进行规划装载，如通过大小错落的方式进行空间优化。但对于多用户拼箱的情况，如果将所有用户的货物全部打散之后，按照传统规划方法来规划，会带来装载时间上升和卸载代价急剧增大，客户和上下游现实业务难以接受。这一部分下文有详细阐述。

（二）解决方案：视觉量方和空间规划

1. 体积测量：立体视觉自动量方

（1）立体视觉　立体视觉是计算机视觉领域的一个重要模块。人类之所可以分辨各种各样的物品并感受到它们的大小和远近排布，正是得益于我们的双目视觉系统。那么，我们要想让机器人跟人一样可以分辨物体并区分大小远近，同样需要赋予机器人双眼，立体视觉设备和算法就可以实现这一目标。立体视觉系统通常由参数相同的两个相机组成，两个相机平行朝向同一方向，相机光心处于一条直线上，相距一个固定的距离。相机后端有一个计算芯片，对两个相机拍摄形成的图像进行处理，利用同一物体在两个相机上形成的视差，估计物体的远近大小等信息。

（2）深度估计　当我们看到一个物体时，可以估计出这个物体距离我们的远近，这就是立体视觉在发挥作用。简单地说，物体距离拍摄点的远近称为深度，对深度的准确估计是体积测量、三维建模等功能的核心。在立体视觉中两个相机在不同位置拍摄所形成的视差，就可以用来形成深度图。但是，想要获得特别精准的深度图，需要精心设计拍摄系统。要根据被测货物的大小、测量距离，精心选择相机、焦距、镜头等要素，以及确定两个相机之间的距离，也就是被称为基线的部分。还需要精细设计算法，如在测量深度时，确定物体边缘的精细分隔算法的精确度也会对深度产生较大影响。

（3）三维建模　三维建模是指在估计深度的基础之上利用双目视觉等方法，使用图像融合、自动配准等方式，融合不同视点拍摄结果，构建整个货物三维模型的过程，包括形成点云、点云融合、表面纹理贴图等内容。输出结果是一个带有颜色信息的三维模型，并带有尺度信息。其几何结构、尺度信息可以支撑后续空间规划。

2. 空间规划：追求装载率最优

（1）空间类型　空间规划是仓储和运输中一类较为重要的规划内容，空间的大小，自小到大可分为托盘、车辆、集装箱、仓间、仓库、场站。填充空间的主体可以是货物，也可以由货物组成的托盘。

（2）自动化需求　在空间规划过程中，既要考虑传统的人工装载方式，需要符合人工操作的便利性和使用习惯，不能提出特别复杂、让人无法记忆的方案，或者需要对货物进行非常繁杂的旋转操作等，实现系统的简单易用；也要考虑使用自动化设备码放的未来发展趋势，需要考虑机械臂等装载工具的工作空间要求、遮挡要求等；还要考虑人工和自动化两种方式的共同点和各自特性，研究生产适合于人工和机械两种方式的空间规划方法。

（3）规划原理　进行空间优化时，最常见的是基于数学规划的方法。根据物体的体积和三维形状，决定一个货物相对于另一个货物的位置关系，如前后、左右、上下，并决定是否旋转。这些方法中基于隔板原理的方法最为常见，它是将一个待优化的三维空间，如车厢，用多层隔板进行从上到下的分割，构成一个类似于书架的多层结构，而后只需要解决每层书架之内的货物水平优化摆放问题就可以了。这种方法结构简单、效率较高，但由于每个货物不能准确填充书架的高度，因此空间利用率相对较低。此外，还有基于角点的方法，这种方法在一个三维空间中，从一个角落开始就进行空间规划。选择一个货物首先填充到角落中，然后在该货物的三个可行方向上面选择最合适的货物进行放置，并确定货物的旋转和方向，使之与第一个货物进行最合适的贴合（图 13-8）。这种算法最适合机械操作，是后续自动化装车的有力支撑。但是，其运算复杂度较高，不容易找到装载率的最优解。此外，实际配载时，还有众多约束需要考虑，如货物大不压小、重不压轻、重心约束等，需要在实际研发和应用中综合考虑。另外，两个与装载相关的约束特别值得考虑：一个约束是装车过程的路径规划，以降低装车时间；另一个约束是卸车过程的卸载代价优化，以追求卸载代价最小化。

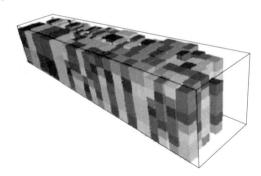

图 13-8　常见的装载优化方法
（来源：清瞳时代）

3. 路径优化：缩短装载时间

对于一个较大集装箱货车，其装载时间通常可以达到 4 ~ 5h，其中车辆移动所占时间消耗会比较大，车辆移动一次通常需要 15 ~ 20min。传统的装载优化算法中，通常不考虑装车过程中的路径优化，而是将注意力集中于装载空间的优化。但是，在实际情况中，装载路径是影响装载时间的重要因素。可停放车位是否空闲、前后两个装载之间是否处于较相近的位置，或者是否处于同一楼层，对装载过程所占用的时间影响很大。另外，司机在装载过程中能不能被提醒，也就是能不能使司机及时回到驾驶位置，也会对装载时间有一定的影响。

（1）同层优先　同层优先是指对于具有多层结构的仓库而言，在设计分配多单货物、确定各单货物间的相互组合关系时，既要考虑两单货物聚集在一起会有较高的互补性，以提高装载率，同时也要考虑两单之间最好具有空间上的距离优势，使得装载移库时间最小。因为同层货物间具有较低的移动代价，甚至在某种情况下可以通过不移动车辆而是移动装载工具的方式降低装载车辆移动代价。所以，进行货物分配时，可以考虑同层货物优先集中配载，这一规则还可以扩展到路径相近或者有特殊通道相通的两个库位之间。

（2）空闲优先　空闲优先是指在进行车辆配载优化时，除考虑较高的装载率约束外，还要考虑忙闲车位的均衡配比，保证每一集装箱中需要装载的货物都有一部分来自于空闲车位，一部分来自于忙碌车位，这样使每一集装箱中间的货物装载时间达到均衡可控的效果。

（3）主动提醒　主动提醒是指每单货物装完前的某一时刻，系统可以提供一种远程联系司机的方法，通知其在货物装载完成前及时赶回到驾驶位置，确保在货物完成的第一时间，能够及时将车辆移动至下一库位。

4. 同单集拼：降低卸载代价

（1）传统方式的局限性　在传统的大批量海运进出口场景中，同一集装箱所装载的通常是同一用户的货物，这种状态下，传统的方法只需要考虑如何达到装载率最优就可以了，当前市面上常见的装载规划软件大多是这一类型。但是在"小批量、多批次"货物不断增多、拼箱进出口的大背景下，一个集装箱内可能装有几家甚至十几家不同用户的货物。如果使用传统装载规划软件，单纯追求装载率最优而将货物打散装箱，在卸载时会遇到较大的问题。即：在第一个用户的码头需要把整个集装箱内的货物全部卸到码头上，从中拣选出第一个用户的货物，然后再把剩余的货物装回车厢，而后到第二个用户的码头，卸下所有货物后再次拣选，如此往复，直至完成所有卸载。这种重复卸载装载的方式造成了极大的卸载代价，导致收货方投诉不断，传统装载规划软件提高装载率所带来的价值，被高昂的卸载代价所冲抵，整体获益甚至为负，运输商希望通过装载优化确保或提高收益率的期望不易达成。行业呼唤一种有效的解决方案，用以解决装载率收益和卸载代价间的冲突和矛盾。

（2）同单聚类　针对装载率收益和卸载代价间的冲突和矛盾，一种可能的解决思路是同单聚类（图 13-9）。所谓同单聚类，是指在预期配置 n 个用户货物的集装箱内，将每个用户的货物集中在一起，而非分散配置。两个不同用户的货物可以有所交叉，但每个用户的货物不能打散。这种方式可以保证卸载代价较小，避免传统方式带来的问题。但是，带来了优化方式上的较大困难，需要具有柔性规划能力的方法进行配置。

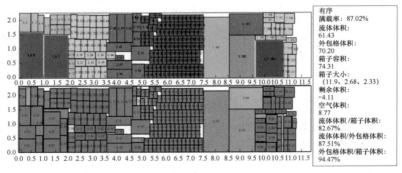

图 13-9　支持同单聚类的装载方法（同单同色）
（来源：清瞳时代）

（3）卸载代价最小化　卸载代价的定义相对复杂，一种简单的方法是：对于某一个货物 A，其卸载代价定义为卸载 A 之前需要清空的车厢尾部通道的货物总量，需要考虑体积和重量两个要素。理论上而言，如果每一个用户的货物都是聚集安置在一起，在其卸下车时，因为可以逐一卸载，而并不需要过大的卸载代价。因此，在进行规划时，应该设立良好的规划方案，对卸载代价进行精细建模，形成卸载代价最小化的优化方案。如果采用传统的分散配载状态，这会形成最大的卸载代价，因为所有的货物都是打散放置，当需要把一个用户的货物全部拿出时，几乎要将其他所有的货物全部清空。

（三）价值分析

1. 查情留证：掌握货物三维信息

基于视觉感知的空间优化方法具有重要的现实价值。第一，货物空间信息的感知数据，对于后续的空间优化算法具有基础性的支撑作用。第二，进行货物空间信息的感知和留证，支持量方计费和信息溯源。第三，对于仓储自动化的改造，如实现货物的自动拣选，实现货物的自动叉取和运输等，都具有基础性的数据支撑作用。第四，形成积累数据，支撑企业大数据战略的发展。

2. 增加收益：缩短时间，用满空间

研发和应用视觉感知和空间优化方法，对运营商而言，具有提高效率和增加收益的直接价值。首先，可以减少装载时间，提高仓储的周转率，据估计降低 20% 装载时间的某种方法就可以有效提高仓储的周转率。其次，可以提高车厢空间利用率，多装载出的部分就是运输企业的直接收益。另外，可以有效降低卸载代价，降低下游企业的卸载成本，促使其接受上游的装载方案。

3. 拓展业务：预售空间，改变业务模式

研发和应用空间感知和空间优化方法，还有助于改变运营商的业务模式。如果能够在货物装载之前，就可以知道哪些货物聚集在一起运输代价最低、还有多少空间可以销售等信息，就可以尝试建立拼单、拼箱平台，吸引货物代理等客户，在这个平台上面进行拼单拼箱交易，营造新的业务模式和价值增长点。

五、总结与展望

供应链的优化和再造是长期持续的任务，在此过程中，以视觉感知为核心的感知技术可以发挥重要的作用。它能够为管理决策系统提供基础数据，支持管理者进行正确决策。也能够为无人系统提供环境自适应的能力，支持其自主操作对象，并安全地在环境中移动，甚至完成人机协同。其自身就是智能系统，也能为其他智能系统提供服务，促使多个智能系统形成整体合力。一些具有影响力的报告中指出，视觉感知技术提供商有可能成为未来工厂和物流场景的整合商，集成各种机器人和传感器，提供完整的无人化解决方案。总之，视觉感知技术的潜力极大，需要长期深入挖掘，释放其隐藏的巨大价值。

视觉感知技术的发展道路也并非坦途，在当前的供应链环境中，一些重要的技术问题还没有得到妥善解决。以货物感知场景为例，涉及但不限于以下三个问题：

1）如何低成本有效感知足够大的范围，以覆盖货物信息可能出现的区域，覆盖多见的托盘货物和大货等情况，这需要涉及高分辨率相机的设计生产、多相机的同步控制和信息融合、海量数据的快速处理等，综合难度大，当前缺少成熟的解决方案。

2）如何适应物流中感知对象的多样性，解决不同包装、不同信息格式的识别问题，这就需要寻找在成本制约下的多种感知方式开发和融合问题。

3）如何解决系统迁移的问题，即能否快速低成本适应新的用户、新的货物品类的问题。这涉及当前基于数据驱动人工智能技术的局限性，需要用大量的数据来训练某一具体任务，泛化性相对不足。

这类问题涉及底层，理论和实用价值都很大。期待着更多年轻、有远见的人才投身于此，探索更强大的理论和方法，将研究不断深化。

14

智能制造之利器/新工具——激光

陈晓华⊖

一、激光技术背景介绍

激光发明于 1960 年，是与原子能、半导体及计算机齐名的 20 世纪重大科技发明，具有亮度高、方向性强、单色性好、相干性好的特点，被称为"最快的刀""最准的尺""最亮的光"。激光技术的这些特点使其在科研和产业中具备了工具性、引领性和颠覆性的作用。

激光的发明源于爱因斯坦在 1917 年发表的一篇文章。他从理论上指出，当光与物质相互作用时，除了吸收和自发辐射之外，还存在第三种过程——受激辐射。激光发明者梅曼（Theodore Maiman，1927—2007）1949 年本科毕业于科罗拉多大学电子工程系，1955 年

⊖ 陈晓华，清华大学精密仪器系博士生，经管学院工商管理硕士，工学学士，正高级工程师。曾获清华大学优秀毕业生、北京市优秀毕业生、北京市丰台区"丰泽计划"杰出人才称号。现任北京凯普林光电科技股份有限公司董事长兼总经理，凯普林公司获工信部首批专精特新"小巨人"企业称号（北京仅 5家）。曾主持多项国家"863 计划"及"十三五"预研课题。曾任职日本住友电工中国子公司工程师、部门经理，美国硅谷 GTRAN 公司中国公司副总经理。

博士毕业于斯坦福大学物理系（图 14-1）。他的父亲是位工程师，梅曼从小跟父亲学习电子工程方面的知识，锻炼出极强的动手能力。博士毕业后，他进入休斯实验室，第一个项目是研制一台基于红宝石的微波激射器（Ruby MASER）。1960 年 5 月 16 日，梅曼从世界上几十个研究组中脱颖而出，在休斯实验室成功研制了人类历史上第一台激光器（图 14-2）。

图 14-1　世界上第一台红宝石激光器及其发明者梅曼博士

（来源：网络）

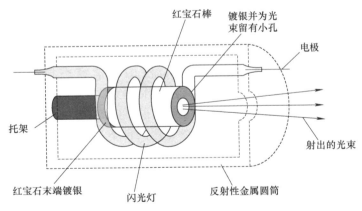

图 14-2　梅曼设计的红宝石激光器的结构图

（来源：网络）

梅曼设计的这台红宝石激光器泵浦源使用 GE 公司现成的螺旋形闪光灯，在螺旋形闪光灯的中间插入充当增益介质的红宝石棒，外面虚线部分是一个镀银的外套，把所有的光反射回去，保证灯泡发出的光聚焦到红宝石晶体上。同时，他在红宝石晶体的两侧分别镀银，在其中一边开了一个小孔，这样光就可以部分透射，谐振腔就做好了。这样一来，激光器的三个要素都齐备了：螺旋形闪光灯为泵浦源，红宝石晶体为增益介质，镀银面之间为谐振腔。他的激光器体积很小，设计非常巧妙，使用了大部分成熟的器件和技术。梅曼加入激光器研究的时间较短，仅用 9 个月的时间、数千美元的经费就发明了世界上第一台激光器。而同时代还有许多科学家和课题组在从事激光器的研究，仅贝尔实验室就有 4 组不同的人尝试用不同的方法产生激光。其他科学家如汤斯（微波激射器的发明人，1964 年诺贝尔物理学奖得主）与肖洛（1981 年诺贝尔物理学奖得主）等人的方案非常复杂，很多部件需要自己研发，往往需要巨大、昂贵的仪器设备，导致研究工作进展缓慢，落后于梅曼。

随着 1960 年世界上第一台红宝石激光器的问世，1961 年氦氖激光器、1962 年砷化镓半导体激光器相继制成，此后，激光技术开启突飞猛进的发展时代。多位科学家因为与激光技术相关的研究而获得诺贝尔奖。最近的是 2018 年诺贝尔物理学奖获得者：美国科学家亚瑟·阿什金（Arthur Ashkin）、法国科学家杰拉德·莫罗（Gérard Mourou）、加拿大科学家唐娜·斯特里克兰（Donna Strickland）。他们因在激光物理学领域的突破性研究成果而获奖（图 14-3）。

随着激光技术的不断发展，激光器的种类不断增加，发展出以固体、气体、液体、半导体、光纤为增益介质的各类激光器。从运转方式来看，激光器又可分为连续和脉冲激光器。目前，在科研和产业界广泛使用的激光器主要为：半导体激光器、光纤激光器、固体激光器、气体激光器、液体激光器（见表 14-1）。

"工欲善其事，必先利其器"。激光与相关技术的发展与融合，形成了激光制造、激光通信、激光检测、激光医疗等交叉技术学科，为人类认识世界和改造世界提供了一大批新工具，孕育和发展出多种类型的激光装备，改变和重构了高端制造、通信、医疗美容和军事安防等多个领域。

图 14-3　2018 年诺贝尔物理学奖获得者

（来源：网络）

表 14-1　激光器按增益介质不同进行分类

增益介质		泵浦方法	振荡波长	振荡运转
液体	染料	光	紫外光~红外光	连续、脉冲
气体	氦、氖	放电	可见光~红外光	连续
	惰性气体离子		紫外光~红外光	连续
	准分子		紫外光	脉冲
	二氧化碳		远红外光	连续、脉冲
	氟化氢、氟化氘等	化学反应	红外光	连续
半导体	化合物半导体	电流	紫外光~红外光	连续、脉冲
固体	钕钇铝石榴石	光	红外光	连续、脉冲
	镱钇铝石榴石			
	钛蓝宝石		紫外光~红外光	
光纤	铒、镱、铥	光	红外光	连续、脉冲

来源：机械工业出版社《图解光纤激光器入门》。

二、激光产业背景介绍

人类在 1960 年研制出首台红宝石激光器，标志了激光技术的诞生，之后广泛应用于军事、工业、科研等领域，极大地推进了人类社会的进步和发展。当代激光技术已被应用于材料加工、通信与光存储、医疗与美容、科研与军事、仪器与传感、娱乐与显示、增材制造等重要领域，其中又以材料加工和通信领域的应用最为广泛。随着激光器制造工艺的发展与升级，激光技术已用于金属与非金属的打标、切割、焊接、微加工、划片、刻蚀等领域，其效率高、速度快、强度大、精度高的优势使其逐步取代部分传统加工工艺。此外，激光技术在 3D 打印、3D 影像、OLED 加工、光学测量、数据监测、临床医学、美容整形、激光遥感、激光雷达等新兴领域中也发挥着重要的作用。据美国科学和技术政策办公室 2010 年分析和统计，美国当年 GDP 的 50%（约 7.50 万亿美元）与激光在相关领域的市场应用相关，其中最主要的是激光在信息、制造业和生命科学技术领域中的贡献，具体见表 14-2。

表 14-2　美国激光相关领域的市场规模

主要激光光源设备	相应拓展领域	对应的 GDP/万亿美元
半导体激光器、光纤激光器	信息、计算机、远程商务、光纤通信	4
二氧化碳激光器、光纤激光器、飞秒超快激光器、准分子激光器	交通运输、工业制造业	1
全固态激光器、准分子激光器、飞秒超快激光器	生物技术、人类健康、医学诊断治疗	2.5

来源：美国科学和技术政策办公室《国内外激光产业发展现状》。

激光产业链可以分为上游材料和器件、中游激光器、下游激光器设备集成商三大环节。上游为光学材料、光学元器件、数控系统、电

294

学器件等核心材料和器件；中游为激光器件及激光器系统，包含：光纤激光器、半导体激光器、固体激光器、气体激光器等；下游是激光设备集成商，这些设备集成商将产品卖到打标、切割、焊接、测量、显示、医疗美容等细分应用领域，广泛用于钢铁、汽车、电子、轨道交通、医疗美容等细分行业。激光器产业链上下游关系如图 14-4 所示。

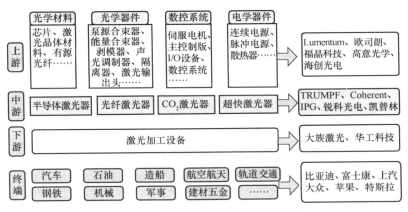

图 14-4　激光器产业链上下游关系图
(来源：凯普林光电)

激光器是激光应用设备的核心器件。根据 Strategies Unlimited 发布的数据，全球激光器市场呈平稳增长走势，2019 年全球激光器销售额 147.3 亿美元，2020 年有望继续取得 10% 左右的增长，预计可达 162 亿美元（图 14-5a）。为真正打破"卡脖子"激光技术，在国家相关政策支持下，我国涌现出大族激光、华工科技、锐科激光、凯普林光电等一批优秀企业，助力我国激光市场稳步增长。国内激光行业已基本形成激光晶体、关键元器件、配套件、激光器、激光系统、激光加工设备、应用研究的完整产业链。统计数据显示，2019 年我国激光设备销售收入达到 658 亿元人民币，同比增长 8.8%（图 14-5b）。

激光应用范围十分广泛，可用于工业、通信、医疗、军事、科研等多个领域，全球激光器市场规模快速增长的主要驱动力来自于材料加工与光刻市场、通信与光存储市场。2019 年激光器在材料加工与光刻、通信与光存储市场的销售收入分别为 60.3 亿美元和 39.8 亿美元，两者合计占全球激光器收入（150 亿美元）的 67.7%，带领了整个行业的高速发展（见图 14-6a）。据统计显示，2019 年国内具有规模的激光企业超过 150 家，其中半数以上都集中在激光加工与激光器市场（图 14-6b）。

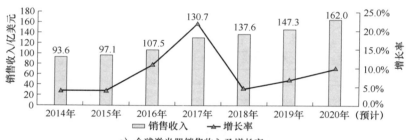

a）全球激光器销售收入及增长率

（数据来源：Strategies Unlimited）

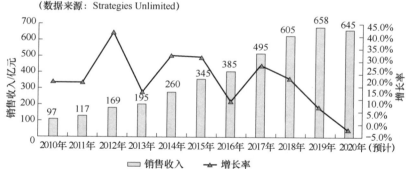

b）中国激光设备的销售收入及增长率

（数据来源：中国科学院武汉文献情报中心《2020年中国激光产业发展报告》）

图 14-5　激光器销售收入及增长率

在所有的激光器应用领域中，激光加工、通信、医疗及国防是目前最主要的四个应用领域。其中激光加工所占比例最大，同时也是发展最快的领域。

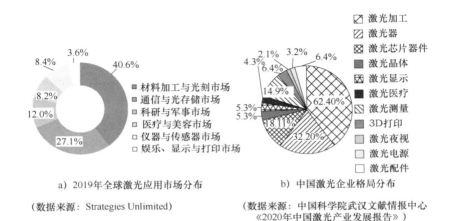

a）2019年全球激光应用市场分布

（数据来源：Strategies Unlimited）

b）中国激光企业格局分布

（数据来源：中国科学院武汉文献情报中心
《2020年中国激光产业发展报告》）

图 14-6　2019 年激光器应用市场分布

　　欧美在激光领域起步较早，在技术上有着明显的优势。在国内激光器应用领域市场兴起之初，美国相干、美国 IPG、美国 Lumentum、德国通快等国际厂商依靠其技术和品牌，快速占据了中国市场。随着中国激光产业链的不断完善，本土企业通过坚持不懈的努力，逐步打破国际厂商垄断，快速发展，凭借良好的产品性价比和专业的技术服务优势，逐步取代国际厂商占据领先的市场地位。

三、激光在智能制造中的应用

　　激光具有单色性好、相干性好、方向性好等特点，可应用于多种不同领域。激光是非常出色的单色光源，在光谱技术及光学测量中有很强的优势。激光是由受激辐射产生，相位一致，其空间相干性非常好，是非常出色的相干光源，该特性可有效应用于激光全息技术。与普通光源相比，激光器的发散角很小，具有很好的方向性，能做到定向发光、远距离传输，也可以通过聚焦系统获得非常小的光斑用于精密加工。根据激光的不同特性，可以将其应用在不同的领域。

1. 激光在工业加工中的应用

在激光所有的应用领域中,激光加工所占比例最大,同时也是发展最快的领域。激光加工涉及激光切割技术、激光焊接技术、激光标刻技术、激光 3D 打印技术(增材制造技术)、激光熔覆技术、激光硬化技术(激光淬火技术)等方面。

(1)激光切割技术 激光切割是目前在智能制造中应用最广泛的激光技术之一。2019 年中国销售了约 34000 套中功率激光切割系统、7000 套高功率激光切割系统(图 14-7)。激光切割机就是采用了激光切割技术、集光机电于一体的综合设备。激光切割是将高功率密度的激光束照射到工件表面,使其在短时间内快速熔化、汽化、烧蚀,或者达到燃点进而实现切割工艺,属于热切割的方法之一。激光切割的切口细窄整齐、表面光洁、切割精度超高、热影响区域小,属于典型的非接触式切割。针对不同材料,可分别采用激光汽化切割、激光熔化切割、激光氧化熔化切割、激光控制断裂切割等不同的切割工艺。根据切割的具体要求,目前智能制造中的激光切割主要采用二氧化碳激光器和大功率光纤激光器,广泛应用于机械零件、汽车、航空航天、金属、工艺品、电器零件、电路板、五金、微电子等行业。

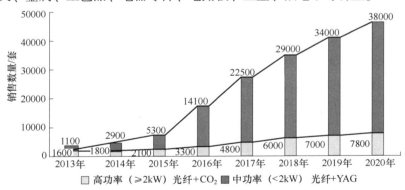

图 14-7 中国激光切割成套设备销售情况

(数据来源:中国科学院武汉文献情报中心《2020 年中国激光产业发展报告》)

（2）激光焊接技术　激光焊接也是激光材料加工的重要应用技术之一。激光焊接设备的核心部分是激光器，主要有固体激光器、二氧化碳激光器、光纤激光器、半导体激光器等。与传统的焊接技术相比，激光焊接技术拥有诸多优势：其不仅能在室温环境下进行，还可以在特殊条件（例如真空环境）下焊接；相较于传统焊接方式，激光焊接不仅焊接速度更快，而且焊接深度更大、焊接变形更小；此外，激光焊接还可以快速完成复杂曲面及复合材料的焊接（图 14-8）。由于激光器可以与机器人设备得到完美的融合，目前激光焊接技术已经应用于智能制造产业的方方面面。汽车制造业已经大规模应用激光自动化焊接生产线；微电子工业及集成电路产业也广泛使用激光精密焊接技术；激光焊接也开始应用于生物医学领域。根据相关统计，中国企业在激光焊接领域的重点专利数量已经与日韩等发达国家企业不相上下（图 14-9）。

图 14-8　激光焊接示例
（来源：通快官网）

（3）激光标刻技术　激光标刻是 20 世纪 90 年代兴起的工业加工技术。我们常说的激光打标就是激光标刻的成熟应用。它解决了传统机械或手工刻磨、喷墨印刷等传统标刻技术的接触、污染、磨损等问题，能够在金属、非金属、玻璃、合金等几乎所有的材料表面上形成永久性的标记。经过近 30 年的发展，激光标刻技术越发完善，三维激光打标系统采用动态聚焦的方式已经能够在各种带有弧

度的球面、抛物面等自由曲面上实现自由永久性标刻（图 14-10），
此技术已经应用于我们日常生活的方方面面。

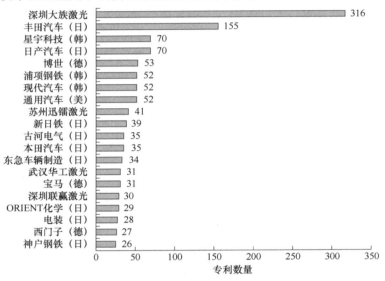

图 14-9　激光焊接重点专利解读

（数据来源：中国科学院武汉文献情报中心《2020 年中国激光产业发展报告》）

图 14-10　激光标刻示例

（来源：通快官网）

（4）激光 3D 打印技术　激光 3D 打印实质为激光快速成型技术，又称为增材制造。它是以数字模型文件为基础，将粉末材料快速成型，将数字模型实体化。激光 3D 打印技术在计算机辅助程序的控制下，将打印对象进行逐层拆分后，利用高能量密度激光束逐层扫描，将材料熔化凝固成型，堆叠出所需要的立体模型，完成实体三维模型的制造。激光 3D 打印机能够打印出各种 3D 结构，例如常规的工业模型、玩具、工艺品、医用牙齿、骨骼等；在智能制造中，小到一个复杂的金属螺钉，大到一辆汽车，都可以通过激光 3D 打印技术实现（图 14-11）。2011 年 9 月世界上第一辆"3D 打印汽车"在加拿大亮相。

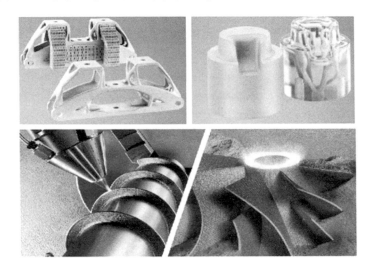

图 14-11　激光 3D 打印技术

（来源：通快官网）

（5）激光熔覆技术　激光熔覆是对金属或者合金等基材表面进行改性的新技术。激光熔覆属于激光热处理中的一种。通过不同的方式，在基材表面添加熔覆材料，采用高能激光束将熔覆材料和基材表面的薄层同时熔化后快速固化，使熔覆材料能够与基材冶金结合成新的添料熔覆层，以此有效改善基材表面的耐磨、耐热、耐蚀等特性（图 14-12）。激光器作为激光熔覆系统的核心设备，激光器的输出功率、光斑直径大小、输出模式等都会对最终熔覆涂层表面的致密性、粗糙度等产生很大影响。随着激光技术的不断发展，激光熔覆技术也在不断提升，有效应用于智能制造的方方面面。我们常说的汽车零部件制造、模具的表面强化与修复、零件再制造等方面均有激光熔覆技术的身影。

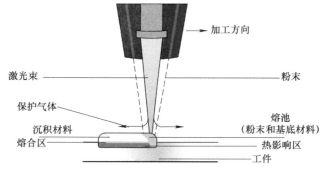

图 14-12　激光熔覆技术
（来源：通快官网）

（6）激光硬化技术　激光硬化是强化零件的表面、同时能够使零件内部仍旧保持良好韧性的快速表面局部淬火工艺技术，又称为激光淬火技术。激光硬化属于激光热处理中的一种，目前主要分为激光相变硬化、激光熔化凝固硬化和激光冲击硬化。激光作用于材料表面，高速加热且高速自冷，热影响区域很小，材料的淬火应力及变形小。基于激光器能量和光斑的可控性，激光硬化设备能够对不同零件的不同部位进行不同程度激光硬化处理。经过激光硬化处理后的工件表面相较于常规的淬火硬度要更高（图 14-13），在工业材料、机械制造、航空航天等领域已经有非常广泛的应用。

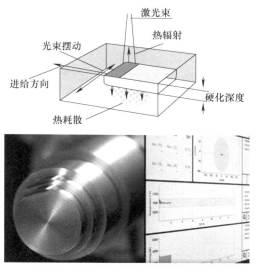

图 14-13 激光淬火技术原理及示例

(来源: 网络)

2. 激光在精密加工中的应用

随着全球消费电子产品朝着高集成化、高精密化方向升级, 对电子集成度、精密度要求越来越高。激光先进制造技术为此带来了精密加工的解决方案, 超快激光器是其中的主力军。人们把脉冲宽度为皮秒量 (10^{-12} s) 级或小于皮秒量级的激光器称为超快激光器。超快激光器的超快脉冲持续时间极短, 当激光能量被集中在如此短的时间内, 会获得巨大的单脉冲能量和极高的峰值功率。将其应用在材料加工时, 由于单脉冲持续时间短, 几乎不存在热影响区, 可以避免出现熔化毛刺, 极大提高加工精度和质量, 并且能很大程度上避免材料熔化与持续蒸发现象, 大大提高加工质量。2018 年诺奖获得者法国科学家杰拉德·莫罗和加拿大科学家唐娜·斯特里克兰就是因为发明了激光的啁啾放大技术 (Chirped Pulse Amplification, CPA) 而获奖, 这种技术已经普遍应用于超快脉冲激光系统。

近年来，超快光纤激光器在消费类电子领域有广泛的应用（图 14-14），例如应用于手机玻璃、蓝宝石等材料的切割，柔性电路的切割，柔性屏的切割打孔，以及其他智能穿戴产品等精细微加工。

图 14-14　超快光纤激光器的应用

（数据来源：中国科学院武汉文献情报中心《2020 年中国激光产业发展报告》）

中国是全球最大的 3C 产品生产基地，3C 产品的加工制造需要高精度的加工工艺。超快激光器可以满足高精度材料加工的需求，中国是超快激光器最大的应用市场。2019 年中国的超快激光器市场为 24.5亿元，2020 年由于市场的整体情况保守预计为 27.4 亿元（图 14-15）。

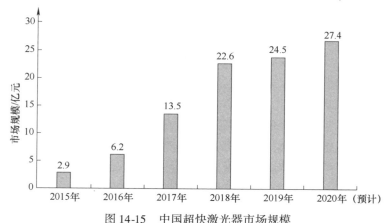

图 14-15　中国超快激光器市场规模

（数据来源：中国科学院武汉文献情报中心《2020 年中国激光产业发展报告》）

3. 激光在军事国防中的应用

随着激光技术的不断发展和军队信息化进程的不断推进，各军事大国和军事强国越发重视激光器技术的开发。时至今日，激光技术已经广泛应用于军事侦察、军事对抗、测距、激光制导、高能激光武器、军事通信等众多军事领域。军事侦察采用激光扫描分析提取目标信号，也可用激光技术进行多光谱摄影来识别目标。在军事对抗中，可以采用材料吸收对方的探测信号，也可以自行发射激光信号干扰对方。激光测距具有远程、非接触式、抗干扰、无盲区等特性，脉冲激光器可以针对几千米外的目标进行精准测距。激光制导是通过探测目标反射的激光来发现、跟踪并控制导弹的方向。激光制导系统体积小质量轻、目标分辨率高、制导精度高、抗干扰能力强。高能激光武器是一种定向能武器，将激光能量约束到一个目标，用于损伤或摧毁目标。高能激光武器能多次重复使用、传输速度快、命中精度高，有着其他武器无法比拟的优势（图 14-16）。因此，激光技术非常适用于军事应用。

图 14-16　激光武器

（来源：网络）

4. 激光在制版印刷中的应用

计算机直接制版（Computer-to-Plate，CTP）系统集光机电于一体，其核心光源技术即半导体激光器。激光制版是采用激光蚀刻技术，在计算机的控制下，直接通过激光将信息转移到网版上，能够取代传统的制网法，工艺过程大大简化。以激光技术为基础的柔性版 CTP 技术采用激光直接烧蚀雕刻技术制版，无需复杂的曝光、洗版和烘干过程，工艺简单，制版质量易于控制。丝网印刷直接成像是由激光直接照射到网版，把网版直接当作胶片曝光。激光成像过程中直接使用激光来替代传统的油墨，环保且便宜。传统的印刷制版复杂且烦琐，激光在制版印刷中将相关流程简单化、标准化。

5. 激光在医疗美容中的应用

激光问世后，很快受到医学和生物学界的极大重视。1961 年扎雷特（Zaret）、坎贝尔（Campbell）等人相继用激光研究视网膜剥离焊接术，并很快被用于临床。在医疗和诊断领域，激光技术已经成为一类不可替代的技术手段，激光从基础医学研究到临床诊断治疗都有广泛的应用，2019 年我国激光医疗设备市场规模超过 40 亿元（图 14-17）。激光医疗以其精准性、微创或者无创为主要特点。不同波长的激光对人体组织器官作用不同，因此我们选用不同波长来达到不同的治疗目的。目前激光在临床上除主要用于气化、凝固、烧灼、光刀、照射等治疗应用，还配合光导纤维对各种体腔内肿瘤及其他疾患进行诊治，结合各种内窥镜进行激光光敏疗法诊治腔内肿瘤。强激光治疗、弱激光治疗、光动力治疗都已经广泛应用于牙科、眼科、外科、内科、耳鼻喉科、皮肤科、心血管科等科室 300 多种疾病的治疗（图 14-18）。

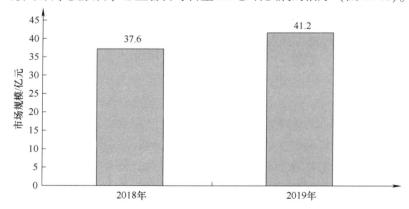

图 14-17 中国激光医疗设备市场规模

（数据来源：中国科学院武汉文献情报中心《2020 年中国激光产业发展报告》）

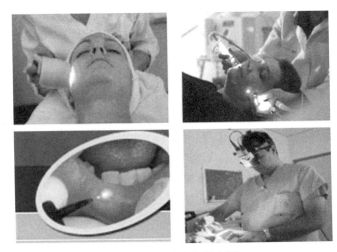

图 14-18　医疗美容应用

（来源：网络）

激光在医学中的应用主要分以下几类：

（1）激光外科　激光外科在临床上常用的诊疗包含激光手术切割、激光汽化凝固治疗、激光纤维内窥，以及激光照射治疗等方面。目前常用于激光手术切割的激光器光刀主要有二氧化碳激光器和 YAG 激光器，主要应用于临床体表病损的切割。随着光导纤维的研究成功，激光可以通过纤维内窥镜直达病变部位，有效提升治疗效果。小功率氦氖激光器可以进行局部照射以刺激组织生长，加速创面愈合作用，多次照射还会有累积效应。

（2）激光牙科　激光牙科主要指用于牙周病学、口腔外科、口腔诊断、牙体牙髓等方面的激光技术。不同波长的激光对组织的作用不同，在可见光以及近红外光谱范围内的光线，吸光能力低，穿透能力强，可以穿透到牙体组织较深的部位。世界上第一台应用于牙科的无痛切割的激光器于 1992 年在科隆国际牙科展销会展出。早在 1998 年美国就已经将激光应用于治疗牙周，随着不断的探索，目前激光已经应用于牙科领域的各个方面。通常采用短脉冲高峰值功率的 YAG 激光来切割牙体组织；氩离子激光也可用于牙体的树脂填充与固化。现今的牙科领域，从发现、诊断、治疗到消毒、止血，到处都有激光的身影。

（3）激光美容与激光理疗　激光美容是目前比较流行的一种新型美容方法。它是将特定波长的激光光束透过表皮和真皮层，破坏色素细胞和色素颗粒后，碎片经由体内的巨噬细胞处理吸收，安全不留疤痕，高效实现美白。激光美容是依据选择性光热作用理论进行美容治疗，具有治疗安全性高、疗效好、副作用小等优点。例如采用 808nm 波长激光用于脱毛治疗，980nm 波长激光用来去除红血丝，1064nm 波长激光用于减脂治疗，1470nm 波长激光用于祛痘、除皱等。激光理疗是光疗的一种，是指用弱激光直接照射生物组织后引起一系列生物效应，从而达到治疗疾病的目的。一般是采用氦氖激光或者扩束后的二氧化碳或半导体激光直接照射生物组织后引起一系列生物效应，从而达到理疗目的。目前确认的有适用于外科、皮肤科、口腔科等。

（4）光动力疗法（PDT）　光动力疗法是用光敏药物和激光活化治疗肿瘤疾病的一种新方法。用特定波长激光照射肿瘤部位，能使对激光具有选择性的聚集在肿瘤组织的光敏药物活化，通过反应杀伤肿瘤细胞，引发光化学反应破坏肿瘤，是继手术、放疗、化疗之后的新一种癌症治疗方法。新一代光动力疗法中的光敏药物会将能量传递给周围的氧，生成活性很强的单态氧。单态氧能与附近的生物大分子发生氧化反应，产生细胞毒性从而杀伤肿瘤细胞。与传统肿瘤疗法相比，光动力疗法是一种高科技的微创靶向治疗技术。它的优势在于能够精确进行有效的治疗，这种疗法具有创伤小、毒性低、选择性好、适用性高等优点。当然，光动力治疗也能够用于治疗痤疮、尖锐湿疣，尤其是对于重度痤疮是一种非常理想的治疗手段。

激光技术在医学上的应用，除了以上所述，还应用于治疗妇科、骨科、胆结石、消化道及激光灭菌等方面。此外，激光器件及各类激光医疗设备都在迅速发展，再加上未来世界经济一体化的促进，各国科研人员与医生合作创新，可以相信在人类对于激光医疗更大需求下，激光医学将蓬勃发展。

6. 激光在夜视安防中的应用

随着安防行业的发展，对红外夜视照明的要求越来越高。夜视照明不仅要求 100~1000m 的近距离监控，同时要求 2~20km 的中远距离监控，而且对动态的监控要求也越来越高，传统的光源技术无法满足使用要求。红外半导体激光以其寿命长、稳定性高、易于集成高功率等优点，可有效满足使用当前夜视安防行业对光源的要求。此技术已广泛应用于平安城市、智慧交通、铁路机场港口实时监控、边防海防、森林防火等领域（图 14-19）。

图 14-19　夜视照明示例
（来源：凯普林光电）

激光以其无可比拟的诸多优点，不断与其他技术融合，在当今智能制造、信息通信、医疗诊断、国防军事等产业中发挥着不可或缺的作用。中国的激光技术起步较晚，但随着中国激光产业的迅速发展，中国在激光器制造、激光晶体、激光应用等诸多方面已逐步走到世界前列。

四、激光的未来发展

随着科技的进步和发展，激光技术在人类的日常生活和生产中担负着越来越多的使命。激光技术不断进步，应用场景不断增加。基于激光技术的特点，激光器未来必然朝着更宽广的波长范围、更高的输出功率、更窄的脉冲宽度发展。

其一，更宽广的波长范围。常见激光波长覆盖从紫外光中的 193nm、可见光中的 390~780nm、近红外光中的 1064nm，直到中红外光中的 3~10μm，不同的激光波长适用于不同的应用场景。就目前而言，从应用需求角度，激光器的波长势必会向着两个极端方向发展——波长更长或者波长更短。波长更长的激光器包括现在大家经常提到的用于探测领域的远红外激光器或量子级联太赫兹激光器，波长更短的激光器包括用于高时空分辨率的微观快过程研究领域的软 X 射线激光器。例如，现代集成电路设计上的最大瓶颈光刻技术的发展方向之一就是采用软 X 射线投影光刻系统。

其二，更高的输出功率。随着加工材料的种类及厚度不断增加，对激光器的功率需求也在逐步提升。除工业加工外，高功率激光器常用于激光武器、受控核聚变等军工科研应用。激光武器是采用高能激光对远距离目标进行精准射击或防御，因此对其功率的需求很高；受控核聚变则需要达到非常苛刻的条件，必须在高达 1 亿℃的高温下才能进行，目前只有高能激光才能实现核聚变的点火需求。高能激光是目前基础物理研究的重要工具，它可以在实验室环境中创造出极端苛刻条件，例如正在研究的利用超快超强激光模拟宇宙中的超新星爆炸、黑洞合并等极端条件。

其三，更窄的脉冲宽度。现在行业内常把超短脉冲激光器称为超快激光器。超快激光器普遍应用于各个行业，例如：医疗美容行业采用皮秒（10^{-12}s）激光去文身、飞秒（10^{-15}s）激光治疗近视，工业加工领域采用皮秒或飞秒激光进行精密材料加工。2008 年德国马普量子光学研究所研制成功 80 阿秒（10^{-18}s）的阿秒级光脉冲，能够用于观察较大原子周围的电子运动以及捕捉激光脉冲的影像；未来仄秒（10^{-21}s）光脉冲也终会实现，将有助于我们探索原子的本质。

当然，随着科技的不断发展，激光技术也应用于更多、更新的细分领域，如激光显示、虚拟现实（基于三维激光扫描技术）、激光清洗、光声成像、激光量子通信等。

1. 激光显示

激光显示设备最核心的部件为激光光源。基于红绿蓝三基色的激光光源，激光显示的色彩饱和度高、色彩鲜艳。激光显示技术是继黑白显示、彩色显示、数字显示之后的新一代显示技术，能完美再现自然色彩，彻底解决了原始显示技术色域空间不足的问题。日本、美国等国在显示领域经过几十年的积累，率先开启了激光显示技术。时至今日，中国激光显示技术在国家的持续支持下，也取得了重大成果。激光投影、激光电视等设备已广泛应用于超大屏幕、家庭影视、办公投影、计算机屏幕、手机投影等各个领域。

2. 虚拟现实

虚拟现实起源于 20 世纪，虚拟现实的定义也有很多种，但总体来说，都会包含实时交互性、沉浸式体验的特征。真正的虚拟现实是基于激光技术实现的。三维激光扫描技术又称为实景复制技术，它能完成针对物体的扫描数据，获取其高精度高分辨率的数字模型。三维激光扫描技术具有实时、动态、快速性、穿透性以及不接触性等特性。计算机将基于三维激光扫描技术获取的数字模型与虚拟现实技术进行完美的融合，能够呈现真正的 3D 彩色全息图。虚拟现实技术可以应用于多领域的培训，让培训者能够实实在在感受，进而有效提升培训效果。随着虚拟现实技术的不断发展，将越来越多地应用于设计、教育、医学、航空航天、军事等领域。

3. 激光清洗

早在 20 世纪 70 年代，美国加州大学 J. Asmus 就开始了激光清洗雕塑等方面的科学研究；80 年代中期，激光清洗正式被确认为有效的清洗方法；到了 90 年代，激光清洗开始进入工业化生产阶段。中国的激光清洗于 2000 年起步，2016 年研制了第一台国产激光清洗样机，2018 年开始进入了全面的爆发阶段。传统的清洗多用机械方法或化学试剂进行。近两年，随着人们环保意识的不断增加，对环保的要求越来越严格，可用于工业生产清洗中的化学试剂种类越来越少；而激光清洗具有无接触、适用于各种材质物体、无须使用任何化学药剂和清洗液的特点，能够有效替代传统的清洗方法。通过和机器人配合，激光清洗能够在不损伤材料表面的情况下有选择地清洗污染物，同时可以清洗到传统清洗方法达不到的部位。当前，激光清洗设备造价高仍旧是制约其应用普及的关键，相信在不久的将来，随着激光技术的进一步成熟，激光清洗势必会有更广阔的发展前景。

4. 激光在光声成像中的应用

光声成像是指医学中的一种无损成像技术，它将光学成像和超声成像的优点结合，既能使成像呈现较高的光学对比度，又能提供较深的成像深度和较高的空间分辨率。近年来 532nm 高重频绿光激光器及可调谐激光器开始广泛应用于光声成像系统。目前医学光声成像主要涉及光声断层成像、光声显微成像、光声内窥成像三个方向，当脉冲激光照射到生物体表面时，生物体会吸收光并产生超声信号，光声成像系统通过探测超声信号可以重构出生物体中的光吸收分布情况，进而达到成像效果。

5. 激光在量子通信中的应用

传统的通信是用激光作为载体来传递信息，量子通信是通过激光产生密钥，对信息进行加密，利用量子叠加态和纠缠效应进行信息传递的新型通信方式。量子通信通过量子叠加态和量子纠缠的方式，能够保证通信的绝对安全。量子通信技术已经从理论走向实践，并逐步向实用性发展。量子通信未来无论是增加量子中继技术扩大通信距离，还是建立量子通信网络，都离不开激光光源系统的强大保障。

　　量子计算是一种遵循量子力学规律调控量子信息单元进行计算的新型计算模式。其最大的困难在于如何长时间地保持足够多的量子比特的量子相干性，同时又能够在这个时间段之内做出足够多的具有超高精度的量子逻辑操作，而确定性偏振、高纯度、高全同性和高效率的单光子激光源恰恰满足以上条件。图 14-20 为量子计算原型机"九章"。

图 14-20　量子计算原型机"九章"
（来源：网络）

　　除以上应用外，激光器还广泛应用于手势识别、人脸识别、数字 PCR 技术（一种核酸分子绝对定量的技术）、流式细胞术（一种对细胞结构进行分析分选的新型技术）、荧光显微成像技术、多普勒血流成像技术、光学相关层析成像技术（一种三维层析成像技术）、光镊技术、光遗传学技术、光致发光光谱技术、三维粒子图像测速技术、三维彩色全息技术、激光诱导击穿光谱技术、激光粒度分析技术等细分领域。现代信息产业的主要支撑性技术之一就是激光技术；光纤通信是高速互联网不可或缺的物质基础；海量大数据存储的主要方式是光存储；此外无人驾驶、量子通信以及高精度传感等也以激光技术作为重要支撑。随着激光技术的不断提升，激光器还将更深入生活的方方面面，解决多种应用问题，应用于更多完全不同的细分领域。

随着激光器产业链的不断成熟完善，市场的准入门槛不断降低，上下游相互渗透，企业整合加剧，激光企业也开启并购时代。据不完全报道，仅 2019 年就有多家激光器公司完成了并购：1 月，德国 IPG 光子（IPG Photonics）收购巴西光网络技术公司 Padtec SA 的海底电缆业务；3 月，光韵达收购成都通宇航空设备制造有限公司 51% 的股份，昂纳科技集团（港股代码 00877）收购法国芯片及激光产品制造商 3SP Technologies 公司；4 月，德国高科技公司通快（TRUMPF）完成对飞利浦光学业务的收购；5 月，美国自动驾驶创业公司 Aurora 收购了美国激光雷达公司 Blackmore；6 月，锐科激光（300747，SZ）收购了国神光电科技（上海）有限公司 51% 的股份；7 月，亚威股份（002559，SZ）子公司亚威精密激光韩国公司收购了韩国 LIS 公司 21.96% 的股份；8 月，美国 Thorlabs（索雷博光电科技）公司收购了美国拉曼光谱传感器制造商 Coda Device 公司；9 月，北京凯普林光电科技有限公司全资并购深圳博锐浦科技；10 月，美国 Thorlab 公司收购了德国 Optek（优培德在线测量设备）公司；11 月，美国 nLight（恩耐激光技术）公司完成了对美国 Nutronic 公司（为国防市场提供高能激光 HEL 系统的相干组合激光及光束控制系统的领先开发商）的收购，隶属于荷兰 TKH 集团的 LMI Tech. 公司（全球领先的 3D 扫描和检测解决方案开发商）收购芬兰光学测量设备制造商 FocalSpec 公司；12 月，美国 Thorlabs 公司收购了开创基底转移光学干涉膜的 CMS 公司。

行业的发展离不开资本的介入，中国的激光器市场也颇受资本青睐，越来越多的激光器企业开启了上市热潮。截至 2019 年 12 月 31 日，申报科创板的企业一共有 209 家，与激光相关的企业有 8 家（见表 14-3）。随着资本的持续介入，可以预见，未来中国的激光器市场必然迎来百家争鸣的时代。

表 14-3　激光企业科创板申报

企 业 名 称	2019 年营业收入	主 营 业 务	状　　态
海目星	3.61 亿元（上半年）	激光加工	中止（财报更新）
联赢激光	4.51 亿元（上半年）	激光加工	中止（财报更新）
创鑫激光	4.96 亿元（三季度）	激光器	提交注册
先临三维	3.22 亿元（三季度）	3D 打印	终止
江苏北人	4.76 亿元（全年）	激光加工	注册生效
杰普特光电	5.67 亿元（全年）	激光器	注册生效
柏楚电子	3.76 亿元（全年）	激光加工	注册生效
光峰科技	19.82 亿元（全年）	激光显示	注册生效

数据来源：中国科学院武汉文献情报中心《2020 年中国激光产业发展报告》。

从 1960 年到 2020 年，经过六十年的发展，激光技术有了极大的提升。随着科技的发展、激光产业链的不断完善，激光技术必将应用于我们生活的多个方面，满足不同应用领域复杂多样的需求。新型激光器、高端激光技术、全新激光应用也会持续涌现。激光技术将在智能制造、现代信息产业、医疗诊断、军事国防等领域中愈发重要，激光技术也将迎来前所未有的挑战和机遇。

15 / 第15讲

结束语： 拥抱智能制造

李东红 ⊖

一、智能制造的时代潮流

在过往不到 200 年的时间里，以机器大工业为显著特征的工业文明，历史性地助推了人类社会前进的步伐。嵌入其中的一次又一次工业革命，则是工业文明在不同历史时期的最强音。以往的历次工业革命，从机械化、电气化到信息化，都为人类的工业化进程指

⊖ 李东红，清华大学经济管理学院创新创业与战略系副主任，清华大学全球产业研究院副院长，清华大学经济管理学院 MBA 项目《战略管理》课程责任教授；曾为法国巴黎高等商学院（HEC，Paris）高级访问学者和美国麻省理工学院斯隆管理学院（MIT Sloan School of Management）国际教师；在清华大学经济管理学院主要讲授《战略管理》、《优秀企业家与卓越企业的成长》、《数字化战略》等课程；主要从事战略管理、战略联盟、国际化战略、产业转型升级方面的研究；在 *Management and Organization Review*、《管理世界》、《求是》、《光明日报》、《经济日报》等发表论文数十篇，合作出版《战略联盟》、《中国高端装备制造业发展报告》、《重构：国内外企业生态战略案例研究》、《赋能未来：跨界融合背景下的车企技术并购》等十余部著作；两次获得"蒋一苇企业改革与发展学术基金奖"（2013 年和 2018 年），两次获得"全国商务发展研究成果奖"（2011 年和 2015 年），两次获得"全国百篇优秀管理案例奖"（2011 年和 2012 年）。

明了新的方向，催生了大量新的技术，重构了工业的组织架构体系
与发展模式，造就了大批适应工业新发展的技术精英、商业领导者
和社会管理专家，把人类的工业化进程推升至新的高度，并由此促
进人类社会取得划时代的进步。

在人类社会全部的工业化进程中，不断提高机器设备乃至整个
制造系统的生产效率与产出效果，生产出功能更多、性能更好、界
面更友好、使用更方便、交付更及时、质量更优、成本更低的产
品，是贯穿此过程的一条主线。在过去的数十年间，信息技术的蓬
勃发展，制造业及相关领域各种力量对上述目标的持续不懈追求，
催生着制造系统逐步具有了"智能"的因子：机器设备和制造系统
日渐拥有了类似于人的某些智力，并因此而赋予制造过程新的魅
力。在其后的动态演进中，机器设备和制造系统的智能水平，因越
来越多先进而具有智能特性的软硬件的问世而不断获得提升，并在
基于大数据的机器深度学习出现后获得急速蹿升。其直接结果是，
机器设备和制造系统的智能，在诸多方面达到了人的高度，甚至在
某些方面具有了普通人所无法比拟的水平。

制造系统中"智能"的持续积累，为其质的飞跃奠定了基础。
原本只是在自动化生产中蕴含着的微弱的智能因子，原本更多地停
留在实验室探索层面的智能制造技术与设备，原本只是零星地在某
些高端制造领域小范围应用或者仅仅作为示范项目存在的智能制造
系统，日渐迸发出巨大的生机与活力，开始在制造业中广泛延伸。
机器设备与制造系统的各个环节、各个组成部分，沿着智能方向持
续提升，带来了一种完全不同于以往的全新制造模式：机器设备的
智能不再只是偶尔发挥一些辅助作用，而是成为不可或缺的组成部
分，并朝着居于主导地位的方向演进。社会各界非常清晰地意识到
正在涌现的制造新图景：智能的机器设备和制造系统，在系统内外
部与拥有聪明才智的人相结合，非常聪明地对当前系统内外部的人
与事物的行为与状态走向以及可能的未来事物及其动向做出系统化
的主动感知、系统分析与精准预测，进而高效决策与行动，并在这

一过程中借助迭代学习而使设备与制造系统的智能化水平持续改进与提高。这种涌现，带来了"智能制造"理念与行动向社会各个相关领域的扩散，进而成为各界共同认可与期盼的未来发展趋势。最终，以"工业 4.0"（"第四次工业革命"⊖）的提出为标志，智能制造开始成为新的时代潮流，在全球范围内受到广泛的追捧。

- 全球主要制造业强国或制造业大国，包括美国、德国、法国、日本、中国、印度等，都对智能制造表现出了极大的热情。各国政府部门纷纷出台多种战略举措，致力于以多种方式推进本国制造业智能水平的提升。⊖

- 全球主要的制造业企业巨头，无论是长期处于领先地位的老牌制造业企业，还是近些年迅速崛起的制造业新秀，普遍对智能制造的未来前景持乐观态度，纷纷投入巨额资金更新硬件设备与软件系统，培养与储备高端人才，对自身的制造系统进行智能化改造。例如，西门子不仅普遍提高其在全球范围内各个工厂的智能化水平，而且在德国的安贝格和中国的成都建立了两个智能制造示范工厂；德国巴斯夫集团凯泽斯劳滕工厂将智能制造引入洗手液的生产过程中；我国风电设备制造商金风科技在协助客户进行场地选择、产品设计与制造、产品售后维护等多个环节显著提升了智能化水平。

- 不少制造业巨头在推动自身向智能制造升级的同时，看到了未来向广大制造业企业提供智能制造解决方案的巨大潜力，致力于把提供智能化解决方案作为自身新的业务增长点。GE的 Predix、西门子的 MindSphere、航天科工的 INDICS、海尔

⊖ 我们以为，尽管"工业 4.0"和"第四次工业革命"的视角及内涵与外延存在着一些差异，但二者在描述未来工业发展的走势这一层面本质上是一致的。

⊖ 相关内容在本书前述单元有较为详细的阐释，这里不再赘述。

的 COSMO、三一重工的树根互联平台，都是在这一方向上的大胆探索。尽管这样的探索并非一帆风顺，这样的新增业务在短期内未必能够实现以收抵支（例如，通用电气为建立和运行 Predix 平台投入巨额资金，但这一平台带来的直接收入还很有限，依靠自身的业务收入实现盈利有待时日），未来全球也并不需要每一个积极推进自身智能制造的领先企业都要同时成为智能制造解决方案提供商，但未来必将会出现一批专门提供智能制造解决方案的服务商，一个新兴的生产性服务细分行业将因此而诞生，并在后续数十年及更为长久的时间里发展壮大成为十分重要的社会经济部门。

- 远不止一大批制造业传统巨头和新秀对智能制造高度关注与积极行动，制造业中的其他各类企业，无论规模大小、技术水平先进与否，也无论置身于发达国家还是新兴经济体之中，都开始了积极跟踪和思考智能制造的未来发展趋势及其对本企业的影响作用，都在认真考虑如何提升自身产品的智能化水平以及如何提升企业制造系统以及整个企业经营管理系统的智能化水平。例如，我国机械设备商山东临工从 2014 年开始推进智能制造与服务，对出售的产品实行全生命周期远程智能监控，并将基于监控数据基础上的分析与生产、研发相结合，近些年又明确提出了建设"智能临工、透明临工和全优临工"的目标。再如，天津长荣股份有限公司是一家专业化的印刷企业，在 2013 年与台湾健豪公司合资组建天津长荣健豪云印刷科技公司，开展智能化印刷工作，借助智能化供应和生产显著降低了人工和物料成本，提高了个性化产品生产和及时交付的能力。

- 为智能制造提供软硬件和服务支持的企业，诸如服务器、传感器、控制器、设计软件、管理软件、算法、云服务、智能制造整体解决方案设置提供管理咨询等的现有商家，其中不少企业与智能制造相关的产品或服务收入在近些年获得了快速增长。同期，又有大批新进入者有如雨后春笋般涌入这一领域，带来了这些领域产品丰富、技术提升、交货及时、成本下降等步伐的显著加快，快速增长的市场需求拉动供给、供给的显著改善又激发更大需求的局面已经出现，多个相关产业进入快速增长期的特征已经非常明显。例如，1993 年在美国加州成立的英伟达（NVIDIA）最初只是一家图形显示芯片设计公司，在 2012 年之后伴随着全球智能制造的迅速发展而成为一家加速人工智能计算的芯片公司。再如，全球 ERP 龙头企业 SAP，近些年着力强调为用户提供数字化解决方案和云应用。

- 互联网公司纷纷进军智能制造领域。互联网公司原本以提供在线消费端的服务为核心业务，其后在海量数据的支撑下加入了智能化的服务，诸如非常精准地向客户提供服务或者推送产品等。近年来，领先的互联网公司纷纷从线上走向线下、从单纯的消费端服务走向为商家提供智能化的解决方案，包括提供一些智能制造解决方案，甚至有互联网公司直接进入制造业领域并强调以智能制造生产智能化的产品。例如，百度的阿波罗计划致力于建立自动驾驶的开放软件平台，并向汽车制造商提供自动驾驶解决方案，甚至合作生产并出售一些用于自动驾驶试验与测试的智能汽车。再如，京东旗下的京东数字科技公司为城市、农牧业企业、能源企业等提供数字化与智能化的解决方案，并推出室内运送机器人、铁路巡检机器人等一系列智能产品。

- 资本市场以极大的热情追逐着智能制造。但凡与智能制造相关的领域，在近些年都受到投资界的热捧，大量资金涌入其中。智能制造领域中已经有所积累的企业、新创企业，在融资上占尽先机。而与智能制造密切联系的不少上市公司，在资本市场往往表现抢眼。特斯拉是这一领域的典型代表，其市值多年高居美国车企之首，尽管特斯拉到 2018 财年收入只有 215 亿美元，而同期通用汽车的收入是 1470 亿美元。特斯拉在资本市场的表现，与其以智能制造手段与过程生产具有一定智能的新能源汽车无疑高度相关。

- 教育与科技界开始向智能制造倾斜。就人才培养而言，全球范围内已有与智能制造相关的专业，诸如电子、计算机、软件、自动化等，都在扩大培养规模，申请和录取的学生人数显著增长。同时，大批高等院校设置了与智能制造相关的新的专业，诸如数据科学与大数据技术、智能科学与技术、机器人工程、智能制造工程，等等。例如，在 2017—2018 年间，全国普通高校新增"数据科学与大数据技术"本科专业接近 450 个；新增"机器人工程"本科专业超过了 150 个。而且，这些与智能制造密切相关的专业迅速成为大批学生青睐的热门专业。另外，在科研领域，众多研究人员纷纷将已有研究方向与智能制造相结合，或者完全转向智能制造领域，而新进入研究领域的学者，不少直接选择以智能制造或其相关子领域作为自身未来长久的研究方向。

不仅如此，社会大众也对智能制造表现出了前所未有的兴趣。虽然这种兴趣主要显现为人们在日常生活越来越多地使用智能化产品，但消费与生产有着千丝万缕的联系，社会公众已经开始关注企业中的智能制造事项。不少社会公众对高端智能化产品如何生产出来表现出了极大的兴趣，对于智能制造普遍出现后对未来人们的就业岗位和工作方式显现出深深的忧虑，在茶余饭后的闲聊中也不时地把智能制造作为聊天的主题。智能制造正在快速地与每一个人建立起密切的联系，正在快速渗透到全社会生产与生活的各个方面。很多人都在设想着未来人类社会各个领域普遍走向智能化（智能制造是其中的重要组成部分）之后的社会的生产与管理方式，以及人们的生活方式。

二、智能制造的战略地位

时代潮流，归根到底不外乎两种情形：一种代表短暂的时尚，在一段时间受到追捧后很快烟消云散；另一种代表未来的长期走势，在较长一段时间受到追逐并产生长久的影响。智能制造很显然当属后一种。

所有代表未来长期走势的时代潮流，都具有强大的生命力，并且至少从两个方面对社会发展产生深刻的影响：一是催生新事物；二是淘汰旧事物。前者生机勃勃，充满激情，带来光明与希望。与之相伴生的新生事物发育、茁壮成长，并最终成为社会发展的主导力量。后者则是一片灰色，带来的是黯然失色，甚至是十分凄惨的衰败景象。当潮流及与之相伴生的新生事物纷纷袭来之时，落后于时代的旧事物纵然可以延续一段时间，但最终无法避免受到新事物碾压的命运，走向边缘甚至被完全淘汰。当前，智能制造在这两个方向上同时发力的局面已经显现，也因此在社会各个层面具有了举足轻重的地位。

通观全局，智能制造正在上升成为全人类的共同事业。第四次工业革命，最终必将推动人类社会一步步走向普遍的智能制造。移动互联网与物联网、5G、现代交通运输等技术与设施的持续快速发展，使全球日益紧密、便捷、即时地连接在一起。基于海量数据归集与分析、机器深度学习的人工智能必将得到普遍应用。智能化的产品终将遍及全球社会生产与生活的每一个角落，智能制造终将渗透至全球所有的制造业领域中。世界范围的几乎所有组织与个人，都将直接或者间接地参与到智能制造的全球价值链体系中，成为全球智能制造行为主体中的一员。在为智能制造做出贡献的同时，全球各个制造业领域也最终必然会因为智能制造的普遍出现而在成本、质量、效率、个性化等多个方面获得新的优化，所有组织和个人必将共享智能制造带来的成就。例如，无人机这样一种智能化产品，早期只是在军事等很窄的领域中应用，如今已经广泛应用于农业、林业、环境监测、矿业探测与管理、电力、城市管理、抢险救灾、影视摄影、广告拍摄、野生动物研究等诸多领域。

毋庸置疑，人类未来在共同成就智能制造这番新的辉煌事业的同时，也必将面临传统制造向智能制造转型所带来的历史性冲击，并将面临智能制造在前进中出现阶段性波动、波折所带来的冲击。就前者来说，所有无法顺利实现转型的组织和个人，都会不同程度地受到冲击。就后者而言，任何新生事物的发生与发展，都不可能一帆风顺，也不可能是沿着直线轨迹前进。技术不成熟，市场发育度不够，全球产业链局部环节发展失衡，阶段性的供给过剩甚至因过度追捧而出现泡沫，相应的社会治理及组织内部管理出现严重空白或扭曲等，都有可能出现。实际上，所有新生事物在发展中，尤其是在早期阶段可能遭遇的挫折，都会在智能制造的发展进程中出现，都会对参与者们形成挑战。即使是那些从诞生之日起就直接投身智能制造洪流的组织与个人，或者是那些已经顺利完成了向智能制造转型的组织与个人，虽然他们是时代的弄潮儿，他们与智能制造共同成长构成了时代的主旋律，但仍然有可能遭遇一些挫折。

对于全球范围内的任何一个国家来说，智能制造都将必然是关系到国家未来竞争力和长远发展的战略事项。从迈克尔·波特的国家竞争优势理论出发，一个国家的竞争优势，是由这个国家的产业的全球竞争优势所决定的。当一个国家的若干或者诸多产业在全球居于优势地位之时，这个国家自然就拥有了国家竞争优势。而具体到一个产业能否获得竞争优势，取决于其要素条件、市场需求、相关产业支持以及这个产业的竞争格局等。⊖ 从这一理论视角出发，智能制造对于产业竞争优势乃至国家竞争优势的影响至少体现在如下两个方面：首先，智能制造领域的一些已有产业和涌现的一系列新

⊖ 迈克尔·波特. 国家竞争优势 [M]. 北京：中信出版社，2007.

兴产业，构成一国经济发展新增长点的重要组成部分，也成为一个国家产业未来竞争力的新基础。未来能够在这些产业居于优势地位的国家的竞争优势会因此获得提升。正因如此，传感器、机器人、人工智能、5G 等与智能制造密切相关的领域，正在受到全球众多国家的高度关注。其次，需要智能制造提供具有相关产业性质的支持的产业，其产业竞争力将受到一国智能制造实力的直接影响。例如，飞机、轮船、高铁、汽车等产业的竞争力水平，与其供应商能够生产的设备的智能化水平以及供应商自身的智能化水平密切相关。可以预见，那些在智能制造的相关核心技术、优秀人才、基础设施、市场需求等方面居于领先地位、抢占了制高点的国家，必然因此而在智能制造的国际分工中居于优势地位，进而为本国的产业竞争力提升、经济繁荣与进步奠定坚实的基础。

更进一步，对于一个国家内部的各个地区来说，同样地，智能制造是其重要的区域发展战略。面对新的技术革命与产业演化，地区发展需要结构调整，需要产业转型升级，需要本地已有的制造业产业向智能制造升级，也需要本地在发展新的产业时从一开始就高度关注产业所具有的智能制造水平或者产业对智能制造的强有力支撑。长远来看，无法在这一进程中走在前列的地区，迟早会陷入困境。当然，每个地区的制造业基础不同，发展目标与思路也不尽一致，无论是推进现有产业的智能化转型与升级，还是力促发展智能制造相关的新兴产业，都需要因地制宜，需要找出独特的产业定位与发展模式，切忌在迈向智能制造的进程中再次出现一哄而上、高度趋同的低水平重复建设。

在微观层面，对于多数制造业企业来说，智能制造也将是必由之路。可以预见，消费者会越来越青睐智能产品，城市及整个社会的运行会越来越智能化，企业及各类社会组织会越来越多地使用智能机器设备、智能零部件等，智能制造将成为一种常态。虽然受到市场多元化需求的驱动，也受到向智能化升级所需要经历的时间的影响，非智能制造仍将在较长一段时间存在。但是，非智能制造在全部制造中的比重必然越来越小，非智能制造的地位必然越来越弱。在如此大趋势之下，各类制造业企业，都需要考虑在适当的时候将智能制造纳入自身的整体战略中，立足未来客户的需求，提出明确的智能制造战略，有计划、有步骤、分阶段推进落实本企业的智能制造战略，以此助力企业在智能制造时代立于潮头，至少确保不至于落伍。

最后，对于各个行业的从业人员，尤其是年轻的从业人员来说，特别需要根据自身的职业生涯规划通盘考虑是否和如何加强智能制造相关知识的获取与能力的培养。智能制造及其相关的产业链，必将提供大量的新增就业机会，也将成为许多从业者实现个人宏伟事业的重要场所与平台。

三、我们的历史责任

大学的责任，首先在于源源不断地培养出社会进步所需要的各类人才。全球范围内智能制造的时代潮流，带来了对大批有理想、有能力推动智能制造实现的优秀人才的现实需求。大学必须对此做出积极的响应。

大学的人才培养体系，既需要持续积累，形成独有的历史积淀，又需要在与时俱进中持续更新，赋予学生最新的知识与技能。基于此，大学对智能制造人才的培养，既要以现有的教师队伍、教学与实验设施、专业与课程设置、科研环境等为基础，又要及时充实新的内容，改进教学手段与方法，甚至需要在某些方面做出颠覆性的创新与替换。总体来看，在智能制造潮流迅速到来之际，现有各类大学的专业化人才培养体系，在专业方向、培养规模、培养方式、软硬件教学设施、教师结构等多个方面，都与智能制造时代所提出的要求有着不小的缺口。而且，在未来一段时间内，还会由于智能制造实践的快速发展与人才培养体系必须循序渐进之间的矛盾而导致缺口扩大，直至人才培养体系彻底跟上需求的步伐。缺口的客观存在，要求大学必须对教育教学进行创新，想方设法满足智能制造时代对大量优秀人才的迫切需求。

智能制造，是一场技术革命，相关的人才需求必然首先集中在工程技术领域。在智能制造推进中，各种各样先进的软硬件投入使用，需要大批来自相关技术领域的专业化人才。例如，智能制造对现场数据搜集的需要，要求大量使用图像采集、声音采集、温度监控、湿度监控等相关的各类传感器，由此需要在这些领域大量培养出专门从事相关科学研究、技术开发、产品开发和工程技术工作的人才。再如，出于智能制造对海量数据存储与计算的需要，云服务将会继续保持井喷式的增长，这会需要社会及时造就大量从事云存储、云计算、边缘计算等工作的人才。

智能制造，还是一场旷日持久的管理革命，相关的人才需求还在于管理领域。管理对象、手段和过程的智能化，需要造就大批熟悉智能制造的优秀管理人才。各种智能化的生产与办公设备将出现在企业的生产经营过程中，各种智能化的产品将源源不断地生产出来并提供给客户，智能化的研发、采购、仓储、生产、销售及售后服务等开始普遍出现。同时，在人的层面，管理者所面对的大批员工从事的工作都与智能化的产品或智能化的生产过程密切相关，员工的管理必然不同于传统的人员管理。而且，无论是内部对员工、设备、物料、资金等的管理，还是外部对供应商关系、客户关系、政府与社区关系等的管理，都可以大量使用智能化的手段，让智能软硬件协助进行分析、预测、决策和资源调配等。更进一步，智能化手段在管理中发挥作用的范围和作用会越来越大。还有，各个层面的综合决策或专项决策，从信息获取，到进行深度分析与形成判断，再到最终形成决策，整个过程都将有大量的智能手段参与其中，过程具有很强的智能化特性。所有这些，都将带来管理的重大变革，都要求管理者要拥有最新的智能制造理念，熟悉智能制造的基本原理与过程，了解智能制造当前的现实状况及未来的长远走势，清楚智能制造及相关领域蕴含的商机以及发展中可能存在的挑战，并善于使用各种智能手段开展经营管理。

管理学院（商学院），以培养各类经营管理人才，尤其是造就大批综合经营管理人才为己任。从企业及整个社会的实践来看，智能制造的普遍推进，不仅需要技术人才，而且需要大批新型经理人才。这些经理人才既要拥有现代智能制造的最新理念、熟悉智能制造的运行机理与发展趋势，又要拥有先进的管理理念、出色的管理能力，也就是懂智能制造的管理人才。这样的优秀人才，相当一部分必然来自于包括 MBA 等在内的各类管理教育项目。基于如此认知，我们尝试率先在清华的 MBA 项目中围绕"智能制造"这一主题开设一门偏重管理的课程。我们将其直接定位于助力那些有志于在智能制造时代成为企业中高层综合经营管理人才的 MBA 在校同学。

如前所述，智能制造是技术与管理实践中的前沿领域，管理学院的专业教师团队系统地获取相关信息后再传递给学生需要一定的时间，而蓬勃发展的实践却对这一领域的人才提出了十分迫切的需求。针对这一矛盾，我们采取了发挥清华工程技术领域历史积淀优势的办法。清华在工程技术领域的校友人才济济，其中相当一部分优秀校友是在智能制造及相关领域从事技术与管理工作。为此，我们邀请多位资深校友走进课堂，借业界校友分享长久以来在智能制造领域的积淀来帮助学生获取智能制造相关知识与技能。很显然，这是管理学院为培养智能制造领域人才而迈出的第一步，其后需要更为成体系的课程组合，需要课内学习和课外实践环节的组合，需要高水平专任教师与外部嘉宾共同组成的高水平的师资团队。

毋庸置疑，大学还有一项重要职责，那就是科研，或者说创造知识。大学教育绝不仅仅是"搬运工"，不能仅仅局限于把历史上、市面上已有的成熟知识稍加梳理和组合后提供给学生。大学需要开展高水平的学术研究，需要对未知前沿领域持续跟踪与探索，需要将最新的研究成果分享给学生、同行及社会各界。

智能制造的时代潮流，催生大批高校教师投身于智能制造的相关研究领域中，以求有所发现，并把研究中的发现及时传授给学生及社会。同样地，智能制造所需要的研究，既有技术层面的，也有非技术层面的，包括智能制造管理事项的研究。管理学院，无疑会更多地致力于智能制造中管理问题的研究。我们欣喜地看到，这样的研究过去数年间在国内外的管理学院已经开始，各种成果不断涌现。

　　智能制造时代已然来临，社会各界都应该张开双臂拥抱这一时代，在把握时代的脉搏中共同推动社会的进步。